Eva Senghaas-Knobloch · Birgit Volmerg

Technischer Fortschritt und Verantwortungsbewußtsein

Eva Senghaas-Knobloch · Birgit Volmerg

Technischer Fortschritt und Verantwortungsbewußtsein

Die gesellschaftliche Verantwortung von Ingenieuren

Westdeutscher Verlag

Der Westdeutsche Verlag ist ein Unternehmen der Verlagsgruppe Bertelsmann International.

Alle Rechte vorbehalten
© 1990 Westdeutscher Verlag GmbH, Opladen

Das Werk einschließlich aller seiner Teile ist urheberrechtlich geschützt. Jede Verwertung außerhalb der engen Grenzen des Urheberrechtsgesetzes ist ohne Zustimmung des Verlags unzulässig und strafbar. Das gilt insbesondere für Vervielfältigungen, Übersetzungen, Mikroverfilmungen und die Einspeicherung und Verarbeitung in elektronischen Systemen.

Umschlaggestaltung: Horst Dieter Bürkle, Darmstadt
ISBN-13: 978-3-531-12130-7   e-ISBN-13: 978-3-322-83950-3
DOI: 10.1007/978-3-322-83950-3

Inhalt

Einleitung 9

**Teil 1
Einfluß und Verantwortung in der Ingenieurwelt** 17

Die berufliche Verantwortungssitutation von Ingenieuren in der
Entwicklung *(Eva Senghaas-Knobloch)* 18

    Das Berufsideal von Ingenieuren 19
    Der Aushandlungsprozeß für die Entwicklungsziele 23
    Die Technikkritik gewerkschaftlich engagierter Entwickler 27
    Das Problem gesellschaftlicher Technikregulierung aus der Sicht
    leitender Ingenieure 30
    Die Suche nach neuen praxisbestimmenden Wertvorstellungen 34

Die berufliche Verantwortungssituation von Ingenieuren in der
Beratung *(Eva Senghaas-Knobloch)* 40

    Erfahrungen mit Informationstechnik 42
    Die sozialen Kräfte im Beratungsfeld 45
    Persönliche Einflußmöglichkeiten in der Beratungssituation 49
    Technikentwicklung und Verantwortlichkeit 54

Die berufliche Verantwortungssituation von Ingenieuren als
Betroffene *(Birgit Volmerg)* 61

    Erfahrungen in der computergestützten Ingenieurarbeit 62
    Ingenieurorientierung und gewerkschaftliche Orientierung in der
    Betroffenensituation 69

Ingenieure als Betriebsräte und Betriebsräte als Ingenieure
(Birgit Volmerg) 75

    Die Welt des Ingenieurs und die Welt des Betriebsrats 75
    Die Situation der Ingenieur-Betriebsräte bei der Einführung neuer
    Technologien 78
    Technischer Sachverstand – ein allgemeines Problem von Betriebsräten 81

Teil 2
Humane Technikgestaltung. Eine politisch-kulturelle Aufgabe   85

Die Moral des Ingenieurs und die Ethik technischen Handelns –
sozialpsychologische Überlegungen zur Gestaltbarkeit der Technik
durch den Wandel kultureller Werte *(Birgit Volmerg)*   86

    Technik und Moral in der Begegnung mit Ingenieuren   87
    Moralisches Bewußtsein und Berufsrolle   98
    Ethik in der technischen Praxis   102

Ingenieurarbeitskreise in der IG Metall und im AIN – Ein
Vergleich *(Birgit Volmerg)*   111

    Ziele und Ansprüche an Ingenieur-Arbeitskreise im Selbstverständnis
    von Ingenieuren   112
    Ingenieurarbeitskreise in der gewerkschaftlichen Organisation   115
    Interessenambivalenz in der Berufsgruppe als Problem der
    Organisierung   122

Ingenieure in der IG Metall – zwischen gewerkschaftlicher Schutz-
und Technikgestaltungspolitik *(Birgit Volmerg)*   124

    Der „soziale Auftrag" an Ingenieure   124
    „Lohnarbeitsbewußtsein" – ein Ansatz für die Organisierung von
    Ingenieuren?   127
    Organisationspsychologische Erfahrungen in einem
    Ingenieur-Arbeitskreis   130
    Ingenieurkompetenz in einer gewerkschaftlichen
    Technikgestaltungspolitik   135

Die gesellschaftliche Verantwortung von Ingenieuren – zwischen
technisch-ökonomischen Zwängen und politisch-normativen
Zielen für den technischen Fortschritt *(Eva Senghaas-Knobloch)* . . .   137

    Technikbewertung im historischen Kontext   140
    Technikbewertung in der aktuellen Diskussion   146
    Gefahren der Technikentwicklung und Probleme staatlicher
    Techniksteuerung   151
    Technische Normen und Ingenieurkompetenz für eine normative
    Technikgestaltung   155
    Foren für einen technologiepolitischen Dialog   159

Teil 3
Der kommunikative Forschungsansatz 163

Die methodische Anlage der Untersuchung 164
    Der Zugang ins Feld 164
    Bildung der Ingenieurgruppen für die Erhebung 167
    Entwicklung des Erhebungsinstruments 169
    Die erste Gesprächsrunde 170
    Die Auswertung der ersten Gesprächsrunde 176
    Entwicklung von Themen für die zweite Gesprächsrunde 181
    Die Auswertung typisch-allgemeiner Ergebnisse und die dritte Gesprächsrunde 187

Das Vorhaben und die Ergebnisse kurzgefaßt 189

Exkurs: Sprache und Wissen im interdisziplinären Technikdialog
(Thomas Leithäuser) 194

Literatur 219

Expertisen 231

Volker Hammer/Alexander Roßnagel
Informationstechnische Vernetzung, Techniksicherheit und Demokratieverträglichkeit – ein lösbarer oder unlösbarer Widerspruch? . 232

Otto Ullrich
Wissens- und Organisationsanforderungen für die parlamentarische Technikbewertung 246

Einleitung

Mit der zunehmenden Besorgnis über Risiken und Gefährdungen, die die technische Entwicklung begleiten, wird auch die berufliche Verantwortung von Ingenieuren öffentlich diskutiert. Diese Diskussion kann zunächst einmal an das berufliche Selbstverständnis von Ingenieuren anknüpfen. So vielfältig auch die beruflichen Bereiche und Branchen, in denen sie tätig sind, sein mögen: engagierte Ingenieure fühlen sich in der Regel für ihre Tätigkeit in spezifischer Weise verantwortlich – ungeachtet aller äußeren Zuweisungen und Abhängigkeiten, in denen sie selbst stehen. Diese Haltung ist mit dem Berufsideal des Ingenieurs, so wie es sich historisch herausgebildet hat, aufs engste verbunden. Der Beruf verdankt sich ja unter anderem der Tatsache, daß die Verantwortung für die sachgerechte technische Umsetzung von Produktionsvorgaben aus dem kollektiven Arbeitsprozeß abgespalten und der neu geschaffenen Position des Ingenieurs zugeteilt wurde. Während diese Position mit entsprechenden Handlungs- und Freiheitsräumen ausgestattet wurde, wurden auf der anderen Seite – bei den Arbeitsplätzen in der Produktion – solche Räume begrenzt und verengt.

Ingenieuren oblag und obliegt die Verantwortung, Produkte und Prozesse unter den zentralen Kriterien der Gebrauchstüchtigkeit, der Ausführbarkeit und Wirtschaftlichkeit (Effizienz) zu konzipieren, durchzuplanen und zu kontrollieren. Der Bereich, für den traditionell Verantwortung zuerteilt und übernommen wurde, bezieht sich also auf das Wie der technischen Produkte und Prozesse im Rahmen von Wirtschaftlichkeitsberechnungen.[1] Neben dieser traditionellen *Funktionsverantwortung* wird aber in der gegenwärtigen öffentlichen Diskussion Verantwortung auch für das *Wozu* gefordert, und damit für den in den technischen Produkten und Prozessen enthaltenen gesellschaftlichen Entwurf.[2] Die beiden Dimensionen

---

1 Ekardt und Löffler (1986) bezeichnen die damit verbundene Verantwortlichkeit für unmittelbar von technischen Produkten und Prozessen Betroffene als *soziale* Verantwortlichkeit, bzw. Verantwortung. Sie unterscheiden diese von der *gesellschaftlichen* Verantwortung, die sowohl zeitlich wie räumlich einen sehr viel größeren Radius hat.

2 Schon 1979 sprach Hollomey anläßlich seiner Inaugurationsrede als Rektor der Technischen Universität Graz davon, daß „der Techniker ... sich in Zukunft in einem notwendigen neuen Selbstverständnis um einen wesentlich erweiterten Funktionsbegriff bemühen" müsse (1979, 17). Beispielhaft in dieser Hinsicht ist die Argumentationsweise der Enquête-Kommission *Zukünftige Kernenergie-Politik*, in der der Versuch gemacht wird, den Bedarf an Energie

des *Wie* und des *Wozu* konnten im Verantwortungsbewußtsein von Ingenieuren solange ungeschieden bleiben, wie nicht thematisierungsbedürftig schien, *ob* und *was* technisiert werden sollte und durfte. Solange in der breiten Öffentlichkeit die Verbesserung der Lebensverhältnisse mit mehr Technik gleichgesetzt wurde, konnten sich die beruflichen Repräsentanten der Technikentwicklung nicht nur hoher gesellschaftlicher Anerkennung erfreuen, sondern hatten auch umgekehrt keine Mühe, diese Verantwortung zu übernehmen. Das hat sich geändert (v. Klipstein & Strümpel, 1984).

Die technische Entwicklung wird derzeit in vielen verschiedenen Technikbereichen vorangetrieben. Die mit verschiedenen Techniken einhergehenden sichtbaren und unsichtbaren, schon erfahrenen oder nur antizipierbaren Vorteile und Gefährdungen sind je spezifischer Art. Besonders breite öffentliche Aufmerksamkeit konnte dabei die Informationstechnik auf sich ziehen. Das zeigt sich auch in den entsprechenden technologiepolitischen Bundes- und Landesprogrammen.[3] Einer umfassenden Technikfolgenabschätzung und -bewertung informationstechnischer Produkte oder Systeme auf Grundlage der Mikroelektronik kommt deshalb eine hervorragende Bedeutung zu, weil diese andere technische Prozesse, z.B. die der Stoffumwandlung und -bearbeitung, aber auch bisher nicht technisierte Prozesse steuern und kontrollieren, also rationalisieren können. Eine Analogie zur Maschinisierung der Handarbeit wird sowohl in zustimmender (Informationstechnik 1984, S. 10), als auch in kritischer Absicht (Steinmüller, 1981) hergestellt. In der Verbindungsfähigkeit der Informations- und Kommunikationstechnik mit anderen Techniken und Technikbereichen liegt eine solche Dynamik, daß (übrigens seit den 70er Jahren) von einer neuen industriellen Revolution gesprochen wird (National Academy of Science; dazu King 1982).

Tatsächlich benennt schon der Begriff der Informations- und Kommunikationstechnik die in ihr enthaltene soziale Dimension. Bei den verschiedenen Informationstechniken handelt es sich um Techniken „für immaterielle Abbilder" eben jener Prozesse, die mit ihrer Hilfe kontrolliert werden

---

(bezogen auf Kernenergie und andere Energieformen) mit den gesellschaftlichen Bedarfsprofilen an Kraft, an Wärme usw. zu konfrontieren bzw. abzugleichen. Vgl. auch Fornallaz (1982).

3 Vgl. dazu Der Bundesminister für Forschung und Technologie (Hrsg.), 1984: Informationstechnik. Konzeption der Bundesregierung zur Förderung der Entwicklung der Mikroelektronik, der Informations- und Kommunikationstechniken. Bonn: neben den entsprechenden diversen landespolitischen Programmen ist auch auf der Ebene der Europäischen Gemeinschaften in Gestalt des Europäischen Strategischen Programms für Forschung und Entwicklung auf dem Gebiet der Informationstechnologie (ESPRIT) ein entsprechendes Förderungsprogramm aufgelegt worden: Kommission der Europäischen Gemeinschaften, 1984, Preparatory Information Package for the Proposed European Strategic Programme for Research and Development in Information Technology, Brüssel.

sollen (Steinmüller 1981, S. 166). Diese Technisierung oder Maschinisierung des Immateriellen läßt sich je nach Einsatzbereich mit materiellen Techniken verschiedenster Art verbinden. Gerade die „offene Zweckstruktur", die Fülle und Vielfalt der Anwendungsmöglichkeiten provoziert daher die Frage, ob überhaupt und in welcher Weise Informations- und Kommunikationstechnik sinnvollerweise eingesetzt werden soll (Steinmüller 1981; Kubicek und Rolf 1985).

In dieser Situation kommen ganz neue Anforderungen auf die Berufsgruppe der Ingenieure zu. An sie wird ein unabweisliches öffentliches Interesse an Technikfolgen – vor allem Risikoabschätzung – herangetragen. Neben Vorteilen sollen auch potentielle Nachteile dargelegt werden. Ingenieure als Experten sollen den Nachweis erbringen, daß bestimmte neue Entwicklungen tatsächlich ökologisch vertretbar und sozialverträglich sind. Der Horizont für eine Wirtschaftlichkeits- und Effizienzberechnung soll entsprechend ausgeweitet werden.

Ein Anfang dazu wurde in der außerparlamentarischen und parlamentarischen Diskussion zur Bewertung und Kritik der Kernenergie gemacht (z.B. Meyer-Abich 1979; Renn, Albrecht, Kotte, Peters, Stegelmann 1985). In diesem Zusammenhang wurde auch der Begriff der *Sozialverträglichkeit* in die öffentliche Debatte eingeführt. Neben einer immanenten Effizienzkritik wurden hier schon die grundlegenden politischen und ethischen Fragen gestellt: Ist der Zwangscharakter bestimmter technischer Systeme demokratisch legitimierbar? Ist die Überwälzung von unabsehbaren Risiken und Kosten an künftige Generationen ethisch vertretbar? Mit dem Landesprogramm *Sozialverträgliche Technikgestaltung* in Nordrhein-Westfalen, das sich von dem bundesweiten Programm zur *Humanisierung des Arbeitslebens*[4] unter anderem dadurch unterscheidet, das es verstärkt Lebensbereiche außerhalb der Erwerbsarbeit einbezieht, und mit den Bemühungen um ein Landesprogramm *Arbeit und Technik* in Bremen wurde der Begriff der *Sozialverträglichkeit* auch auf die Informations- und Kommunikationstechnik übertragen.

Der Berufsgruppe der Ingenieure wird also von seiten der Gesellschaft einerseits noch die alte Erwartungshaltung, positive Anerkennung und Vertrauen, entgegengebracht. Andererseits regt sich aber auch so etwas wie ein öffentlicher Regreßanspruch, der sich nicht mehr nur auf den herkömmlichen „Haftungsbereich" der Funktionstüchtigkeit technischer Systeme bezieht. In dieser zwiespältigen Lage (Neef, 1988) haben sich sowohl gewerk-

---

4 Im Rahmen des Programms *Humanisierung des Arbeitslebens* wurden Thesen zum Verhältnis von Innovation und Humanisierung des Arbeitslebens entwickelt, denen zufolge der herkömmliche auf Anwendung neuer Techniken fixierte Innovationsbegriff zu kurz greift. „Innovationen können in einer erweiterten Perspektive alle Veränderungen aus anderen Quellen, wie z.B. organisatorische, institutionelle und soziale Anstöße, sein." Vgl. Wechselwirkung von 'Humanisierung des Arbeitslebens' und Innovation, (1984; 1987).

schaftliche als auch berufsständische Organisationen der Ingenieure zu Wort gemeldet (beispielsweise Mazurek (DGB) 1983; IGM 1983; DAG 1987; VDI 1987). Vor allem aus gewerkschaftlicher Sicht wird betont, daß Ingenieure längst selbst zu Betroffenen der Technikentwicklung und der mit ihr verbundenen soziotechnischen und sozioökonomischen Veränderungen geworden sind. In bezug auf Technikbewertung und Ingenieurverantwortung stimmen die verschiedenen Organisationen in den erklärten Zielen überein: Technik soll beherrschbar und Bürger sollen an der Technikentwicklung beteiligt sein. Teils offen, teils umstritten bleibt jedoch das Problem, wie dies auf dem Hintergrund der ausgefächerten gesellschaftlichen Arbeitsteiligkeit möglich gemacht werden soll; wie also berufliche und gesellschaftliche Verantwortung überhaupt zusammenkommen können.

Arbeitsteiligkeit als Verschiebebahnhof für Fragen humaner Arbeitsplatzgestaltung hatte sich auch als Problem in einer vorangegangenen Studie unseres Forschungsteams ergeben.[5] Techniker und Ingenieure, mit denen wir ebenso wie mit anderen betrieblichen Gruppierungen die Frage der Humanisierung industrieller Arbeitsplätze diskutierten, hatten starke Kritik, besonders an den Arbeitsplätzen für Ungelernte, angemeldet. Nicht selten wurden solche Arbeitsplätze für so *menschenunwürdig* befunden, daß bei konkreten Vorschlägen zur Humanisierung *Vollautomatisierung*, verbunden mit einem Finanzausgleich für die betroffene Arbeiterin, die einzig akzeptable Lösung schien. Fast immer hielten die beteiligten Techniker- und Ingenieurgruppen die Entwicklung der Produktionstechnik für unvermeidlich und alternativlos durch kurzfristige Wirtschaftlichkeitsberechnungen bestimmt. Über die Denkkorsetts, in die man durch solche Rechenweisen gezwängt wird, hatten die Diskutierenden damals selbst höchstes Unbehagen geäußert.

In unserer Untersuchung *Technischer Fortschritt und Verantwortungsbewußtsein* wollten wir nun mit interessierten Ingenieuren Brücken zwischen beruflicher und gesellschaftlicher Verantwortung finden. Wir knüpften daher in unseren Forschungsgesprächen an der doppelten Betroffenheit der Ingenieure an: Wir vermuteten, daß Ingenieure sich einerseits als Akteure der technischen Entwicklung erfahren und entsprechende Handlungsspielräume sichtbar machen können. Und wir konnten annehmen, daß sie sich andererseits auch als Betroffene der technischen Entwicklung erleben, also selbst Wünsche an die Ausgestaltung von Technik haben. Dies hielten wir für eine gute Bedingung, um in den gemeinsamen Gesprächen Wege zu suchen, wie die technisch innovativen und die sozial innovativen Bestre-

---

5 Vgl. Volmerg, Senghaas-Knobloch, Leithäuser (1986); darin besonders Leithäuser, „Erlebnisperspektiven der Ingenieure und Techniker", sowie derselbe, „Humanisierungsbarrieren und Humanisierungsbedürfnisse der Ingenieure und Techniker", (S. 197 ff).

bungen sich im Interesse einer humanen Gestaltung der Informationstechnik miteinander verbünden können.

Wir kamen mit Ingenieurgruppen aus den verschiedensten Bereichen der Informationstechnik ins Gespräch. Eine Voraussetzung für die mehrphasig angelegten produktiven Forschungsgespräche war gewiß eine neugierige Offenheit sowohl auf unserer Seite als auch auf der Seite unserer Gesprächspartner.[6] Für beide Seiten hatte der Forschungsprozeß Experimentcharakter. Die thematisch an sozialverträglicher Technikgestaltung orientierten Gespräche waren zugleich Erkundungen und Übungen im Feld des interdisziplinären Technikdialogs. In der Auseinandersetzung über Technik schwang immer auch das Thema mit, wie die Verständigung zwischen Personen mit verschiedenen beruflichen Sprachen verbessert werden kann.

Keine Seite konnte sich dabei auf sichere Konventionen verlassen, denn der interdisziplinäre Technikdialog ist ja noch weitgehend ungeübt, in mancher Hinsicht sogar durch bestimmte kulturpessimistische und psychologisierende Theorien verstellt. Wer Verständigung im lebenspraktischen Interesse sucht, muß an den gemeinsamen Lebensbedürfnissen von Menschen anknüpfen, die bei aller historischer Plastizität und Differenzierung nicht unendlich verformbar sind. Diese Lebensbedürfnisse bleiben trotz aller Interessenunterschiede gemeinsame Basis. Ansätze, in denen Persönlichkeitsmerkmale und Umgangsweisen mit dem Computer kulturpessimistisch aufeinander bezogen werden,[7] sind keine gute Grundlage der Verständigung. Ähnliches gilt für Ansätze, die sich nur ideologiekritisch mit dem Berufsstand der Ingenieure befassen.[8] So wie wir annahmen, unter Ingenieuren aufgeschlossene Gesprächspartner für unser Forschungsthema zu finden, konnten auch unsere Gesprächspartner von uns Aufgeschlossenheit für ihre Problemsicht erwarten. Die Offenheit für die Sicht der anderen war also Voraussetzung für das Gelingen unserer Forschungsgespräche,[9] ganz unabhängig davon, welche spezifischen Motive und Interessen die einzelnen Personen und Gruppen mit solchen Gesprächen verbanden; ob man sich beispielsweise die Stärkung bestehender Ingenieurgruppen in der Gewerkschaft versprach, oder ob man vermittels des Forschungsprojekts die Auseinandersetzung mit dem betrieblichen Management suchte. Allgemein erhoffte man sich – wie wir auch – Hinweise dafür, wie in den ungezügelten

---

6   Vgl. dazu das Kapitel „Die methodische Anlage der Untersuchung", in Teil III.
7   Die psychologisierende Zuschreibung eines maschinenähnlich geprägten Sozialcharakters zu bestimmten Berufsgruppen ist dabei das Extrem (vgl. Bammé u.a., 1983; Pflüger & Schurz, 1987).
8   Dazu Hellige (1981), Manuskript Universität Bremen.
9   Zur sozialpsychologischen Interaktionsdynamik siehe auch den Exkurs von Thomas Leithäuser in diesem Band.

technischen Fortschritt wieder menschliche Maßstäbe eingepaßt werden können.

Ohne persönliches Engagement und die Bereitschaft, Zeit zur Verfügung zu stellen, wären diese Gespräche nicht möglich gewesen. Wir möchten dafür allen Beteiligten[10] an dieser Stelle ganz herzlich danken. Die anhaltende Beteiligung an unserer Forschung mag ein Zeichen dafür sein, daß es gelang, eine anregende Athmosphäre zu schaffen, in der die verschiedenen Interessen aufgehoben waren. Daß es freimütiger und gleichrangiger Kommunikation bedarf, wenn die zu 'Sachzwängen' geronnenen technischen Entwicklungstrends wieder für menschliche Bedürfnisse aufgeschlossen werden sollen, hat sich mehr als einmal in den Gesprächen bestätigt.

Eine kommunikativ orientierte Sozialforschung, wie wir sie zusammen mit Thomas Leithäuser in unseren Forschungen zur Humanisierung des Arbeitslebens entwickelt haben, muß ständig ihre Gesprächspraktiken überprüfen, ob sich möglicherweise unentdeckt Routinen eingeschlichen oder Barrieren aufgebaut haben, die die Aufmerksamkeit für die Problemsicht der anderen einschränken könnten. Dazu bedarf es einer gewissen Distanz zum unmittelbaren Geschehen im Forschungsfeld. Bei dieser Aufgabe der Selbstreflexion hat uns Thomas Leithäuser mit großer Einfühlsamkeit und analytischem Scharfsinn zur Seite gestanden. Ohne ihn wäre uns manche Mehrschichtigkeit in der Gesprächsdynamik verborgen geblieben.

Die Ergebnisse unserer Forschung legen wir in diesem Band vor. Im ersten Teil werden berufliche Ansätze für eine humane Gestaltung der Informationstechnik aus der Sicht von Ingenieuren dargestellt. Wir bewegen uns hier entsprechend nahe an den protokollierten Gesprächen und dokumentieren wesentliche Diskussionspassagen. Mit anderen Worten, wir nehmen die Binnenperspektive der Gruppen in ihren jeweiligen beruflichen Verantwortungsfeldern ein. Solche beruflichen Felder sind die *Entwicklung*, die *Beratung*, die *Betroffenheit* bei der Einführung neuer Techniken und die Praxis des *Betriebsrats*.

Im zweiten Teil setzen wir uns mit gesellschaftlich-kulturellen Ansätzen für eine humane Gestaltung der Informationstechnik und der Rolle von Ingenieuren auseinander. Dabei werden sozialpsychologische Überlegungen zur gegenwärtigen Ethikdiskussion angestellt. Wie passen Ethik und berufspraktisches Handeln zusammen?

In weiteren Schritten geht es um die organisationspsychologische Abschätzung der Chance, kollektive Verantwortung in der Technikgestaltungspolitik im Rahmen gewerkschaftlicher Interessenvertretung wahrzunehmen. Entsprechen die Motive, die Ingenieure in die Gewerkschaft führen, den Erwartungen, die die Gewerkschaften an Ingenieure richten? Welche Chancen und Hemmnisse zeigen sich hier bei einem Vergleich von Ingeni-

---

10 An unseren Forschungsgesprächen nahmen mit Ausnahme zweier Frauen ausschließlich Männer teil.

eur-Arbeitskreisen in der IG Metall und dem AIN[11], der sich in der Deutschen Angestelltengewerkschaft organisiert hat?

Dieser Teil wird abgeschlossen mit einem Kapitel, in dem die politischen Ansätze zu einer normativen Technikgestaltung auf die spezifischen Kompetenzen bezogen werden, die Ingenieure einbringen können. Was gab es in der Vergangenheit an Vorstellungen über Technikbewertung? Wie sollten nach Ansicht der an den Forschungsgesprächen beteiligten Ingenieure die Institutionen und Foren strukturiert sein, in denen technische Entwicklungslinien prospektiv bewertet und beeinflußt werden können?

Im dritten Teil des Bandes beschreiben wir unser methodisches Vorgehen: in der Kontaktaufnahme zu den Ingenieuren, in der Gesprächsführung und in der Auswertung der Gesprächsprotokolle.

Der Exkurs von Thomas Leithäuser befaßt sich mit Sprache und Wissen im interdisziplinären Technikdialog. Hier wird der Wittgenstein'sche Begriff des „Sprachspiels" für die Analyse von Verständigungsschwierigkeiten – so wie sie sich auch uns zeigten – und deren Überwindung fruchtbar gemacht.

Abschließend werden die beiden Expertisen dokumentiert, die als 'externe' Beiträge in unserer dritten Gesprächsrunde mit Ingenieuren eingebracht wurden. Der Informatiker Volker Hammer und der Jurist Alexander Roßnagel legen in ihrem Beitrag Probleme der informationstechnischen Vernetzung dar. Lassen sich die Zielsetzungen der technischen Funktionssicherheit überhaupt mit dem normativen Anspruch der Demokratieverträglichkeit vereinbaren?

Otto Ullrich, Ingenieur und Sozialwissenschaftler, reflektiert seine Erfahrungen als Mitglied der Enquête-Kommission *Einschätzung und Bewertung von Technikfolgen – Gestaltung von Rahmenbedingungen der technischen Entwicklung* unter dem Gesichtspunkt der Wissens- und Organisationsanforderungen für die parlamentarische Technikbewertung.

Das Thema *Einführung von Informationstechnik* war auch während der Textherstellung dieses Bandes ständig präsent. Wir danken Frau Edith Lünsmann für die Sorgfalt und Mühe, mit der sie sich die neue Technik zueigen gemacht und das Schriftbild im Schreiben dieses Bandes optimal gestaltet hat.

Gefördert wurde unsere Forschung vom *Projektträger Humanisierung des Arbeitslebens* (HdA) des Bundesministeriums für Forschung und Technologie. Die Untersuchung wurde in den Jahren 1985-1988 im Studiengang Psychologie an der Universität Bremen durchgeführt. Praktische Empfehlungen aus unseren Forschungsergebnissen erscheinen in einem zweiten Band unter dem Titel *Technikgestaltung und Verantwortung. Bausteine für eine neue Praxis* von Birgit Volmerg und Eva Senghaas-Knobloch im Westdeutschen Verlag Opladen 1990 i.E.

---

11 Arbeitskreis Ingenieure und Naturwissenschaftler in der Industrie.

Teil 1

Einfluß und Verantwortung in der Ingenieurwelt

In diesem Teil werden die Positionen zur Technikgestaltung aus der Sicht der Ingenieurgruppen in ihren verschiedenen beruflichen Verantwortungsfeldern dargestellt.

Wie bewerten Ingenieure ihre eigenen Erfahrungen mit Informations- und Kommunikationstechniken?

Welche Gestaltungsvorstellungen haben sie im Zusammenhang mit der Entwicklung und dem Einsatz dieser Techniken?

Welche Möglichkeiten sehen sie in ihrem beruflichen Handeln, diese Vorstellungen zu verwirklichen?

Die berufliche Verantwortungssituation von Ingenieuren in der Entwicklung

Eva Senghaas-Knobloch

Vier Ingenieurgruppen, die sich an unseren Forschungsgesprächen beteiligten, waren im beruflichen Praxisfeld *Entwicklung* tätig. Ihre spezifischen technischen Aufgaben deckten verschiedene Einsatzfelder der Informations- und Kommunikationstechnik ab. Eine Gruppe leitender Ingenieure verfolgte das Ziel, *Betriebssysteme* für Computer der mittelgroßen Bauart weiterzuentwickeln. Eine andere Gruppe von Ingenieuren in leitender Position arbeitete im Rahmen eines staatlich geförderten Verbundprojekts an einer neuen graphikunterstützten *Werkstattprogrammierung* von Werkzeugmaschinen. Eine dritte Gruppe mit hohen gewerkschaftlichen und betriebsrätlichem Engagement (im AIN, siehe unten) war mit einer firmenspezifischen Variante der Digitalisierung und Netzintegration von Vermittlungstechnik (ISDN) beschäftigt. Die vierte Gruppe verstand sich als Teil des gewerkschaftlichen Arbeitskreises Ingenieure und Naturwissenschaftler in der Industrie (AIN), in der DAG. Die Ingenieure dieser Gruppe waren beruflich in verschiedenen Bereichen der Forschung tätig.

Die beiden gewerkschaftlich engagierten Gruppen waren an der durch uns als Forschungsteam eingebrachten Fragestellung zum Verhältnis von Technischem Fortschritt und Verantwortungsbewußtsein schon länger interessiert. Für sie bot der angebotene Gesprächsrahmen eine gute Gelegenheit, sich genau mit den Fragen intensiver auseinanderzusetzen, die von ihnen zwar als hochrelevant angesehen, aber in der alltäglichen Praxis nur zu oft zurückgestellt wurden. Demgegenüber war unsere Fragestellung für die beiden anderen Entwicklergruppen neu. Sie standen dem Thema eher distanziert, wenn auch neugierig gegenüber. Unsere Gesprächspartner in allen vier Gruppen und auch wir begannen so unsere Diskussionen unter einem hohen wechselseitigen Erwartungsdruck: Würde man sich verständlich machen und zu befriedigenden Ergebnissen kommen können?

Im folgenden werden zunächst die Idealvorstellungen und Ansprüche skizziert, die die an unseren Forschungsgesprächen beteiligten Entwicklungsingenieure im Zusammenhang mit eigenen beruflichen Erfahrungen an die informations- und kommunikationstechnischen Produkte richten.

Im nächsten Abschnitt geht es um die Frage, wie die konkreten Zielvorgaben für konkrete Entwicklungsprodukte in der betrieblichen Praxis zustandekommen.

Darauf folgen die Problemdiagnosen und -bewertungen aus der Sicht gewerkschaftlich engagierter Entwickler und aus der Sicht von Entwicklern in leitender Position. Wie wird von ihnen der Zusammenhang von technischem Fortschritt und sozialer Lebenswelt eingeschätzt?

Der letzte Abschnitt des Kapitels befaßt sich mit dem Problem neuer praxisbestimmender Wertvorstellungen. Das ist ein Thema, das in erster Linie für gewerkschaftlich engagierte Entwicklungsingenieure von Interesse ist. Welche Chancen, welche Hindernisse werden in ihren Überlegungen deutlich?

Das Berufsideal von Ingenieuren: „Daß wir es doch einfacher, leichter, schöner haben".

Über viele Generationen hinweg wußten sich Ingenieure mit ihrem Einfallsreichtum und mit ihrer technischen Kreativität in der Gesellschaft positiv bewertet und anerkannt. Die Basis für diese positive Bewertung liegt ihrer Meinung nach auch heute noch – in einer Zeit wachsender Technikskepsis – in dem beruflichen Ideal, durch Technik das Leben der Menschen zu erleichtern und angenehmer zu machen. In diesem Ideal wird aus dem vieldeutigen Begriff der Technik die Charakterisierung als Mittel, und zwar als wirksames, effektives Mittel herausgestellt.[1] Das Ideal der Erleichterung des menschlichen Lebens durch Technik bringt zugleich die Bescheidenheit und den Stolz des Technikers zum Ausdruck. Ein Techniker ist in dieser Perspektive derjenige, der für Ziele und Zwecke allgemeiner Art spezifische Mittel weiß und für generelle Probleme konkrete Lösungen entwickelt.

F „Ich glaub', in jedem von uns ist der Wunsch drin, irgendwo nach höherer Leistung, ob das ein Sportler ist, der möchte ja auch besser, schneller sein als derjenige, der vor ihm ... so glaube ich auch, daß wir irgendwo den Anspruch haben, wobei natürlich die Werte und Ziele von jeder Generation neu definiert werden, aber daß wir es doch einfacher, leichter, schöner haben. Und um das zu erreichen, schaffen wir uns Hilfsmittel. Und – wie gesagt – die Hilfsmittel, die versuchen wir Techniker dann auch wieder zu verbessern, leistungsfähiger zu machen und versuchen dann halt auch, ja wirklich elegante, noble

---

1 Die Auffassung von Technik als Kunstfertigkeit und Daseinserleichterung entspricht einer vorindustriellen, handwerklichen Praxis (vgl. dazu Sachverständigenkommission Arbeit und Technik, 1986, 36ff). Diese setzt eine „an konkreten menschlichen Zeitmaßstäben und Erfahrungshorizonten orientierte langsame Entwicklungsdynamik" (ebenda) voraus, die im Zuge der Herausbildung von kapitalistischer Wirtschaftsweise, Industrialisierung und einer verwissenschaftlichen Technik außer Kraft gesetzt wurde. Das Festhalten am alten Bedeutungshorizont verweist auf den vorhandenen Wunsch, Technik den Bedürfnissen der Menschen unterzuordnen.

Lösungen zu finden, die wieder irgendwo als Krone zumindest für den Augenblick gelten ..." (Entwickler von Werkstattprogrammierung, 2, 55)[2]

In den Diskussionen der Entwickler spielt dieses Berufsideal gerade auch dann eine Rolle, wenn Zweifel daran auftauchen, ob man mit der eigenen Forschungs- und Entwicklungsarbeit in der Informations- und Kommunikationstechnik diesem Ideal immer Genüge tun kann. Im Grunde genommen sieht man dieses Ideal am besten bei denjenigen Ingenieuren aufgehoben, die – wie es heißt – „unmittelbar" zur Befriedigung von Primärbedürfnissen beitragen.

H „Ich meine, wenn ich mal die primären Bedürfnisse der Menschheit sehe, dann braucht die Menschheit keinen Computer. Die braucht Leute, die was produzieren, also meinetwegen einen Bagger oder sonstwas. Das wird benötigt, oder ein Traktor, das wird benötigt, aber kein Computer."

A „Wofür wird ein Bagger benötigt?" (Entwickler von Werkstattprogrammierung, 1, 20)

Dem Zweifel am eigenen nützlichen Beitrag für die Menschheit begegnet man mit einer rhetorischen Frage: „wofür wird ein Bagger benötigt?" Durch sie soll darauf hingewiesen werden, daß Ingenieure leider in der Regel nur auf sehr vermittelte Weise zur Befriedigung konkreter menschlicher Bedürfnisse beitragen. Ein Bauingenieur, der möglicherweise Trinkwasserreservoirs anlegt, mag daran viel unmittelbarer beteiligt sein als der Konstrukteur eines Baggers oder Traktors, die beide nur Hilfsmittel sind, um z.B. den Boden für Trinkwasserreservoirs oder für landwirtschaftliche Nutzung zu bearbeiten. Aber ein solcher Konstrukteur wäre sicherlich mit seiner Tätigkeit näher an den primären Bedürfnissen als beispielsweise ein Informatiker.[3]

Technik als Lebenserleichterung bedeutet vor allem, daß die Menschen weniger Mühe und weniger Zeit aufwenden müssen, um ein bestimmtes Ziel zu erreichen. Die Entwickler führen in den Diskussionen insbesondere den elektrischen Rasenmäher und das Telefon an, um die zeitsparende Wirkung technischer Erfindungen zu demonstrieren. Diese Wirkung wird positiv eingeschätzt, weil sie Zeit gibt, sinnvolle Dinge zu tun. Dabei wird, ohne es explizit zu thematisieren, an den privaten Konsum gedacht. Man könnte auch Staubsauger, Kühlschrank und Auto anführen. Die Entschei-

---

2 Die Ziffer in der Klammer vor dem Komma bezeichnet die erste oder zweite Gesprächsrunde; danach folgt die Seitenzahl der Gesprächsprotokolle.
3 Ekardt und Löffler (1986) weisen darauf hin, daß allerdings auch in beruflichen Situationen, die sich durch größere Nähe zur Befriedigung von Primärbedürfnissen auszeichnen, von seiten der Ingenieure unvermeidlich Nutzungsprognosen erforderlich sind. Eine Trinkwassertalsperre wird z.B. nicht erst dann geplant, wenn schon Wasserknappheit besteht. Es geht also in jedem Fall um einen *Zukunftsentwurf*.

dung über ihre Nutzung wird privat gefällt. Allerdings ist die private Benutzung dieser Produkte an infrastrukturelle und technische Voraussetzungen geknüpft, deren Güte sich wiederum der privaten Gestaltungsentscheidung entzieht. In verschiedenen Diskussionen wird von den Ingenieuren das Auto als Beispiel dafür genannt, daß erst die *massenhafte* Verbreitung der technischen Produkte, die das private Leben individuell erleichtern sollen, zu einer Reihe von unbeabsichtigten und unvorhersehbaren, allgemeinen und öffentlich sichtbaren Folgewirkungen geführt hat – von der Luftverschmutzung über Verkehrsverletzte und Tote bis zum Stillstand des Verkehrs. Gerade diese *unbeabsichtigten* Wirkungen, die nicht im Sinne des Erfinders liegen, stoßen die Entwickler zum Nachdenken darüber an, in welchem Verhältnis die Bedürfnisse der Menschen zu den technischen Antworten stehen.

Anders als in Branchen, in denen Ingenieure mit technischen Lösungen für die schon erwähnten eher grundlegenden Bedürfnisse zu tun haben (Behausung, Ernährung, Wärme), stehen die Ingenieure, die mit und an informations- und kommunikationstechnischen Produkten arbeiten, immer schon in einem sehr vermittelten Bezug zu diesen Bedürfnissen. Mit einem Computer – so hieß es in einer Diskussion – kann man die primären Bedürfnisse der Menschheit nicht befriedigen. Und das, was durch Mikroelektronik und elektronische Datenverarbeitung an neuen Kombinationstechniken und technischen Systemen möglich wurde, wirkt sich zwar auf die Information und Kommunikation zwischen den Menschen aus, befriedigt aber nach übereinstimmender Ansicht unter den Entwicklern die entsprechenden menschlichen Bedürfnisse nicht. Dieses Urteil wird aufgrund der Erfahrungen mit der Informationstechnik in der Ingenieurarbeit gefällt. Es gibt im Erfahrungsbereich der Ingenieurgruppen keinen einzigen Teilbereich, in den nicht die elektronische Datenverarbeitung in der einen oder anderen Form Einzug genommen hätte. Dabei wird sie strikt als ein aufgabenbezogenes Instrument verstanden, als ein Hilfsmittel, das z.B. in der Forschung der Optimierung aufwendiger Berechnungen und technischer Messungen dient, das aber keineswegs die unabdingbare menschliche Kommunikation ersetzt. Gerade auch dort, wo es – wie in der Hardware- und in der Software-Entwicklung – gewissermaßen um eine Weiterentwicklung des Computers selbst geht, wird auf dessen Werkzeug- oder Hilfsmittelcharakter bestanden. Die Ingenieure sehen ihre Arbeit als Entwickler zwar stark von der Güte und der Weiterentwicklungsfähigkeit dieser technischen Hilfsmittel geprägt. Sie bewerten diese Prägung jedoch keinesfalls negativ, sondern betonen ihre eigene aktive Rolle, die sie bei der Anpassung an den jeweils neuesten *Stand der Technik* spielen. 'Unsere Ingenieurwelt', so heißt es, 'verlangt, daß man ständig die Augen offenhält, guckt, was es draußen Neues gibt, damit man selbst etwas Neues schaffen kann'.

Das Beharren auf dem Hilfsmittelcharakter der Informationstechnik in der eigenen Berufspraxis erschwert es Entwicklern, Technik auf der anderen

Seite auch als Herrschaftsmittel zu begreifen. Das hängt freilich auch mit der immer ausgeprägteren Arbeitsteilung innerhalb des Ingenieurberufs zusammen. Wer in der Forschung an neuen Halbleitermaterialien für schnellere Übertragungsgeschwindigkeiten arbeitet, aber auch, wer an der Entwicklung einer 'eleganten Datenbank' für die Werkstattprogrammierung beteiligt ist, hat nichts mit denen zu tun, die die Endprodukte bedienen oder benutzen werden. In den Forschungsgesprächen äußern Entwickler zwar Vorstellungen darüber, in welcher Weise das Forschungsprodukt angewandt werden könnte oder angewandt werden soll. Eine direkte Rückkoppelung mit dem lebendigen Umfeld, in dem die entwickelte Technik einmal eingesetzt wird, haben sie jedoch, nach eigener Aussage, nicht.

Das Produkt ihrer Entwicklungsarbeit ist entweder ein notwendiger Baustein für technische Systeme sehr verschiedener Art, oder es ist selbst ein Hilfsmittel dafür, daß an solchen technischen Systemen immer weitere Entwicklungen möglich werden. Über die Brauchbarkeit ihrer Detailentwicklungen erfahren Entwickler nur noch etwas von den Kollegen, für die solche Entwicklungsprodukte Vorprodukte oder eben – wie es heißt – Werkzeuge und Hilfsmittel für eigene spezielle Entwicklungsaufgaben sind. In der Perspektive von Entwicklern ist die Perfektionierung der Hilfsmittel, die man selbst wiederum anwendet, von großer positiver Bedeutung. Je 'mächtiger' die Hilfsmittel, die sogenannten Softwaretools beispielsweise, desto besser für das eigene Entwicklungsprodukt.

Diesem selbstbewußten Umgang mit der technischen Funktionalität entspricht das eigene Streben, eine Technik zu entwickeln, die eine möglichst breite Palette von Anwendungsmöglichkeiten auf hohem Niveau abdeckt. In dieser Zielsetzung verbindet sich der Wunsch nach technischer Perfektion mit antizipierter Konkurrenzfähigkeit. Technische Perfektion meint dabei das – je historisch-ökonomisch definierte – Höchstmaß einer sich selbst steuernden Funktionsfähigkeit. Dieses Ziel, das für die Forschung, z.B. auf dem Gebiet der elektronischen Bausteine, ohnehin fraglos gilt, gilt auch für die Weiterentwicklung der Betriebssysteme von Computern und für technische Systemkombinationen (beispielsweise in der Werkstatt).

Z „Ideal wäre eigentlich, wenn das System automatisch 'recovern' könnte, ohne daß der Benutzer von irgendeinem Problem erfahren muß. Und das schließt ein, daß mein System sich selbst wieder hochzieht, daß es die Datenintegrität sicherstellt. Dann brauche ich den Endbenutzer auch gar nicht zu informieren, daß irgendwas schiefgelaufen ist." (Entwickler von Betriebssystemen, 1, 21)

F „Folglich wird das Ziel für uns auf technischer Seite immer das hohe Ziel sein, alles, was technisch möglich ist, auch zu realisieren, Sensoren reinzupacken, Überwachungsstrategien zu entwickeln ..." (Entwickler von Werkstattprogrammierung, 2, 51)

Es ist den Diskutierenden allerdings klar, daß das Ideal der technischen Erleichterung des Lebens seine Bedeutung verändert, wenn es sich bei dem technischen Produkt um ein Arbeitsmittel für abhängig Beschäftigte handelt. Und es wird in den Erörterungen der Ingenieure auch deutlich, daß unter solchen Bedingungen die technische Lösung tendenziell an die Stelle des Menschen tritt, daß die ideale – wenngleich eingestandenermaßen nur annähernd zu erreichende – Lösung Vollautomatisierung heißt.[4]

Der Aushandlungsprozeß für die Entwicklungsziele: „Der Ingenieur denkt sich tolle Sachen aus. Die Firma will was verkaufen – das deckt sich".

Durch die neue Informations- und Kommunikationstechnik und ihre Verknüpfung mit stoffbearbeitenden Techniken wird die methodische Vollendung der Technik wieder ein Stück weitergetrieben. Die schon im beruflichen Ideal angelegte Radikalisierung gewinnt ihre Brisanz – auch für die daran beteiligten Ingenieure – allerdings erst in einem gesellschaftlichen Zusammenhang, in dem die technische Entwicklung von ökonomischen Kalkülen vorangetrieben wird, bei denen es ausschließlich um Produktivitätsvorsprünge und Wettbewerbsvorteile geht. In den Gesprächen zeigt sich, daß alle Entwickler ihre Tätigkeit innerhalb gesellschaftlicher Rahmenbedingungen sehen, die mit den Imperativen *mehr, schneller, besser (leistungsfähiger)* der Entwicklung die Zielrichtung vorgeben.

Diese Zielrichtung gilt auch dort, wo es noch nicht um Produktspezifikationen, sondern um Forschung geht. Die Verbesserung der Schaltungsschnelligkeit mit Hilfe eines neuen Halbleitermaterials, die Erhöhung der Datenmenge und der Übermittlungsgeschwindigkeit sind Forschungs- und Entwicklungsaufgaben, die der gesellschaftlich vorgegebenen Zielrichtung entsprechen. Das berufliche Ideal des *einfacher, leichter, schöner* wird auf diese Weise in die tatsächlich geltenden Maximen *mehr, schneller, besser* übersetzt. Für *diese* Maximen tragen Ingenieure – darin stimmt man überein – keine besondere Verantwortung, und zwar um so weniger, je weiter die Ergebnisse der eigenen Forschungs- und Entwicklungsarbeiten von konkreten Anwendungen entfernt sind. Allerdings wird eine berufstypische Ambivalenz deutlich. Als Entwickler begreift man sich als Ideenlieferant, als eigentlich kreativer Kopf.[5] Keinesfalls ist man an der technischen Entwicklungsrichtung

---

4   Dies hat bei Entwicklungsingenieuren sehr konkrete Auswirkungen auf die Phantasie für die Humanisierung von Arbeitsplätzen. Für als inhuman und unerträglich beurteile Arbeitsplätze hält man letztlich auch die Lösung durch Vollautomatisierung bereit (allerdings mit dem geäußerten Wunsch, daß die betreffende Person das Geld nun auch ohne Arbeit zu bekommen hätte). Dies ist ein Befund unserer Untersuchung über die betriebliche Lebenswelt (Volmerg, Senghaas-Knobloch, Leithäuser, 1986, 218f).

5   Bei Kossbiel u.a. (1987), die die berufliche Situation und die Perspektiven von Ingenieuren und Naturwissenschaftlern in der industriellen Forschung und Entwicklung untersuchen, wird jedoch gezeigt, wie wichtig es für Ingenieure

unbeteiligt. Daher bleibt die Frage umstritten, inwieweit diese Beteiligung doch ein bestimmtes Maß an Verantwortung nach sich zieht. In der mit Leitungsaufgaben betrauten Gruppe von Entwicklern der Werkstattprogrammierung wird die entsprechende Frage mit dem Hinweis darauf, daß der Ingenieur als Entwickler nicht der 'Bestimmende' sei, verneint:

L „Einmal (hat) der Verkäufer ein feed back vom Kunden, der irgendwelche Zielvorstellungen hat. Das zweite ist die Idee vom Ingenieur. Er hat irgendwas im Kopf, was er gern realisieren will, und drittens seine Erfahrungen von der ganzen Produktentwicklung bisher ... da ist er natürlich eben auch nur beteiligt dran. Er ist nicht der Bestimmende."

E „Aber die Ziele, die werden doch wohl ganz deutlich durch die Gesellschaft bestimmt, in der wir leben, und nicht der Ingenieur bestimmt das, sondern die. Solange eben eine Konsumgesellschaft da ist, ist der Trend da, möglichst viel und möglichst gut zu produzieren ..." (Entwickler von Werkstattprogrammierung, 2, 24)

In der Gruppe der gewerkschaftlich engagierten Entwickler wird dagegen auf der gesellschaftlichen Verantwortung der Ingenieure für Produkte, an denen sie arbeiten, beharrt:

O „Ich glaube, daß das wirklich ein Problem ist ..., daß bei einigen technischen Systemen – und ich glaube fast: bei allen – man zwar irgendwie einen Kundenwunsch oder einen Anwenderwunsch im Kopf hat, irgendwie im Kopf hat, und jetzt fängt man an zu entwickeln, und während der Entwicklung baut man immer neue Anwenderwünsche hinein, die man selber produziert. Der Entwickler produziert selber diese Wünsche ..."

Q „... Der Ingenieur denkt sich unheimlich viel tolle Ideen aus, das macht Spaß, was Neues zu erdenken. Der denkt gar nicht: braucht man das eigentlich? Es macht Spaß, und dann versucht er, andere zu überzeugen, daß du das unbedingt brauchst, aber brauchen tut man's eigentlich nicht. Und die Firmen wollen was produzieren und verkaufen. Und das deckt sich dann mit dem Interesse des Ingenieurs. Und so kann die Firma die Interessen des Ingenieurs mit einbinden ... Selbstverständlich ist er mitverantwortlich, weil er ja selber seine Ideen mit einbringt ..." (Entwickler von digitalisierter Vermittlungstechnik, 1, 39 ff)

Das Verantwortungsdilemma im Aushandlungsprozeß zwischen Ingenieurideen und Wünschen der Kunden spitzt sich zu, wenn Kunde und Verbraucher, Käufer und Benutzer nicht identisch sind. Eben dies ist aber bei den Forschungen und Produktgruppen, in denen es um Grundlagenforschung, Computerbetriebssysteme, Werkzeugmaschinensteuerung oder ISDN geht,

---

ist, daß ihre Ideen *realisiert* werden können. Die Freude an der eigenen Idee erfüllt sich erst, wenn „die Maschine im Hof steht", bzw. die „neue Schaltung in einen funktionierenden Chip umgesetzt ist".

meistens der Fall. Das Produkt ISDN[6], das beispielsweise das herkömmliche Telefon ersetzen soll, ist – wie in den Diskussionen der Entwickler gesagt wird – weniger für Otto-Normalverbraucher interessant als für große Firmen, die die neue Infrastruktur nutzen wollen. Die besonderen Bedürfnisse der Verbraucher oder Benutzer spielen zunächst gar keine Rolle.

Inwieweit die Wünsche, die die Benutzer an ein technisches System richten, berücksichtigt werden müssen, hängt von der Beschaffenheit des Marktes ab, auf dem man mit seinen Produkten Erfolg haben will. So richten zum Beispiel die leitenden Entwickler für Computer-Betriebssysteme ihre Arbeit an der Marktstrategie aus, weltweit im Hinblick auf zwei idealtypische Benutzergruppen zu produzieren: die sogenannten EDV-Profis und die EDV-Laien. Jede nähere Produktspezifikation in Form von Anwendungsprogrammen wird in 'Schalen' daraufgesetzt. Wer dagegen an stärker anwendungsbezogenen Produkten arbeitet, wie die Entwickler des Verbundprojekts *werkstattorientierte Programmierverfahren* muß aus Marktgründen direkter auf die konkreten Benutzungsanforderungen eingehen, zumindest soweit, wie sie sich zwischen Anwender-Betrieben und Hersteller-Betrieben im Wettbewerb herausgebildet haben:

G „Früher stand bei der Maschinensteuerung hauptsächlich im Vordergrund, daß die Maschine überhaupt läuft ... heute haben wir die Möglichkeit, noch mehr draufzusetzen, ohne daß die Preise weglaufen ... und erst dadurch kommen natürlich überhaupt die Ideen oder Wünsche, weil wir also in eine Preiskategorie reinkommen, daß man über solche Sachen überhaupt spricht." (Entwickler von Werkstattprogrammierung, 1, 15)

Die Tatsache, daß eine elektronisch gesteuerte Werkzeugmaschine heute nicht mehr vor allem aus Hardware, sondern aus Software besteht und damit einen höheren Anpassungsgrad an Kundenwünsche zuläßt, hat die elektronische Steuerung ökonomisch auch für die Kleinserien und Einzelfertigungen, und damit für die Kundengruppe der Klein- und Mittelbetriebe interessant gemacht. Tatsächlich kommen Idee und Konzeption einer werkstattorientierten Programmierung der Betriebsorganisation in kleinen Gruppen entgegen.[7] Die Vorteile und Ziele, die bisher mit der numerischen (NC-)Steuerung verbunden sind, nämlich den Bearbeitungsprozeß – wie es in der Diskussion heißt – 'deterministischer' und 'reproduzierbarer' zu machen, können nun auch mit der Facharbeiterkompetenz in der Werkstatt

---

6 Über das Produkt ISDN im Zusammenhang der Pläne der Deutschen Bundespost informieren kritisch Kubicek & Rolf (1985), sowie Informatik-Spektrum (1987).

7 Aus ingenieurwissenschaftlicher Sicht versuchen beispielsweise Seliger (1985) und Brödner (1986) zu beweisen, daß sich die Nutzung der Facharbeiterkompetenz für Programmierungsarbeit auf der Werkstattebene durchaus *rechnet*, wenn man in die Wirtschaftlichkeitsberechnung einen größeren Zeithorizont einbaut.

verbunden werden. Die 'Randbedingungen des Spiels', wie die Entwickler sagen, 'heißen gegenwärtig jedenfalls, Güter in immer kürzerer Zeit mit immer weniger Aufwand zu produzieren'.

Über die Härte dieser Randbedingungen machen sich – das zeigen die Forschungsgespräche – Entwickler keine Illusionen. Daß im Konzept der Werkstattprogrammierung subjektive Bedürfnisse und Kompetenzen von Facharbeitern berücksichtigt werden, entspricht nicht etwa einer neuen übergeordneten Zielsetzung der Benutzer- und Bedienerfreundlichkeit, sondern ist das Resultat eines neuen Kalküls, das aufgrund eines veränderten Stands der Technik geboten ist: 'Es ist mit Sicherheit so, daß man das aus dem Grund macht, der eben sagt: okay, ich kann 'ne Maschine dann besser verkaufen. Man will mit der Maschine ja nicht auf einer Designerausstellung ankommen, sondern beim Kunden'.

Mag es auch sein, daß die neue graphikgesteuerte Programmierweise dem – wie es heißt – 'visuellen Wesen des Menschen' angemessener ist, man wird sich auf dem Markt nur durchsetzen, wenn man mit diesen Maschinen 'nachweisbar in kürzerer Zeit' produzieren kann. Inwieweit Ingenieure als Entwickler mit den menschlichen Bedürfnissen direkt konfrontiert werden, hängt also von den technisch-ökonomischen Voraussetzungen ab. Wo menschliche Bedürfnisse und Kompetenzen ökonomisch zu Buche schlagen, werden sie berücksichtigt. Das ist nicht nur bei der Werkstattprogrammierung so, sondern gilt auch für andere Bereiche der Software-Entwicklung.

Entwickler wissen, daß sie in der Regel nicht auf konkrete Benutzerbedürfnisse eingehen, wenn sie an der Konstruktion von Produkten arbeiten, die einmal als Arbeitsmittel in abhängiger Beschäftigung eingesetzt werden. Sie wissen aber auch, daß die Bedürfnisse – dort, wo auf sie eingegangen werden soll – nicht einfach abgefragt werden können. Der ökonomische Zusammenhang treibt die betroffenen Arbeitnehmer eher dazu, an den herkömmlichen Arbeitsmitteln festzuhalten, als – wie man selbst als Entwickler – neuen Techniken gegenüber aufgeschlossen zu sein. Mit diesem Interessengegensatz ist noch eine zweite Problematik verbunden. Technische Funktionalitäten in der Informations- und Kommunikationstechnik sind verschieden verwendbar. Das, was als technisch möglicher Funktionsumfang vom Entwickler zur Verfügung gestellt wird, kann anders als beabsichtigt, verwendet werden. Ein auch von Benutzern begrüßtes Ziel, beispielsweise den 'Dialog' an der Werkzeugmaschine an jeder Stelle beginnen und zurückverfolgen zu können, impliziert im Falle des Entwicklungsvorhabens für eine werkstattorientierte Programmierung, daß die menschlichen Handlungen an der Maschine, die sogenannten Bedienhandlungen, in Form eines 'Logbuchs' aufgezeichnet werden. Für die Anwendungsfirma würde es nur eine Kleinigkeit bedeuten, so heißt es problembewußt in der Diskussion, diese Bedienhandlungen noch zusätzlich mit einem Großrechner zu erfassen und zur Personalkontrolle zu benutzen.

Tatsächlich – so wird in den Diskussionen deutlich – führt das Berufsideal in Verbindung mit der wettbewerbsorientierten Arbeitsteilung dazu, daß man technische Innovationen entwickelt und bereitstellt, für die vom Kunden (oder auf dem Markt) zunächst noch gar kein konkreter Bedarf angemeldet worden ist. Hersteller für numerische Steuerungen bauen beispielsweise Steuerungen mit einem größeren Funktionsumfang als ein bestimmter Abnehmer in der Maschinenherstellerbranche sie braucht. Damit gewinnt dieser 'noch Freiheitsgrade' die er gegebenenfalls bei der Anpassung der Steuerungsfunktionen an besondere Kundenwünsche benutzen kann. Die Funktionalität des erwähnten Logbuchs und bestimmter sogenannter 'Kommunikationsprozeduren' erlaubt es dann unter Umständen, über einen Leitrechner beispielsweise den 'Vorschub' an bestimmten Maschinen mitzuprotokollieren und darüber die entsprechenden Arbeitshandlungen zu kontrollieren. Und dafür muß noch nicht einmal ein Interesse von seiten des letztlichen Anwenderbetriebs angemeldet werden, sondern dem Maschinenhersteller mag vielleicht nur daran liegen, nicht regreßpflichtig gemacht zu werden, wenn die von ihm garantierte 'Stückzahl' an den verkauften Fertigungsmaschinen faktisch nicht erreicht wird, weil der Vorschub langsamer als geplant eingestellt wurde.

Die Technikkritik gewerkschaftlich engagierter Entwickler: „Wir glauben, alles machen zu müssen. Und wir machen es auch, bis wir 'gemacht sind'."

Das Problem der überschüssigen Funktionalität, der – wenn auch nur mosaikartigen – Beteiligung an einer Zukunftsgestaltung, die nicht in jeder Hinsicht wünschenswert erscheint, ist unter den an unserer Forschung beteiligten Entwicklern Gemeingut. Aber nicht alle sehen diese Problematik in Verbindung mit der eigenen beruflichen Tätigkeit. In erster Linie sind es die gewerkschaftlich engagierten Ingenieure, die ein Bewußtsein von diesem Zusammenhang haben. Anders als Entwickler ohne ausdrückliches gewerkschaftliches Engagement sehen sie negative soziale Folgen nicht nur ausschließlich bei Beschäftigtengruppen, die mit ihren Produkten als Arbeitsmitteln umgehen müssen, sondern beziehen sich auch selbst in den Kreis der Betroffenen ein. Die Kritik an der Technik, an technischen Hilfsmitteln und Produkten scheint dabei um so schärfer auszufallen, je ausschließlicher man selbst mit Computertechnik zu tun hat.

Kritik an der Technik wird beispielsweise besonders von den Entwicklern geübt, die selbst im großtechnischen Entwicklungsprojekt eines digitalisierten, integrierten Vermittlungsnetzes (ISDN) arbeiten. Sie erleben die Arbeit mit dem Rechner als Anpassung an vorformatierte Denkweisen – was um so unbefriedigender ist, als auch die Entwicklungsziele, die sie dabei verfolgen können, wenig mit schöpferischen Prozessen zu tun haben. Diese Ingenieure stellen die Frage, auf welche Weise das konkrete Wissen über

Materie und stoffliche Vorgänge erhalten bleiben soll, wenn durch die computergestützte Tätigkeit der sinnliche Umgang mit den Gegenständen entfällt. Sie kennen und beklagen das Problem der hohen Arbeitsteiligkeit und das damit verbundene Problem, daß die Kooperation oft erzwungen werden muß und unzureichend ist. Als gewerkschaftlich engagierte Ingenieure sehen sie vor allem auch die neuen Möglichkeiten der Kontrolle, die die elektronische Datenverarbeitung anbietet, mit sehr kritischen Augen.

In der Auseinandersetzung über eine Technik, die auch Kontrolle über Menschen zuläßt bzw. ermöglicht, unabhängig davon, ob man das als Techniker selbst anstrebt oder nicht, wird allerdings deutlich, daß sich diese Entwickler dagegen keine durch die Technik selbst aufgerichtete Barriere vorstellen können. Man hofft und vertraut darauf, daß starke Betriebsräte Vereinbarungen treffen können, mit denen die personenbezogene Kontrolle ausgeschlossen wird. Diese Delegation der Problemlösung an Funktionsträger im sozialen Bereich (die sie auch teilweise selbst darstellen) ist offenbar auch darin begründet, daß hier die Entwicklerperspektive eine in sich widersprüchliche Tendenz enthält. Diese Widersprüchlichkeit bezieht sich auf die Haltung zur informationstechnischen Kapazität für Datenverknüpfung und Datenabruf. Einerseits möchte man sich und die eigene Arbeit vor dem Zugriff anderer geschützt sehen. Dies entspricht den Interessen als Arbeitnehmer, als Gewerkschafter, aber auch als Produzent geistigen Eigentums. Auf der anderen Seite möchte man einen möglichst freien Zugriff auf Datenbanken, möglichst viel Informationen von anderer Seite verwerten. Gerade dieser Zugriff würde ja dem Hilfsmittelcharakter der Informationstechnik entsprechen. Eine soziale Regelung durch Betriebsräte schließt – anders als ein technischer Riegel – die für positiv erachteten Anwendungen nicht aus.

Gewerkschaftlich engagierte Entwickler äußern gegenüber informations- und kommunikationstechnischen Entwicklungsvorhaben auch berufliche Bedenken. Sie beziehen sich auf Risiken, die in der großtechnischen Komplexität bestimmter Systeme begründet sind. Beispielsweise sei es mit den herkömmlichen Ingenieurmaßstäben für Funktionssicherheit nicht vereinbar, daß man sich bei einem großtechnischen System wie dem ISDN grundsätzlich in einem Komplexitätsgrad bewegte, der Testmöglichkeiten im Vorfeld der Anwendung nicht mehr erlaubte. Das betreffe die Hardware, wenn es sich beispielsweise um Kugelschaltkreise mit 60 000 Transistorfunktionen handelt, und die Software, in der jedes einzelne Paket für sich ausgetestet werden könne, der Test auf funktionstüchtige Integration aber erst in der Anwendung möglich sei. Angesichts dieser hohen Komplexität sehen sich Entwickler hier einer neuartigen 'Grauzone von Fehlern' gegenüber. Weder kann man davon überzeugt sein, daß das Produkt fehlerfrei ist, noch kann man die Fehler, weil sie nicht reproduzierbar sind, beweisen.

Aber selbst für den Fall, daß alle diese immanent-technischen Funktionsrisiken beherrschbar und die Systeme gar benutzerfreundlich zu machen wären, es bleibt ein grundsätzliches Unbehagen an der allgemeinen Entwicklung bestehen. Am Beispiel 'Autoverkehr' wird diskutiert, wie stark die Technisierung der Umwelt zur Rücksichtslosigkeit im sozialen Verhalten der Menschen beiträgt. Auf dem Hintergrund der eigenen Arbeit am neuen Produkt 'Bildschirmtelefon' fürchtet man beispielsweise das weitere Zurückdrängen der menschlichen Kommunikation durch Kommunikationstechnik und beschwört die Qualität handgeschriebener Briefe gegenüber den flüchtigen Eindrücken bei Telefonanrufen. Entsprechend heftig wird in einer Gruppe diskutiert, wie die zwischenmenschliche Kommunikation in ihrer Tiefe, Ausdrucksfähigkeit und Konfliktfähigkeit bedroht ist, wenn sie von der Kommunikationstechnik mediatisiert wird.

O „Also, ich benutze meinen elektrischen Rasenmäher, damit ich also auch mehr Zeit habe für andere Sachen. Und da muß ich ehrlich sagen, ich bin froh, daß jemand dieses Ding erfunden hat, damit ich grad für Gespräche, für Kommunikation mehr Zeit habe. Gut, und das ist also die Diskrepanz drin, daß ich – teilweise schon während der Arbeit – also in Kauf nehme, daß die Kommunikation weniger geworden ist ... Das ist dann eine gewisse – ich würde fast sagen – Schizophrenie drin, daß ich mich wirklich zweiteile: Also tagsüber Kommunikation null, und dann also – wenn möglich – in der Freizeit Kommunikation hundert. Das geht nicht. Also das merk' ich. – Übrigens, das ist eine alte These des AIN, Kommunikationssysteme töten die Kommunikation!

R Das ist verschiedene Kommunikation geworden. Ich glaube nicht, daß die getötet wird.

O Also um einen Brief zu schreiben, da brauchst Du zwei Stunden dazu.

R Richtig.

O Und deswegen telefonierts du, das dauert nur fünf Minuten. Dann bist Du mehr Informationen los geworden, aber trotzdem, meine ich ...

N Ist nicht zu vergleichen, mit der Qualität der Kommunikationsverbindung.

O Deswegen ist das für mich ein Verschieben. Ich glaub' nämlich nicht, daß der Mensch ganz ohne Kommunikation auskommen kann.
(heftiges Durcheinandersprechen)

Q Ich würde seine Aussage ein bißchen noch anders definieren und sagen: Die Kommunikation verarmt. Einen Brief schreiben und Telefonieren, das sind unterschiedliche Qualitäten, zum Teil jedenfalls, und dadurch, daß ich als Ingenieur oder als Mensch einen Teil meiner Kommunikation mit Maschinen pflegen muß, kann – kommt ein bestimmter Anpassungsprozeß zustande ...
(...)

O Ich habe mich schon teilweise ganz schlecht dabei gefühlt, das muß ich Ihnen ehrlich sagen (bei meiner Entwicklungsarbeit am Bildtelefon) ... Es müßte gleichzeitig zu dieser Technologieströmung eine Gegenströmung da sein ..."
(Entwickler von Vermittlungstechnik, 1, 54ff)

Das Problem gesellschaftlicher Technikregulierung aus der Sicht leitender Ingenieure: „Die Norm kommt immer nach der Evolution."

Hat die Problemdiagnose der im AIN engagierten Entwickler neben der gesellschaftspolitischen eine kulturkritische Dimension, so gibt es bei den Entwicklern in Leitungspositionen eine Problemdiagnose, die sich ausschließlich auf gesellschaftspolitische Probleme von Rationalisierung bezieht. Im Hinblick auf die Entwicklung und den Einsatz von 'Expertensystemen', also Computersystemen, in denen Erfahrungswissen abgespeichert und für bestimmte Entscheidungen zur Verfügung gestellt werden soll, sprechen sie z.B. von einem 'gesellschaftspolitischen Sprengstoff'.

Wie sollte – den an der Diskussion beteiligten Entwicklern zufolge – mit all diesen Problemen in der Gesellschaft umgegangen werden? Welche Regulierungen gibt es gegenwärtig? Wie kann man ihre Qualität einschätzen? – Wer in *leitender Position* für Entwicklungsvorhaben verantwortlich ist, ist zugleich verantwortlich dafür, daß die entsprechenden Produkte gut verkauft werden können. Das heißt allerdings nicht, daß die Entwickler in dieser beruflichen Position den gesellschaftlichen und sozialen Zusammenhang, in dem ihre Produkte stehen, nicht sehen. Und es heißt auch nicht, daß jede Entwicklung nur positiv eingeschätzt wird. Deutlich wird hingegen eine grundsätzliche Einstellung zum Prinzip der Veränderung, der Vorrang einer *aktiven* Haltung.

B „Ja, wenn ich mir Gedanken mach', ich kann mir kein Tätigkeitsfeld vorstellen, wo nicht auch irgendwelche negativen Aspekte mit reinkommen. Und also, entweder ich verzweifle daran, und ich hol' mir einen Strick und spring' in die Isar oder – aber dann hat sich das Problem ja auch nicht gelöst, und in dem Dilemma leben wir wohl, daß wir immer, egal was wir machen, feststellen, wir fügen auch uns oder uns als Volkswirtschaft oder hier als Bürger auf diesem Planet, ... Schaden zu durch unser Dasein, durch unsere Handlungen. Und es ist nur die Frage, wie groß der ist, der Schaden." (Entwickler von Werkstattprogrammierung, 2, 95)

Unvermeidlich – so heißt es – hat jedes konstruktive Tun, auf das man als Entwickler stolz ist, eine Kehrseite: Es wirkt zerstörerisch auf das Bestehende. Man könnte diesem Dilemma nur entgehen, wenn man sich für die Grabesruhe entschiede, indem man in die Isar spränge; aber selbst dann wäre das allgemeine Problem, das jedes Dasein sich auf Kosten eines anderen Daseins erhält, und daß jede Aktivität eine Zerstörung des Gegebenen bedeutet, nicht aus der Welt geschafft. Im Grunde laufen diese Aussagen auf ein Plädoyer für eine allseitige aktive Anpassungsbereitschaft hinaus. Hierin liegt tatsächlich für die *nicht* gewerkschaftlich engagierten Entwickler in leitender Position die Lösung des Problems. Im Falle der Werkstattprogrammierung würde dies beispielsweise heißen, daß die Facharbeiter – so wie die Ingenieure auch – sich unter allen Umständen an die neuen Techniken anzupassen haben. Auf diese Weise könnten sie, so heißt es in der Diskussion, durch vielseitige Einsetzbarkeit sogar ihre Chancen auf dem Arbeitsmarkt erhöhen. Sollte sich aber mittelfristig ein gewichtiger Verlust von materialbezogenem Erfahrungswissen ergeben, so würde dieser sich zu einem bestimmten Zeitpunkt auf die Qualität der Produkte und den Verkauf negativ auswirken. Spätestens dann würden die Herstellerfirmen aktiv reagieren und die verlorengegangenen Kompetenzen, z.B. durch betriebliche Weiterbildung, ausgleichen. Ohnehin müsse den Firmen daran gelegen sein, die Kompetenzen der Facharbeiter soweit wie möglich zu erhalten, weil ja über eine längere Phase hinweg Maschinen aus verschiedenen Generationen zugleich eingesetzt würden. In dieser Argumentation folgen die Ingenieure ganz der klassischen politischen Theorie des Marktes. Ihre Quintessenz lautet: Wenn sich alle gesellschaftlichen Gruppierungen ihrem jeweiligen Interesse gemäß verhalten, dann können Schäden immer begrenzt und auf allen Handlungsebenen die notwendigen Korrekturen vorgenommen werden. Entsprechende Rahmenbedingungen haben die politischen Instanzen zu schaffen.

A „Wenn sich herausstellen sollte mit diesen Werkzeugen oder Maschinen, die wir hier entwickeln, da ergeben sich Spannungen oder ergeben sich Konflikte, dann ist doch der Gesetzgeber gefordert, dann eben z.B. wie eine Unfallverhütungsvorschrift, so was ähnliches in dem Bereich ... zu machen, dann sind wir wieder bei der Anwendung." (Entwickler von Werkstattprogrammierung, 2, 33)

Dem Modell der Marktregulierung zufolge gibt es ein aktives Austauschverhältnis zwischen den Akteuren und ihrer Umgebung. Die Umgebung stellt die Rahmenbedingungen dar, innerhalb derer jeder seinen Spielraum zu nutzen versucht. Dazu gehört sowohl die ganze Palette an Regeln (von der Deutschen-Industrie-Norm bis zur gesetzlichen Vorschrift) und Förderungsmaßnahmen. Ob aber *technische* Standards (DIN-Norm) oder *gesetzliche* Regelung, alle Regelungen kommen dieser Auffassung zufolge nur zustande, nachdem zuvor Erfahrungen gesammelt werden konnten, die dann gewissermaßen in neuen Randbedingungen abgespeichert werden.

A „Ja, so ein Prozeß kann doch auch erst einsetzen, wenn es wirklich mal zur ...

B Wenn die Richtung schon auseinandergelaufen ist ...
(Durcheinanderreden)

C Wenn die Möglichkeiten aufgezeigt sind.

Forschungsteam:
(...) wenn verschiedene Weisen ...

D Ja, Norm kommt ja immer nach der Evolution, wenn irgendwas schon mal entwickelt ist, dann kommt das ja immer hinterher.

B ... wahrscheinlich entscheidend, daß die Norm immer hinter dem herläuft, was eigentlich ...

E Aber es muß doch erst ein Wissensstand da sein, um überhaupt ...

D Genau ...

B Richtig, ich kann ja nichts normen, wenn ich nicht weiß, was ich eigentlich normen soll.

F Ja, oder auch, daß ich durch meine praktische Anwendung die Erfahrung sammle, wenn ich es so gestalte, dann kann ich sehr einfach mit dem System umgehen. Und dafür muß ich ein breites Experimentierfeld haben, also ganz unterschiedliche Geräte oder Maschinen. Und dann stelle ich ja nachher fest, mit dem können die meisten Leute sehr schnell arbeiten. Da ist auch der Schulungsaufwand nicht so groß ... Und deswegen ist das eigentlich ein Standard, den man in Zukunft weiter betrachten sollte ...

G Die Norm ist vielleicht für den Entwickler zunächst mal wie so ein Tool zu betrachten ... Aber er hat ja trotzdem einen Gestaltungsspielraum, nämlich immer dann, wenn er einen Versuch entwickelt, der eben tatsächlich an der Spitze der Entwicklung liegt. Für das gibt's dann tatsächlich noch keine Normen." (Entwickler von Werkstattprogrammierung, 2, 40 ff)

Wo man also noch keine Erfahrung gemacht hat, da kann es – gemäß der hier wiedergegebenen Einschätzung – naturgemäß keine Standardisierung geben. Selbstverständlich gelten aber alle sonstigen Regulierungen, und vor allem. gibt es Zielsetzungen, an denen man seine Arbeit ausrichten kann. In diesem Zusammenhang wurde vom Forschungsteam der DIN-Normenentwurf 66 234 Abt. 8 zur Dialoggestaltung von Bildschirmarbeitsplätzen zur Debatte gestellt. Die hier an einzelnen Beispielen beschriebenen Grundsätze für die Gestaltung der Datenverarbeitungssysteme an Bildschirmarbeitsplätzen gelten den Diskutierenden wie ein Tool, ein Hilfsmittel. Wie aber diese Grundsätze im einzelnen technisch umgesetzt werden sollen, ist im Normentwurf nicht formuliert.[8] Insofern kann man sich an der Spitze der Entwicklung also doch nicht auf konkrete normative Vorgaben beziehen; daran hält man in der Diskussion fest. Norm im Sinne des Standards wird erst das werden, was sich auf dem Markt durchsetzt. Wo es sich um Arbeitsmittel und Investitionsgüter handelt, werden es die Produkte sein, mit denen die Arbeitskräfte, die mit ihnen zu arbeiten haben, schnell und gut zurechtkommen.

Leitende Entwicklungsingenieure sehen sich selbst und ihre eigene Arbeit danach bewertet, wieviel und wie gut mit den neu entwickelten Produkten anderenorts produziert werden kann. *Mehr, schneller, besser* sind die

---

8 Der genannte DIN-Entwurf ist von ganz anderem Charakter als die Masse der technischen Normen, die in technischer Sprache Standards vorgeben. Im Entwurf werden fünf Grundsätze der sogenannten Dialoggestaltung beispielhaft benannt. Es sind dies: Aufgabenangemessenheit, Selbstbeschreibungsfähigkeit, Steuerbarkeit, Erwartungskonformität und Fehlerrobustheit (vgl. Becker-Töpfer, 1985). Inzwischen ist der Entwurf gültige, verabschiedete Norm: DIN 66 234, Teil 8 (1988).

Maximen, die ihnen vorgegeben sind und in der internationalen Konkurrenz realisiert werden. Normen und Standards, die marktgemäß zustandekommen, entsprechen den ehernen Regeln, denen man selbst zu folgen hat. Es handelt sich um Parameter der Rahmenbedingungen, die für alle gleichermaßen verbindlich sind. Sehr viel kritischer wird von den leitenden Entwicklungsingenieuren daher die Konzeption der staatlichen Technikförderung betrachtet. Im Grunde wird sie als ein Verstoß gegen das Prinzip des erfahrungshaltigen Lernens nach Marktregeln betrachtet. Wo durch finanzielle Zuwendungen technische Weichen gestellt werden, da wird der notwendige Prozeß, über die Vielfalt zum Standard zu gelangen, auf gefährliche Weise verkürzt. Als Beispiel gilt der Gruppe die massive staatliche Förderung der Kernenergie zu Lasten anderer Energiequellen. Wenn finanzielle Zuwendungen des Staates schon bisweilen unvermeidlich sein sollten, dann könnte einzig eine sehr breite staatliche Förderung solche groben Fehler, wie z.B., daß man 30 Jahre lang einen falschen Weg verfolgt, vermeiden helfen.

Die eigene Kritik an der staatlichen Fehlplanung (am Beispiel der Kernenergie) legt die Frage nahe, ob und wie die Gesellschaft der technischen Entwicklung bestimmte konkrete Zielsetzungen vorgeben sollte, die es dem einzelnen Ingenieur im beruflichen Konkurrenzkampf ersparen, in moralische Dilemmata zu geraten. Einige Diskussionsteilnehmer betrachten die Expertensysteme und die Logbuchentwicklung mit sehr kritischen Augen. Andere halten dagegen, daß man ja noch weit entfernt sei, Expertensysteme wirklich zu realisieren. So verschiebt sich das Problem normativer Vorgaben auf die umstrittene Frage, wie weit man überhaupt die Folgen noch nicht realisierter Entwicklungen realistisch antizipieren kann. Aber nicht nur das ist umstritten; ebenso schwierig scheint es, zu gesellschaftlich vorteilhaften, mehrheitlich gewollten, positiven Zielsetzungen zu gelangen, die der Entwicklungstätigkeit gewisse 'Richtungen, Regelungen, Begrenzungen' vorgeben würden.

E „Das ist die Frage, wer stellt diese Regeln auf, und nach welchen Kriterien werden sie aufgestellt?" (Entwickler von Werkstattprogrammierung, 2, 104)

Selbst wenn man aber dazu käme, so bleibt dennoch die Frage offen, ob man eine bestimmte Entwicklung tatsächlich wegen der mit ihr verbundenen negativen Nebeneffekte stoppen sollte, wenn es doch wahrscheinlich sei, daß nachteilige Auswirkungen durch die internationale Konkurrenz gewissermaßen von hinten wieder eingeführt würden. Unter diesen Umständen, so wird argumentiert, gäbe es nicht einmal die technischen Voraussetzungen, um die Entwicklung auf dem Markt durch eigene Produkte zu beeinflussen. Entsprechend unbestritten gilt in der Gruppe die Auffassung, daß sich 'der Gesetzgeber' immer fragen müsse, wie die 'Leistungsfähigkeit' der Gesellschaft insgesamt erhalten oder gesteigert werden könne. Leistungsfähigkeit ist die Zielsetzung, die in der Sichtweise leitender Ingenieure den einzig unbestrittenen Maßstab abgibt. Und die Leistungsfähigkeit erweist sich im Wettbewerb – untereinander, zwischen den traditionellen und den neuen Konzeptionen der Steuerung von Werkzeugmaschinen und auf dem Weltmarkt.

Was dabei herauskommt, mag man bedauern oder begrüßen, ignorieren kann man es nicht – so vermitteln es diese Ingenieure mit Leitungsaufgaben in der Diskussion. 'Sagen Sie doch nicht immer *sozial*', so wurde uns bei der Vorbesprechung von einem teilnehmenden Ingenieur entgegengehalten, als wir davon sprechen wollten, wie sich soziale in technische Normen übersetzen lassen. Stattdessen war man bereit, von *gesellschaftlich* zu sprechen. Der Begriff des Gesellschaftlichen birgt nicht mehr die normative Komponente. Wer in großen Konzernen, mittelständischen Betrieben oder staatlichen Forschungseinrichtungen Entwicklungsingenieur ist, der weiß, daß in dieser Welt nur Leistungsfähigkeit zählt: *Mehr, schneller, besser*. Das bestimmt das Gesetz des Handelns, dem man gehorchen muß, wenn man mit seinen Produktideen Erfolg haben will. Wofür *mehr, schneller, besser* produziert werden soll, welche konkreten, primären Bedürfnisse letztlich dadurch erfüllt werden (welche unter Umständen Schaden erleiden), diese Frage kann man nicht mehr stellen, wenn man innerhalb der technischen Fortschrittsspirale, die durch die Kräfte des *mehr, schneller, besser* angetrieben wird, *Akteur* sein will. Die Zuständigkeit für das Erkennen und Bewältigen der Folgeprobleme kann nur noch auf die Gremien der politischen Willensbildung übertragen werden, die die richtigen Rahmenbedingungen zu setzen haben.[9]

Die Suche nach neuen praxisbestimmenden Wertvorstellungen: „Nicht die Technik ist das Problem, sondern der Geist der Menschen."

Solange das Prinzip der internationalen Konkurrenz nicht außer Kraft gesetzt ist, erscheint es allen Entwicklern, ob gewerkschaftlich engagiert oder nicht, unmöglich, den Nachteilen bestimmter technischer Entwicklung durch eigene Enthaltsamkeit bzw. entsprechende staatliche Begrenzung entgehen zu wollen. In den Gruppen der gewerkschaftlich engagierten Entwickler wird die Macht dieses Prinzips jedoch sehr viel schmerzlicher empfunden. Gewerkschaftliches Engagement heißt ja, daß man in der Tat soziale Zielsetzungen verfolgen möchte, daß man sich nicht auf technische Kompetenz reduzieren möchte – so auch in der gewerkschaftlich engagierten Entwicklergruppe, die an der Digitalisierung der Vermittlungstechnik und ihrer Integration arbeitet. Die totale Integration, die Endstufe der Vernetzung

---

9 Vgl. dazu das Kapitel „Die gesellschaftliche Verantwortung von Ingenieuren – Zwischen technisch-ökonomischen Zwängen und politisch-normativen Zielen des technischen Fortschritts", in Teil II dieses Bandes.

erscheint niemandem in dieser Gruppe als wirklich sinnvoll. Einerseits wegen der beruflichen Verantwortung: die hohe Komplexität des technischen Systems erlaubt keine antizipierbare und technisch zufriedenstellende Funktionssicherheit. Andererseits aber auch wegen der sozialen Folgeprobleme. Dennoch sieht man sich durch den Druck des internationalen Marktes dazu gezwungen, weiter an den technischen Aufgaben und Herausforderungen des ISDN zu arbeiten. Denn Forschung und Erkenntnisdrang, so lautet die Diagnose, lassen sich nicht begrenzen. Gewerkschaftlich engagierte Ingenieure spüren zwei Seelen in ihrer Brust. Während die eine für Begrenzung und Regulierung ist, möchte die andere der Innovation Bahn brechen.

Anders als ihre nicht gewerkschaftlich engagierten Kollegen sind aber die Entwickler, die im AIN organisiert sind, mit den vorhandenen Regulierungsmechanismen nicht zufrieden. Dafür ist ihnen die Situation viel zu veränderungswürdig. Für sie bleibt es eine anstößige Tatsache, daß bestimmte Werte, die man aus sozialen Gründen erhalten und gefördert sehen möchte, im alles beherrschenden Marktgeschehen keine Bedeutung haben. Das drückt sich auch in der folgenden Diskussionspassage von Entwicklern in der Forschung aus:

T „Es wird akzeptiert, was Profit macht. Aber es gibt auch andere Akzeptanzen, z.B. eben: ist es human oder nicht? Ob das der Markt überhaupt wahrnehmen kann?

U Dafür fehlen halt schlichtweg die Marktkriterien. Wir haben bisher noch keinen Preis für Umweltrahmen, keinen Preis für Emotionen. Wir haben keinen Preis für Leben, für Gefühle ...

S Das hängt damit zusammen, daß wir dafür die Wertvorstellungen noch nicht haben ..." (Entwickler in der Forschung, 2, 146)

Die äußeren Regulierungsmechanismen des Marktes hält man also nicht für zureichend. Es stellt sich die Frage, wie man überhaupt innerhalb des bestehenden Rahmens zu neuen Bewertungen kommen kann, die die unbefriedigende Aufspaltung zwischen beruflicher und gesellschaftlicher Verantwortung überwindbar machen. Gewerkschaftlich orientierte Ingenieure sehen sich tief in einem Verantwortungsdilemma verstrickt: Man ist nicht zuletzt deshalb Ingenieur geworden, weil man Spaß an der Technik hat, Spaß daran, etwas Neues zu entwickeln, daß – wie es heißt – 'immer neue Denkideen geboren werden', die dann auch umgesetzt werden können in die Gestalt neuer Produkte. Zu dieser Umsetzung bedarf man als Ingenieur einer für alles Neue aufgeschlossenen und förderlichen Umwelt, die diese Innovationslust nährt. Nicht zuletzt aber, weil man als empfindsamer Mensch auch durch die neuen Produkte betroffen ist, weil man erlebt, wie die technisierte Umwelt nicht nur die erhofften Vorteile, sondern auch bedrohliche Nachteile mit sich bringt, fragt man, wie man in dieser Situation Verantwortung wahrnehmen kann.

Die im AIN engagierten Entwickler kommen in dieses Dilemma, weil sie den rein gesellschaftsanalytischen oder polit-ökonomischen Argumentations- und Werterahmen verlassen. Ihre kritischen Anfragen beziehen sich auf Menschen- und Naturverträglichkeit als Wertvorstellungen, die aller Effizienzberechnung vorgeordnet sein müßten. Wenn es um die Erhaltung grundlegender menschlicher Fähigkeiten (wie Mitgefühl und Sprachfähigkeit) und der natürlichen Umwelt geht, kann auch eine Erweiterung der bisher betriebswirtschaftlich verkürzten Wirtschaftlichkeits- und Effizienzberechnung nicht mehr weiterhelfen. Hier stehen Entscheidungen aufgrund qualitativer Maßstäbe an, die selbst nur in einem gesellschaftlichen Dialog entwickelt werden können. Aus der Sicht der problembewußten Entwickler mangelt es jedoch an einem solchen öffentlichen Dialog. Mit der Metapher 'der Geisteshaltung der Menschen' wird von ihnen vielmehr umschrieben, daß sie sich als Ingenieure einem teils offenen, teils insgeheimen Auftrag zur Umsetzung gesellschaftlicher Machbarkeits- und Machtphantasien ausgesetzt fühlen. In *den* Ingenieur wird ja nach wie vor die Hoffnung gesetzt, die dem Menschen gesetzten Grenzen immer weiter zu verschieben. Was bisher gemacht werden konnte, wurde gemacht – so heißt es in den Diskussionen. Es wurde staatlich gefördert, und es wurde von den Konsumenten aufgenommen. Was auch in der Gestalt von Arbeitsmitteln für die abhängig Beschäftigten problematisch gewesen sein mag, in der Gestalt verbilligter Konsumgüter wurde es von ihnen akzeptiert und gar begrüßt.

Auf dem Hintergrund dieser Problemdiagnose werden nun von den Entwicklern zwei Möglichkeiten diskutiert, um diese Geisteshaltung zu verändern: Man begrenzt die Energie und die Antriebskräfte auf seiten der Ideenproduzenten und Macher, oder man verändert die Umwelt, innerhalb derer sich Ideenproduzenten und Macher bewegen. Vor die Wahl dieser zwei Möglichkeiten gestellt, stimmen auch die gewerkschaftlich engagierten Entwickler darin überein, daß die Energie auf seiten der Ideenproduzenten und Macher, der Ingenieure, gar nicht direkt beeinflußt werden kann. Wenn immer die Überlegungen auf diesen Punkt zusteuern, wenn also innerhalb der Berufsrolle die aktive Teilhabe an Grenzziehung verlangt wird, werden in den Argumentationen hohe Hürden sichtbar, die sich einer solchen Zumutung widersetzen würden:

Zwar wird die hohe Arbeitsteilung in Großprojekten und die mangelnde Verantwortlichkeit der einzelnen im Rahmen großtechnischer Projekte beklagt; eine persönlich getragene generelle Absage an Großprojekte überhaupt hält man jedoch für falsch und stellt zur Debatte, ob man nicht immer große Ziele brauchte, um Entwicklung überhaupt in Gang zu halten. Gerade weil die einzelne technische Forschung und Entwicklung in sich gute und schlechte Anwendungsmöglichkeiten berge, sollte sie nicht vorweg unmöglich gemacht werden.

Zugleich wird allerdings auch betont, daß man als einzelner Ingenieur keine Entscheidung darüber hat, ob die Mikrochips, die man entwickelt, für Computertomographie oder für das neue Waffenprojekt im Weltraum verwandt werden.

W „Mir ist es persönlich nicht so gegangen, aber einem Kollegen von mir, der hat Telefonvermittlungen entwickelt, eine ganz friedliche Angelegenheit. Es wurde noch ein bißchen verbessert, Telefone sollen ja bequemer werden ... dafür braucht man dann einen Computer, ja, ganz hochmoderne Anlagen. So, und dann kommt auf einmal der Arbeitgeber her und sagt: Wir haben jetzt ein Angebot von der NATO. Das System ist so gut, das können wir in den Container packen, und damit machen wir ein Feldtelefon ... Und das geht mit allen Dingen so ..., ob ich einen LKW entwickle oder Gen-Technologie."
(Entwickler in der Forschung, 2, 101)

Was nützt es angesichts der Sachlage von unbestimmter Anwendbarkeit, insbesondere der Computertechnik – so wird resignativ gefragt – sich persönlich und als einzelner gegen eine bestimmte Anwendung zu engagieren? Die Wucht der gesellschaftlich vorgegebenen Machtverhältnisse scheint in dieser Sicht jede persönliche Konsequenz obsolet zu machen. Niemand in der Runde hält es für richtig, auf dem Weg des persönlichen Verzichts und Opfers technologiepolitische Entscheidungen beeinflussen zu wollen. Für sich selbst könne man allenfalls anstreben, sich so unabhängig wie eben möglich zu halten.[10]

Wie wird nun der andere Weg, die Veränderung der gesellschaftspolitischen Rahmenbedingungen, in denen Ingenieure handeln, beurteilt? Auch auf diesem Weg, auf dem die Umwelt der Ideenproduzenten und Macher verändert werden soll, werden aus der Perspektive der gewerkschaftlich engagierten Entwickler hohe Hürden sichtbar: Wie kommt man zur nötigen Phantasie und Unterstützung für *neue Produkte und Lebensweisen?* so wird gefragt. Zweifel werden darüber geäußert, ob der Leidensdruck nicht noch immer zu gering sei, um eine grundlegende Veränderung herbeizuführen. Schließlich sei die Idee der Konversion militärischer zu ziviler Entwicklung und Produktion nahezu wieder verlorengegangen, und auch der Druck für internationale Vereinbarungen über umweltverträgliche Produkte und Produktion reiche noch längst nicht aus. Im Grunde bräuchte man neue, in der 'Kultur verankerte Wertvorstellungen', die die Praxis anstelle der bisher geltenden Steuerungs- und Regulationsmechanismen bestimmen. Wie aber – so wird gefragt – ist das in unserer 'säkularen Welt' möglich? Wie kommt man zu neuen *kulturellen Normen?*

Wollte man neue Wertvorstellungen auf dem Wege der Gesetzgebung herbeiführen, so wird eingewandt, bedürfte man ja schon genau der neuen

---

10 Vgl. dazu und für das Folgende das Kapitel „Die Moral von Ingenieuren und die Ethik technischen Handelns – Sozialpsychologische Überlegungen zur Gestaltbarkeit der Technik über den Wandel kultureller Werte", in Teil II dieses Bandes.

Geisteshaltung, die durch die neuen Gesetze befördert werden soll. Wollte man nach dem geltenden Prinzip der westlichen Demokratie, der Mehrheitsentscheidung, verfahren, so dürfte man nichts Neues erwarten, und würde diejenigen enttäuschen, die den Folgen des Prinzips der Mehrheitsentscheidung etwas entgegensetzen wollten. Wollte man aber etwas dagegensetzen, so würde dies ja eben jene allgemein geteilte weltanschauliche Überzeugung voraussetzen, an der es doch mangelt.

W „Ich bin schon der Meinung, daß wir zu einer neuen Institution der Gesetze in der Richtung kommen müssen, denn alles, was machbar ist, wird gemacht, es sei denn, ein Gesetz verbietet es ... So einfach sehe ich das ...

T So einfach ist das eben nicht. Ein Gesetz braucht einen Kontrollapparat, und das ist uneffektiv, das Ganze ...

W Ja, diesen Kontrollapparat hatten wir doch in Zeiten der Kirche auch ...

S In unserer heutigen Zeit, und sagen wir einmal, der westlichen Welt, ist doch die Demokratie und die Mehrheitsentscheidung das A und O ... Nun kommen viele ... und sagen: Ja, das kann doch nicht das Letzte sein ... Da muß man aber etwas anderes dagegensetzen. Und das kann eigentlich nur aus irgend einer weltanschaulichen Überzeugung heraus kommen ... Und die haben wir uns ja gerade in unserer aufgeklärten Demokratie über einige Jahrhunderte hinweg mit Erfolg abgewöhnt, gerade dadurch, daß wir den Kirchen so radikal die Flügel gestutzt haben ... Die früheren Strukturen sind zerschlagen und es sind keine neuen an deren Stelle getreten. Deswegen irren wir ziemlich orientierungslos herum und lösen alle Probleme halt doch mit Mehrheitsentscheidungen." (Entwickler in der Forschung, 2, 111f)

An die Stelle kultureller Selbstverständlichkeiten sind faktisch die durch Konkurrenzmechanismen gesetzten Lebensbedingungen getreten. So sieht man sich auch nicht in der Lage, als gewerkschaftliches Kollektiv und Teil der gesellschaftlichen Interessen eine bestimmte Forschungsrichtung zu blockieren. Denn dies hieße im Rahmen der weltökonomischen Umstände nur, das entsprechende Gebiet der Konkurrenz zu überlassen. So wie von leitenden Ingenieuren wird auch von den gewerkschaftlich engagierten Entwicklern ausdrücklich zur Illusion erklärt, ein Forschungsthema dadurch aus der Welt schaffen zu wollen, daß man sich selbst davon abkoppelt. Hinter all den objektiven Zwängen wird aber auch ein subjektives Interesse sichtbar: die internationale Konkurrenz wird auch herangezogen, um die eigene Innovationslust vor Schuldbewußtsein schützen zu können. Dies wird in der Diskussion deutlich, in der die Entwickler an einem digitalen integrierten Vermittlungsnetz sich darüber Gedanken machen, was es bedeuten würde, wenn das ISDN tatsächlich aus einer Haltung der Genügsamkeit heraus abgelehnt würde:

P „Damit kann man aber jede Weiterentwicklung in Frage stellen ... Da kann man ja sagen, unser Telefonsystem funktioniert hervorragend. Mir reicht das gut ..." (Entwickler von digitaler Vermittlungstechnik, 2, 121)

Die Befürchtung, für die eigene Innovationslust keine Umgebung mehr zu finden, die gesellschaftliche Voraussetzung für Entwicklung überhaupt zu verlieren, wird von allen Entwicklergruppen geteilt. Strukturelle Veränderung wird also von kritischen Entwicklern nicht nur gewünscht, sondern auch gefürchtet.[11] So wenig wie die in der Gesellschaft insgesamt vorfindbare Haltung zu den Zielen der Technikentwicklung, so wenig ist auch die Haltung problembewußter und kritischer Entwickler frei von Ambivalenzen. Unsere Forschungsfrage nach der besonderen Ingenieurverantwortung wird daher von unseren Diskussionspartnern nur unter Vorbehalt akzeptiert, so in der folgenden Äußerung:

W „Man kann dann auch nicht von gewissen Gruppen verlangen, übersensibel zu sein, wenn andere auch noch nicht so weit sind ..." (Entwickler in der Forschung, 2, 28)

---

11 Ein ausführliches Fallbeispiel dazu findet sich in Senghaas-Knobloch & Volmerg (1987).

Die berufliche Verantwortungssituation von Ingenieuren in der Beratung

Eva Senghaas-Knobloch

Ein wichtiges Charakteristikum sowohl der Mikroelektronik als auch der Informationstechnik besteht darin, daß ihre Einsatz- und Anwendungsmöglichlichkeiten zwar äußerst vielfältig sind, aber für den konkreten Einzelfall immer erst erschlossen und geprüft werden müssen. Die mit den beiden neuen Technologien propagierten Eigenschaften: erhöhte Präzision und Qualität der so ausgestatteten Produkte, Flexibilisierung und Beschleunigung von Fertigungsverfahren und Kombinationsmöglichkeiten mit anderen Technologien sind für die Entscheidung über Einführung oder Ausweitung mikroelektronischer und informationstechnischer Elemente in das konkrete Betriebsgeschehen erst dann aussagekräftig, wenn sie in Produkt- bzw. Prozeßspezifikationen übersetzt worden sind. In den großen Unternehmen sind dafür spezielle Technologie- und Entwicklungsabteilungen zuständig. Für kleinere und mittlere Unternehmen verbietet sich aus finanziellen Gründen solch ein Aufwand. Sie sind daher in der Regel auf Beratung von außen angewiesen. Dabei ist, wo es um technische und technologieorientierte Beratung geht, die betriebswirtschaftliche Dimension immer gegenwärtig. Die darauf aufbauenden Schlußfolgerungen hängen aber wiederum davon ab, wie die neuen technischen Möglichkeiten in der Beratungssituation präsentiert werden, auf welche Eigenschaften der Technik besonders hingewiesen und auf welche Chancen und Gefahren aufmerksam gemacht wird.

Die Beratung von Betrieben und Unternehmen findet in vielerlei Gestalt statt. Die Unternehmensberatung bildet einen eigenen Wirtschaftszweig mit dem ihm eigenen Berufskodex für beratende Ingenieure. Neben dieser privatwirtschaftlich organisierten Beratung werden im Zusammenhang mit den Instrumenten staatlicher Technikförderung und ihren Umsetzungsprojekten auch staatlich finanzierte Aufträge an Ingenieure vergeben, mit allgemeinen, d.h. nicht wettbewerbsverzerrenden Informationen und Beratungen die sogenannte indirekt spezifische Technikförderung zu begleiten. Und schließlich haben die großen Hersteller von Informationstechnik selbst ein Interesse, den Verkauf ihrer Systeme durch geeignete Beratungsleistungen zu erhöhen.

Welche impliziten oder expliziten Maßstäbe legen nun Ingenieure in den verschiedenen Beratungssituationen zur Bewertung neuer Technologien an? Welche Vorstellungen haben sie über die Umsetzung entsprechender Kriterien in Betrieb und Gesellschaft? Welche Handlungsspielräume können sie in ihrer beruflichen Situation erblicken? Die folgenden Darlegungen beruhen auf den Einschätzungen und Sichtweisen von Ingenieuren, die ihre Beratungstätigkeit entweder im Rahmen staatlicher Förderprogramme oder Umsetzungsprojekte oder aber als Kundenberater wahrnehmen. Das Material wurde in den Diskussionsrunden mit drei Ingenieurgruppen gewonnen.

Die Gruppe der Kundenberater war im Unternehmensbereich eines großen Computerherstellers angestellt. Für sie war letztlich der Verkauf von firmenspezifischen Systemen zur Informationsverarbeitung das Ziel der Beratung. Als 'Systemingenieure' müssen Kundenberater betriebswirtschaftliche mit hoher technischer Kompetenz verbinden.

Die beiden anderen Ingenieurgruppen, deren Beratungstätigkeit im Rahmen staatlicher Förderprogramme und Projekte steht[1], mußten sich dagegen umgekehrt gerade aller Ratschläge für bestimmte Marktprodukte enthalten. Gleichwohl setzte auch ihr Auftrag an der Verbreitung neuer Techniken an. In der einen Ingenieurgruppe ging es dabei um Information, projektorientierte Beratung und Hilfestellung im Hinblick auf den Einsatz von Mikroelektronik (in kleineren und mittleren Unternehmen der Elektrotechnik und des Maschinenbaus), sowie um die Abwicklung der entsprechenden indirekt-spezifischen Fördermaßnahmen. Die technische Expertise dieser Ingenieure lag vor allem im Bereich der Hardware-Entwicklung, beispielsweise der Entwicklung von sogenannten Halb-Kunden-Schaltungen, wozu ihrerseits computergestützte Systeme (CAD) unumgänglich sind.[2]

Die dritte Gruppe hob sich von den zwei genannten schon insofern ab, als sie ihr gemeinsames Projekt interdisziplinär angelegt hatte. Sie gehörte zum Team eines Beratungszentrums, das sich die Aufgabe gesetzt hat, mit Hilfe von Informationsmaterialien und aktueller Beratung die Ergebnisse umzusetzen, die im Rahmen von Forschungen zur Humanisierung des Arbeitslebens (HdA) erarbeitet wurden.[3] Ihr Beratungsauftrag richtete sich speziell an kleine und mittlere Firmen, für die es finanziell ein Anreiz ist, sich über mögliche Automatisierungsvorhaben kostenlos Informationen einzuholen. Ein Anspruch auf Beratung wurde aber nur unter der Voraussetzung anerkannt, daß ein Einsatz von Automatisierungssystemen tatsächlich geeignet war, zuvor vorhandene Belastungen für Arbeitnehmer und Arbeitnehmerinnen, vor allem gesundheitliche Belastungen, abzubauen.

Eine solche Voraussetzung und Zielsetzung war in den anderen beiden Beratungsfeldern nicht vorhanden. Allerdings war auch die qualitativ-so-

---

1 Zur politischen Konzeption vgl. Bräunling (1986). Details finden sich in: Sonderprogramm Anwendung der Mikroelektronik (1982^2); Knetsch (1985^2); VDI (1983); VDI (1985); Informationstechnik (1984).
2 Vgl. dazu Pöhls & Roth (1985).
3 Vgl. HdA-Schriftenreihe, Bd. 30 (1984) und Bd. 61 (1984).

ziale Beratungsauflage selbst wieder an eine technische Voraussetzung, nämlich die mögliche Automatisierung, gebunden. Obwohl also – wie in der Gruppe vorgetragen – der technische Aspekt nur als 'Aufhänger' zur Umsetzung HdA-spezifischer Erkenntnisse dienen sollte, kam die Beratungskompetenz dieser Gruppe – nicht anders als in den anderen Gruppen – überhaupt erst zum Tragen, wenn die grundsätzliche Entscheidung für den Einsatz von Mikroelektronik und Informationstechnik positiv ausgefallen war. Im Rahmen staatlicher Technologieförderungsprogramme bekommt Geld nur derjenige, der in diejenige Technologie investiert, deren Verbreitung gefördert werden soll. Das Gelingen des Beratungsauftrags war an die Bereitschaft zur technischen Innovation auf seiten der Klienten gebunden. Das gilt generell für entsprechende Informationen, Leistungen und technischen Hilfestellungen in allen Beratungssituationen. In der Gruppe der Kundenberater wurde dieser Sachverhalt ironisch-selbstkritisch in der folgenden Aussage ausgedrückt:

D „Welches Verkaufsargument wir sicherlich nicht nehmen werden, heißt schlicht und einfach: Laßt Datenverarbeitung weg! Obwohl es sich u.U. sogar für ein Unternehmen in bestimmten Fällen rechnen würde, Datenverarbeitung wegzulassen." (Ingenieure in der Kundenberatung für informationsverarbeitende Systeme, 2, 151)

Auch und gerade die technische Kompetenz kann in allen drei Beratungssituationen überhaupt nur zum Tragen kommen, wenn die Grundentscheidung *für* neue Technik, d.h. in unserem Zusammenhang: für Einführung oder Ausbau von Mikroelektronik und Informationstechnik, gefallen ist. Welche Bedeutung hat diese Voraussetzung für die Chancen, in der Beratung auch die sozialen Dimensionen von Technik zum Tragen zu bringen?

Im folgenden geht es zunächst um die Erfahrungen, die die Ingenieure mit den neuen Technologien bei der Erfüllung und Ausgestaltung ihres eigenen Aufgabenfeldes gemacht haben.

Im zweiten Abschnitt werden die Pole des sozialen Kräftefelds beschrieben, in dem sich die Ingenieure bei ihrer Beratungstätigkeit ihrer eigenen Wahrnehmung gemäß bewegen.

Der dritte Themenkomplex befaßt sich mit dem Einfluß, den sich die Ingenieure aufgrund ihrer Beratungstätigkeit zumessen.

Zuletzt geht es um das Problem, wie sich in der Beratungstätigkeit das Verhältnis von Technikentwicklung und Verantwortlichkeit stellt.

Erfahrungen mit Informationstechnik

Zwischen Mikroelektronik und Informationstechnik gibt es zwingende Bezüge. Informationstechnik baut selbst auf Mikroelektronik auf. Mikroelektronik und Informationstechnik lassen sich gegenwärtig nur noch mit Hilfe von Rechnern und Informationstechnik weiterentwickeln. Alle Gesprächsteilnehmer hatten daher auch persönliche Erfahrungen im Umgang mit Rechnern und informationsverarbeitenden Systemen. Gerade dieser persönliche Erfahrungshintergrund erlaubte wiederum eine erfahrungsgesättigte Erörterung über wünschenswerte Kriterien, die von informationsverarbeitenden Systemen erfüllt werden müßten, wenn sie als Arbeitsmittel tauglich sein sollen.

Ähnlich wie bei den Ingenieuren im Aufgabenfeld *Entwicklung* steht auch hier die Aussage im Vordergrund, daß man mit den alten Hilfsmitteln nie wieder arbeiten möchte.

L „Ich weiß noch, wie ich mir als einer der letzten meinen ersten Taschenrechner leisten konnte ... da war ich natürlich stolz wie Oskar, weil das jetzt alles so toll ging, mit den zehn Speichern. Das war eine ganz heiße Sache, nicht. Wenn ich daran jetzt zurückdenke, an der Krücke möchte ich nie wieder arbeiten, weil, damit könnte ich jetzt kein IC rechnen oder sonst irgendwas machen, die Aufgaben kann ich nicht mehr damit machen ..." (Ingenieure in der indirekt-spezifischen Technologieförderung, 1, 9)

Die wechselseitige Bedingung der Erweiterung von Aufgaben und der Verbesserung der technischen Hilfsmittel wird von den diskutierenden Ingenieuren als Regelkreis beschrieben. Ob man heutzutage Anpassungsentwicklungen an Informationssysteme für Kunden vornimmt, ob man die Wahrscheinlichkeit von Kundenaufträgen zu errechnen hat, oder wie im oben genannten Beispiel an einer mikroelektronischen Schaltung arbeitet, auf den Rechner möchte man nicht mehr verzichten. Bei der Bewältigung der beruflichen Aufgaben gilt er den Ingenieuren ganz klar als Hilfsmittel, das es erlaubt, sich auf die 'wesentlichen' oder 'eigentlichen' Aufgaben zu konzentrieren, in denen man wirklich kreativ sein kann.

H „Man kann kreative neue Richtungen denken. Man braucht sich mit dem alten Ballast nicht zu beschweren. Oder man kann bekannte Verfahren miteinander mixen. Das heißt, was man vorher bei den Überlegungen zwangsläufig hat weglassen müssen, weil's viel zu kompliziert war, man hat es gar nicht nachrechnen können, d.h., es war unterhalb der Ablesebreite auf dem Rechenschieber, d.h., man konnte einige Effekte gar nicht berücksichtigen. Wenn man aber dann die Standardsachen, Methoden, Symbole oder Modelle schon im Rechner hat, kann man sich um andere Sachen kümmern ..." (Ingenieure in der indirekt-spezifischen Technologieförderung, 1, 12)

Darüber besteht aber kein Zweifel: man braucht das richtige Arbeitsumfeld und die richtige berufliche Aufgabe, um elektronische Informationsverarbeitung, sei es an CAD-Systemen, sei es sonst am Rechner, als Hilfsmittel in eigener Verfügung erfahren zu können. Entsprechend wird von den Ingenieuren betont, daß man darauf achten muß, möglichst immer an Systemen zu arbeiten, wo man durch neue Aufgaben neue wertvolle Erfahrungen sammeln kann. Da sowohl Hilfsmittel wie Aufgabenstellung die

Ingenieurkompetenz beeinflussen, gilt es, auf beiden Seiten wachsam zu sein.

Wer aber nun die vorhandenen Hilfsmittel zum Nutzen des eigenen beruflichen Fortkommens daraufhin prüft, wie man mit ihrer Hilfe sich einen 'Vorsprung' verschaffen kann, stellt selbstverständlich auch qualitative Anforderungen an die Systeme. Nach Ansicht aller Ingenieure bleibt an den Systemen noch viel zu wünschen übrig, ob es sich um CAD-Systeme, intelligente Terminals oder um Personalcomputer handelt:

– Noch bekommt man am computergestützten Arbeitsplatz nicht alle Informationen, die man braucht.
– Der für unabdingbar gehaltene Zugriff auf Datenbanken müßte erleichtert werden.
– Da der Rechner ja Hilfsmittel für die eigentlichen Aufgaben sein soll, dürfen von seinen Reaktionszeiten keinesfalls Störungen auf den eigenen Denkvorgang ausgehen.
– Softwaremäßig sollen sowohl individuelle Gestaltungsmöglichkeiten für Prozeduren als auch Standardabläufe im System enthalten sein.
– Etwaige Programmänderungen in Systemen müssen von dem Rechner selbsttätig angezeigt (oder aber direkt korrigiert) werden.
– Der Rechner soll sich hinsichtlich seiner Funktionen möglichst transparent erweisen, und zwar so, daß der Umgang damit – beispielsweise bei CAD-Systemen – nicht zu viel Lernenergie verzehrt.

Diese systemspezifischen Anforderungen werden in der Debatte durch die entsprechenden arbeitsorganisatorischen Anforderungen ergänzt:

– Elektronische Postsysteme dürfen keinesfalls auf die persönliche Art und Weise, wie man seine Aufgaben erledigt, Einfluß nehmen können. Vor allem dürfen Termine nicht von außen in den eigenen Terminplan eingesetzt werden.
– Kooperationsprozesse sollen persönlich geregelt werden können, nicht etwa durch EDV-bezogene Zwänge vorgegeben werden.

Wie sieht es aber mit der Umsetzung dieser Wunschkriterien an die informationstechnischen Systeme im normalen betrieblichen Alltag der Ingenieure aus? Eine entsprechende Frage ruft unter den Diskutierenden Nachdenklichkeit hervor. Ihnen ist bewußt, daß ihre eigenen Arbeitsbedingungen nicht die der großen Mehrheit sind, die z.B. in Großbetrieben an Detailaufgaben im Rahmen kaum durchschaubarer Großprojekte arbeitet. Unter solchen Arbeitsbedingungen ergeben sich – nach Ansicht der Diskutanten – eine Reihe von Gefährdungen: eine zu große Mühe für ältere Ingenieure, noch die neuen Systeme erlernen zu müssen; Reibereien um die Zeit am Großrechner und Entwertung der Qualifikationen durch Spezialisierung in hochkomplexen technischen Großprojekten. Und man schließt auch nicht aus, daß die junge Generation von Ingenieuren, die von vorherein an den neuen Systemen ausgebildet wurde, über keinerlei handwerklich-praktisches Wissen mehr verfügen könnte. Dieses scheint aber nach wie vor unumgänglich, um die Ergebnisse des Rechners richtig interpretieren und Proportionen in der Realität richtig abschätzen zu können.

Eigenständige Bemühungen um Kompetenzerhaltung erscheinen der großen Mehrheit unter den Diskussionsteilnehmern selbstverständlich. Niemand kann ihrer Ansicht nach in seinem beruflichen Leben aus der Verpflichtung entlassen werden, mit der technischen Entwicklung Schritt zu halten. Das gilt für Ingenieure genauso wie für alle anderen Beschäftigten. Es wird aber auch nicht verkannt, daß alles individuelle Bemühen nur dann eine Chance hat, wenn es durch eine entsprechende betriebliche Umgebung, durch günstige Bedingungen und Fördermaßnahmen unterstützt und ergänzt wird. Unter dieser Voraussetzung gilt aber die Ausrüstung mit den je neuesten technischen Hilfsmitteln unabdingbar als kompetenzerhaltend. Der Gefährdung aufgrund von Überforderung steht die Gefahr, daß bei Unbeweglichkeit eigenes Wissen veraltet, gegenüber. Denn das gehört zu dem Bild, das man in den Diskussionsgruppen vom typischen Ingenieur entwirft: Er nimmt nicht resigniert hin, was kommt; er setzt sich mit dem Neuen aktiv auseinander. So heißt es beispielsweise in der Runde von Ingenieuren in der indirekt-spezifischen Technologieförderung:

L „Das kann man bestimmt so sagen, daß ein Ingenieur ... ein Mensch ist, der sich Gegebenheiten anpaßt; und wenn die Gegebenheiten nicht passen, versucht er, die Gegebenheiten zu ändern. Der ist also ... weniger ein Befehlsempfänger, dem man irgendwas hinstellt und sagt, mit dem mußt du jetzt leben oder nicht. Sondern der versuchte sich entweder zu arrangieren, und wenn er es nicht mehr kann, dann versucht er, die Bedingungen zu ändern." (Ingenieure in der indirekt-spezifischen Technologieförderung, 1, 15)

Diese hier beschriebene Haltung aktiver Anpassungsbereitschaft, der wir schon in den Diskussionen der Entwicklungsingenieure begegneten, ist auch in den Erörterungen über die eigene Beratungsfunktion präsent.

Die sozialen Kräfte im Beratungsfeld

Als Berater – so wird aus den Diskussionen deutlich – bewegt man sich in einem sozialen Feld, in dem hoch widersprüchliche Kräfte wirksam sind. Ein Kundenberater drückt das akzentuiert aus:

C „Die Beraterfunktion setzt primär im Auftrag eines Unternehmens ein, d.h. um ein bestimmtes Unternehmensziel zu verfolgen; und zwar sogar zwei Unternehmensziele, nämlich des Unternehmens, für das man tätig ist, und des eigenen. Davon lebe ich, daß die Firma bei meinen Kunden Umsatz macht. Und ich hab' letztlich darüber hinaus noch dafür zu sorgen, daß ich meine persönliche Qualifikation mit einbringe, mein Gesicht bewahre, ... daß es nicht heißt: Verkaufsstrategie voll erreicht, nur sehen lassen darf ich mich bei den

Kunden nicht mehr ..." (Ingenieure in der Kundenberatung informationsverarbeitender Systeme, 1, 146)

Der *erste* Kräftepol ergibt sich aus dem Auftrag. 'Primär' ist in der Kundenberatung der Verkaufsauftrag des Unternehmens, von dem man dafür angestellt ist. Man 'lebt davon', daß man diesen Auftrag gut ausfüllt. Ganz ähnlich beschreiben die Ingenieure in der indirekt-spezifischen Technologieförderung ihre Situation. Man versucht, die Unternehmensleitungen für neue Technologien aufzuschließen. Die Firmen sollen ja dazu bewegt werden, in ihre Produkte mikroelektronische Komponenten einzufügen und damit auch in den Konstruktions- und Produktionsprozeß dieser Produkte informationstechnische Mittel aufzunehmen. Zur Charakterisierung des entsprechenden Argumentationsaufwands wird in dieser Gruppe das Wort 'Predigt' gewählt. Und wer predigt, hat nur dann eine Chance, überzeugend zu wirken, wenn er selbst vom Inhalt der Predigt überzeugt ist. Entsprechend führt ein Ingenieur aus:

L „Man versucht anhand der Resonanz festzustellen, ob die Art des Predigens gelungen ist oder nicht. Und daran lernen wir jetzt wieder insofern unsere Aufgabe zu erfüllen, den Inhalt der Predigt unter's Volk zu bringen. Der Inhalt ist im Prinzip vorgegeben, durch unsere eigene Überzeugung und durch unseren Auftraggeber." (Ingenieure in der indirekt-spezifischen Technologieförderung, 2, 28)

Da sich das Technologiezentrum zur Abwicklung der indirekt-spezifischen Technologieförderungsmaßnahmen über jeweils befristete Aufträge durch das Bundesministerium für Forschung und Technologie finanziert, ist es den Diskutanten selbstverständlich, den Auftrag so zu erfüllen, daß auch Chancen bestehen, wieder neue Aufträge zu bekommen.

Ob Kundenberater eines großen Computerherstellers oder Technologieberater im staatlichen Auftrag, die gesetzte Zielvorgabe enthält ein quantitatives Maß. Am Umsatz oder an der Zahl der geförderten oder informierten Firmen wird der Beratende selbst bewertet. Das unterscheidet diese beiden Beratungssituationen von jener des Beratungsteams, das sich die Umsetzung HdA-spezifischer Kriterien zum Ziel gesetzt hat. Die qualitative Zielsetzung menschengerechter Gestaltung von Arbeit und Technik ist integraler Bestandteil der offiziellen Beratungslinie. Aber gerade, weil solche Zielsetzung im alltäglichen Wirtschaftsgeschehen ungewöhnlich ist, bedarf es ganz besonderer 'Verkaufstricks'. Das wird in der Diskussion der Mitglieder des Beratungszentrums sehr deutlich:

P „Um halt den Humanisierungsgedanken draußen zu verkaufen, das ist wirklich ein echtes Verkaufsargument, ist die Wirtschaftlichkeit die einzige plausible Argumentationshilfe. Das ist das Verkaufsargument." (Ingenieure im HdA-Beratungsprojekt, 1, 103)

In dem sozialen Kräftefeld der Beratungssituation bilden neben dem Auftraggeber die Adressaten einen *weiteren* Kräftepol: Die Kunden oder Klienten sind Unternehmen, die sich in der Wirtschaftswelt behaupten müssen und wollen. In der Wirtschaftswelt geht es um das Überleben auf dem Markt, um den Erwerb von Wettbewerbsvorteilen, bzw. den Ausgleich von Wettbewerbsnachteilen. Das ist die 'primäre Zielsetzung', auf die sich jede Beratung, die erfolgreich sein will, beziehen muß. In welcher Weise und unter welchen qualitativen Bedingungen neue Informationstechnik zur Wettbewerbsfähigkeit beiträgt, ist aber nach übereinstimmender Sicht der Ingenieure in allen drei Beratungssituationen gar nicht so einfach vorzurechnen.[4] Eben deshalb spielt ja beispielsweise bei den Ingenieuren in der indirekt-spezifischen Technologieförderung der Begriff der 'Predigt' eine so gewichtige Rolle. Firmenleitungen, die noch keinerlei Erfahrungen mit Rechnern gemacht haben, muß man zunächst einmal von der üblichen kurzzeitigen Kosten-Nutzen-Rechnung für die Bewertung neuer Technikinvestitionen abbringen. Dabei ist zu berücksichtigen, daß für einen kleinen Handwerksbetrieb schon der einfache Personalcomputer als neue Technologie gilt. So wird es von Ingenieuren in der indirekt-spezifischen Technologieförderung berichtet.

I „Hier im Handwerk kriegst du keine Akzeptanz mehr bei den Dingern. Und du kannst ganz schwer durchrechnen, ... der hat eigentlich seinen Bogen und seine Abrechnung. Und so hat er es wunderbar seit Jahrzehnten mit Bleistift und Buch gemacht. Und da hast du Argumentationsschwierigkeiten ..., wenn er fragt, wieviel spar' ich hinterher?" (Ingenieure in der indirekt-spezifischen Technologieförderung, 2, 41)

Entscheidend ist in jedem Fall, wie die Einführungssituation in den Firmen beschaffen ist. Von daher bestimmt sich die Argumentation der Technologieberater im staatlichen Auftrag. Der kleinen Firma wird geraten, zunächst einmal Erfahrungen mit einem einzelnen Gerät zu machen; bei größeren Firmen verweist man auf die Vernetzungsmöglichkeiten. Die Argumentation für ein System zur computergestützten Konstruktion (CAD) baut auf Zeit- und Qualitätsvorteilen für die Konstruktion und Fertigung der Produkte auf. In keinem dieser Fälle lassen sich aber Vorteile ohne weiteres in Mark und Pfennig vorrechnen, insbesondere, wenn sich die Firmen unmittelbare Personalkosteneinsparung versprechen. Die eine Maschine, so heißt es, wird 'die Zeichnerin noch nicht ersetzen', daher könne man den wirtschaftlichen Vorteil nicht ohne Schwierigkeiten quantifizieren.

Auch wer als Kundenberater bestimmte informationsverarbeitende Systeme verkaufen will, muß zuallererst den besonderen Wert technisch verfügbarer Informationen im Betriebsgeschehen hervorheben. Da selbstverständlich

---

4 Zum Problem im Handwerk vgl. Arbeitswissenschaftliches Forschungsinstitut (1986); allgemein siehe Bullinger (1984).

ist, daß man gegenüber dem Topmanagement von Kundenfirmen nur mit Kosten argumentieren kann, rückt man die Kosten von Fehlentscheidungen aufgrund *mangelnder* Informationen zur richtigen Zeit und am richtigen Ort in den Mittelpunkt der Beratungsargumentation. Bei größeren Firmen, so wissen die Kundenberater zu berichten, sind die Rationalisierungsgewinne durch Personaleinsparung längst 'kassiert'. Daher steht hier inzwischen die neue Zielsetzung größerer Transparenz und Kontrolle über das Unternehmen im Vordergrund. Kleinere Unternehmen, die mit der elektronischen Datenverarbeitung erst anfangen, haben dagegen zunächst einmal noch das Ziel unmittelbarer Rationalisierung vor Augen.

In jedem Fall ist Wirtschaftlichkeit bei den Firmen, die sich auf neue Technologien einlassen, die Zielsetzung. Darüber haben auch die Diskussionsteilnehmer aus dem HdA-Beratungsprojekt keine Illusionen:

Q „Es muß ein wirtschaftlicher Nutzen für die Firma rauskommen, mindestens ein wirtschaftlicher Nutzen rauskommen (...)

S Wir haben also die Erfahrung gemacht, daß, wenn man also HdA-Maßnahmen auf der strukturellen Ebene macht, dies sowohl zu einer Wirtschaftlichkeit führen kann, als auch zu so einer Humanisierung. Deswegen auch eine Differenzierung: einerseits der Betrieb, andererseits der Mitarbeiter.

P Bei einer Maßnahme muß zuerst mal die Wirtschaftlichkeit im Vordergrund stehen. Ganz klare Sache. Wirtschaftlichkeit kann sich auszeichnen durch unheimlich viele Faktoren. Wirtschaftlichkeit heißt auch Verbesserung des Krankenstandes usw. (...)

S Also, das ist sicher so, daß man mit weniger Gehirnschmalz eine technisch-wirtschaftliche Lösung, rein wirtschaftliche Faktoren, erstellen kann, als wenn man also noch die Ideen von HdA mit reinbringt.

T Ja, Moment, das würde ich so nicht ganz unterstreichen. Ich würde sagen, bloß kann man diese Faktoren nicht nachweisen.

P Ja gut, das ist ja der Punkt. Man muß, um den gleichen Wirtschaftlichkeitseffekt zustandezubringen ... viel mehr reinstecken (...)

S Wobei viele Maßnahmen, die ursprünglich im Rahmen von HdA geplant waren, wenn man das jetzt genau betrachtet, nicht in erster Linie HdA-Maßnahmen sind, sondern wirtschaftliche Maßnahmen. Je nachdem, was für 'ne Brille man aufsetzt, ob man die betriebswirtschaftliche Brille aufzieht, oder ob man jetzt die HdA-Brille aufzieht." (Ingenieure in dem HdA-Beratungsprojekt, 1, 46-48)

In den angestrengten Bemühungen der Ingenieure des HdA-Beratungsprojekts, die etablierte Betrachtung nach Wirtschaftlichkeitskriterien mit den Erkenntnissen und Ideen über menschengerechte Arbeit in Einklang zu bringen, wird der *dritte* Pol im sozialen Kräftefeld der Beratungssituation besonders deutlich: die persönliche Qualifikation der Ingenieure, um die soziale Dimension des Technischen zu verdeutlichen. Dabei kommt es auf den ersten Blick ganz entscheidend darauf an, ob und inwiefern diese soziale Dimension im Beratungsauftrag selbst mit enthalten ist oder allein vom persönlichen Verantwortungsgefühl des Beraters abhängt. Die kostenlosen Beratungsleistungen im Rahmen des HdA-Beratungsprojekts haben zur Voraussetzung, daß die Einführung von Automatisierungssystemen bisher bestehende gesundheitliche Belastungen abbaut. Aber dieser Unterschied gegenüber den anderen Beratungssituationen kann doch erst dann zu einer praktischen Gestaltungsalternative werden – darüber besteht in der Gruppe kein Zweifel –, wenn die vorgeschlagenen Maßnahmen nachweislich auch betriebswirtschaftlich die bessere Alternative sind.

Persönliche Einflußmöglichkeiten in der Beratungssituation

Die Möglichkeiten zur Einbeziehung sozialer Dimensionen in die Beratungsarbeit erachten besonders Ingenieure in der staatlich Technologieförderung gering. Ihr Auftrag lautet nun einmal: Förderung und Verbreitung des Einsatzes von Mikroelektronik und Informationstechnik, um die Wettbewerbsfähigkeit von Produkten und Firmen auf den nationalen und internationalen Märkten zu heben. Welche Auswirkungen die Einführung von CAD-Systemen auf die Arbeitsbedingungen der davon Betroffenen, beispielsweise der Entwicklungs- und Konstruktionsingenieure haben wird, spielt demgegenüber nur eine marginale Rolle. Das wird in der Diskussion ganz deutlich festgestellt.

H „Das sind nun mal zwei Sachen. Einmal ist es eine finanzielle Frage, und ob sich eine Firma sowas leisten kann. Das sind manchmal nur ganz kurzfristige Entscheidungen, die ... nur auf den Preis unter dem Strich achten, ob sich das lohnt, nicht? Was der Entwickler nun wirklich auch nachher benutzen soll, was er davon hat, ob sich da sein Arbeitsplatz verändert, das ist eigentlich wichtig dabei, und da kommen diese ganzen Gefährdungen noch dazu.

M Sagen wir mal ganz deutlich: unterrepräsentiert, nicht?!

Forschungsteam:
Wie kommt das vor, wie können Sie das einbringen?

L Überhaupt nicht, es wird nur nach wirtschaftlichen Gesichtspunkten...

Forschungsteam:
Wäre es nicht bei der wirtschaftlichen Erörterung denkbar, diese Problemstellungen aufzugreifen?

H Man soll es erwähnen, aber mehr als erwähnen tut man es nicht." (Ingenieure in der indirekt-spezifischen Technologieförderung, 2, 25)

Immerhin, so wird in den Diskussionen deutlich, schließt diese Konstellation die zumindest implizite Beachtung der sozialen Dimension des Technischen nicht aus. Zum einen machen die Eigenschaften der neuen Technik die

Einbeziehung sozialer Gesichtspunkte möglich, dabei wird beispielsweise die Alternative von Fertigungsinseln gegenüber Fließfertigung genannt; zum anderen muß jede wirtschaftlich-technisch akzentuierte Beratung auch die organisatorischen Bedingungen berücksichtigen. Insofern, so wird betont, kann man in gewisser Weise auf die Konfiguration eines Systems am Arbeitsplatz durch die Art und Weise der Beratung Einfluß nehmen. Dabei gelten die persönlichen Erfahrungen mit CAD den Beratern als nützlich und hilfreich. Sie zeigen ihnen, daß neue Technologien nur dann Hilfsmittelcharakter haben können, wenn man sie persönlich beherrscht. Die 'Predigt' schließt daher den Aufruf zu einer langfristig orientierten betrieblichen Weiterbildung ein. Man versucht, an Beispielen zu demonstrieren, daß sich betriebliche Qualifizierungskosten auch in besseren Produktionslaufzeiten auszahlen. Für Beratungen, die sich auf spezifische *Software-Anforderungen* beziehen, sehen die Beratenden in der staatlichen Technologieförderung dagegen kaum Raum. Da nach ihrer Kenntnis alle vorhandenen CAD-Systeme ohnehin zu wünschen übrig lassen, muß jede einzelne Firma das für sie noch einigermaßen akzeptable Produkt selbst herausfinden. Eine Art Checkliste – möglicherweise an dem DIN-Norm-Entwurf für Diagloggestaltung an Bildschirmen orientiert, wie vom Forschungsteam zu erwägen gegeben – wird durchaus für sinnvoll gehalten, ist aber von der tatsächlichen Beratungspraxis weit entfernt.

Im Unterschied zu den Ingenieuren in der indirekt-spezifischen Technologieförderung ist den Kundenberatern für informationsverarbeitende Systeme die software-ergonomische Diskussion sehr viel vertrauter. Die Systeme, die sie zu verkaufen haben, sind in erster Linie auf den kaufmännischen Bereich von Unternehmen ausgerichtet. Da in diesem Bereich von den Firmen die ersten Erfahrungen mit zentralen Rechnern gemacht wurden, steht hier der Ausbau der EDV über dezentrale Systeme an, beispielsweise durch die Benutzung von Datenbanken und besondere Abfragesprachen. Solche Tendenzen lassen sich etwa im Dienstleistungsbereich ausfindig machen, z.B., wenn es um Reisebuchungen geht; weniger häufig, aber doch mit steigender Tendenz geht es nach den Erfahrungen der Kundenberater bei den neuen Anlagen auch darum, computergesteuerte Prozesse 'im Dialog' anzusteuern. Probleme der Benutzerfreundlichkeit[5] sind bei diesen Einsatzformen ein anerkanntes Problemfeld, für das man sich als Systemberater sogar besonders zuständig und auch interessiert zeigt.

In den Diskussionen wird herausgestellt, daß Systemberater zwischen den Entwicklern im Labor, für die jeder Anwendungsbezug hinter der 'Faszination des Machbaren' notwendigerweise zurücktritt, und den Anwendern eine Art Vermittlungsfunktion haben, denn Systemberater müssen letztlich das, was im Labor entwickelt wurde, in der betrieblichen Welt

---

5 Vgl. dazu z.B. Hellbardt (1983); zur Kritik bisheriger Entwicklungskonzepte vgl. Floyd/Keil (1983).

'implementieren'. Die Kundenberater (Systemberater) haben nach ihrer eigenen Einschätzung software-ergonomisch bei der Gestaltung der 'Masken' und der 'Hilfefunktionen' auf den Bildschirmen einen 'enormen Einfluß'; denn – so heißt es in der Runde – die Kunden hören auf den Systemberater, weil 'er hat's ja x-mal gemacht'. Er ist unter Umständen mit einem Softwaredesign schon einmal bei den 'Endbenutzern' aufgelaufen. Insofern, als es für die Firmenleitungen darauf ankommt, daß die Endbenutzer mit den gekauften Systemen umgehen können, muß der Kundenberater zum Zwecke erfolgreicher Kundenbeziehungen die Arbeitslogik der Benutzer im Design informationsverarbeitender Systeme berücksichtigen – zumindest soweit, wie diese dem Interesse der Unternehmensleitungen nicht widerspricht. Zur Auslotung der hier bestehenden Freiräume braucht man als Systemberater Fingerspitzengefühl und ein Interesse an der sozialen Dimension des Technischen.

Über den Bereich der Software-Ergonomie hinaus erstreckt sich der Einfluß der Kundenberater aber auch auf die *Arbeitsorganisation* in den Betrieben, die sich zur Einführung oder zum Ausbau der EDV entschließen. Als Beispiel wird in einer Diskussion der Kundenberater die Umorganisation bei Automobilhändlern genannt.

B „Wir haben hier bei Automobilhändlern, ... Systeme installiert, wodurch die gesamten Arbeitsplätze umorganisiert wurden. An bestimmten Funktionen in dem Unternehmen wurden Bildschirme hingestellt, um Informationen zusammenzustellen, und dadurch wurden natürlich neue Aufgaben kreiert. Der Lagerverwalter hat vorher nichts eingegeben. Der hat nur seine Teile da geholt, und hat die dem Monteur gegeben, seinen Auftrag über den Tresen geschoben. Auch die Rechnung wurde nicht kontrolliert. Die wurde irgendwann geschrieben, manuell oder mit der Schreibmaschine. Das wird jetzt kontrolliert. Es sind praktisch neue Arbeitsplätze ... Auch die Gesamtstruktur des Unternehmens hat sich dadurch geändert." (Ingenieure in der Kundenberatung informationsverarbeitender Systeme, 1, 46)

Wie das Beispiel der Automobilhändler für ein großes Automobilunternehmen zeigt, ist die Kontrolle über das betriebliche Geschehen ein zentrales Ziel, das die Unternehmensleitungen bei der Einführung und dem Ausbau von EDV verfolgen. Die dem entgegenstehenden Organisationsformen und die gewachsenen hierarchischen Strukturen setzen daher in der Erfahrung der Kundenberater einer Systemeinführung auch die höchsten Hemmschwellen entgegen, einmal abgesehen von der Kostenfrage. Und doch bildet erst eine veränderte Arbeitsorganisation, insbesondere eine Absenkung der Entscheidungsebene, nach Ansicht der Kundenberater die notwendige Voraussetzung für eine optimale wirtschaftliche Verwendung der Informationstechnik. Wenn Informationen dezentral zur Verfügung gestellt werden können, müssen auch die entsprechenden Entscheidungen, z.B. über Liefertermine, dezentral gemacht werden können. Da es aber bei der Kundenberatung in erster Linie um den Verkauf von Systemen geht, bewegt sich jegliche Einflußnahme des Kundenberaters auf die Gestaltung im Rahmen der Prioritäten, die sich ein Kunde selbst gesetzt hat.

Wirklich zentral ist die Dimension der arbeitsorganisatorischen Gestaltung im Selbstverständnis des am Humanisierungsgedanken orientierten Beratungsprojekts für Automatisierungssysteme. In der Diskussionsrunde der hieran Beteiligten wird das herausgestellt.

P „Das ist ja eine Intention grad' vom BZI (= Beratungszentrum 'Industrieroboter') zu sagen, wenn wir einen Arbeitsplatz automatisieren, soll diese Arbeitsteilung in dem Sinn nicht abfallen, sondern es sollen immer noch sinnvolle Arbeitsinhalte sein. Es wird nicht sein, daß man Resttätigkeiten vermeiden kann, aber wenn man Resttätigkeiten hat, dann sollen sie einen sinnvollen Inhalt haben.

T Wir versuchen, das eben tatsächlich zu integrieren, indem wir vor- und nachgelagerte Arbeitsaufgaben mit einbeziehen in dieses System (...)

S Zum Beispiel ein Schweißarbeitsplatz würde ersetzt werden durch den Industrieroboter. Da kommt dann der Hinweis, laßt uns z.B. ein kleines Fertigungssystem in der Weise aufbauen, daß praktisch zusätzlich zu diesem automatisierten Schweißarbeitsplatz noch zwei, drei manuelle Arbeitsplätze drin sind, und mehr oder weniger Komponenten für den Schweißarbeitsplatz vorgefertigt werden oder, wo praktisch das gleiche Produkt nochmal parallel zur Automatisation manuell angefertigt wird.

P Oder Richtarbeiten noch mit rein...

T Kontrolltätigkeiten, Warten, Störung beseitigen und, und, und ...

O Da kann man sehr gute Vorschläge machen, glaube ich. Da kommen auch die meisten Vorschläge von uns." (Ingenieure in dem HdA-Beratungsprojekt, 1, 70-71)

Da die Realisierung von Vorschlägen zur gruppenorientierten Arbeitsorganisation mit entsprechender Qualifizierung verbunden ist, die zunächst einmal Geld kostet, sehen sich die Beratenden des HdA-Beratungsprojekts jedoch auf Probleme der Wirtschaftlichkeitsberechnung zurückgeworfen. Sie müssen sich damit auseinandersetzen, daß Firmen in der Regel nur solche Qualifizierungsmaßnahmen finanzieren wollen, deren täglicher Einsatz sich bezahlt macht; daß sie eine gleichmäßige Qualifizierung in der Arbeitsgruppe scheuen, um einen entsprechenden Anstieg der Lohnkosten zu vermeiden, und daß sie sogar – etwa in Kleinbetrieben – auch den neuen Status des weißen Kittelträgers scheuen. Ähnlich den Ingenieuren in der staatlichen Technologieförderung argumentieren auch die Berater des HdA-Umsetzungsprojekts mit längeren Zeithorizonten für die Wirtschaftlichkeitsberechnungen. Wer kurzfristig dadurch Kosten einsparen will, daß in Maschinen, nicht aber in Personalentwicklung investiert wird, bekommt vorgerechnet, daß ihm dafür in der Zukunft möglicherweise weit größere Kosten aufgrund eines mangelhaft qualifizierten Personals entstehen könnten.

Ihre Einflußmöglichkeiten sehen die Diskutanten des HdA-Beratungsprojekts in erster Linie darin, daß ihre Beratung eine institutionelle Basis dafür abgibt, die Geschäftsleitungen für die Humanisierungskriterien zu sensibilisieren, und damit auch diejenigen technischen Planer in den Betrieben zu unterstützen, die für die soziale Dimension des Technikeinsatzes möglicherweise aufgeschlossen waren, aber allein standen. Für diese Sensibilisierungsaufgabe hat sich das Beratungsteam einen Rahmen geschaffen, der denjenigen, die beraten werden wollen, auch Bedingungen stellt. Sollte beispielsweise eine Firmenleitung signalisieren, daß sie im Falle einer kostenlosen Planungsberatung den Betriebsrat nicht hinzuzuziehen gedenkt, dann wird von seiten des Teams der entsprechenden Firma keine Beratungsleistung geboten. Einer solchen Firma bliebe die Möglichkeit, sich an ein kommerziell arbeitendes Ingenieurbüro zu wenden und entsprechend zu zahlen.

Das an Humanisierungskriterien orientierte Beratungsprojekt bindet also die staatlich finanzierte kostenlose Beratung an die strikte Einhaltung gesetzlicher Auflagen. Die gesetzlich gebotene Hinzuziehung des Betriebsrats bei der Planung und Einführung neuer Technologien wird in der betrieblichen Praxis oft so gehandhabt, daß sich die Betriebsräte nicht in der Lage sehen, wirklich mitzubestimmen. Die Auswirkungen bekommen auch die Mitglieder des HdA-Beratungsprojekts zu spüren. Sie wissen zu berichten, daß das Interesse der Betriebsräte an den Planungssitzungen nicht gerade überwältigend sei. Aufgrund unserer Diskussionen mit Betriebsräten[6] vermuten wir, daß dafür auch systematische Probleme gewerkschaftlicher Strategie von Bedeutung sind.[7]

Es ist außerordentlich schwierig, die Zielsetzung des *Schutzes bestehender* Arbeitsplätze mit der Zielsetzung der *Gestaltung neuer* Arbeitsplätze in Einklang zu bringen. Probleme des Datenschutzes und der Verknüpfung von Daten in Hinblick auf Kontrolle über die Beschäftigten genießen bei den Betriebsräten im allgemeinen eine hohe Aufmerksamkeit. Die in dieser Hinsicht tangierte Interessenlage der Beschäftigten scheint klar und einheitlich. Viel widersprüchlicher wird das Bild, wenn betrieblich eingeübte Arbeitsstrukturen und Berufsbilder berührt werden.

Die Berater sehen sich hier – so wird aus allen Diskussionsgruppen berichtet – in einem Dilemma. Sie selbst wissen, daß Einführung und Ausbau von informationstechnischen Systemen unvermeidlich mit einer Veränderung der bisherigen Arbeitsorganisation zusammengeht. Deren optimale Gestaltung – in personalbezogener und in betriebswirtschaftlicher Hinsicht – wird in einem Abbau hierarchischer Strukturen gesehen. Dafür finden die

---

6 Vgl. dazu das Kapitel: „Die Verantwortungssituation von Ingenieuren als Betriebsräte" in diesem Teil.
7 Vgl. dazu das Kapitel: „Ingenieure in den Gewerkschaften. Zwischen gewerkschaftlicher Schutz- und Technikgestaltungspolitik", in Teil II.

Berater aber nach übereinstimmender Auffassung weder bei den Belegschaftsvertretungen, noch bei den Unternehmensleitungen eine größere Aufgeschlossenheit. Der persönliche Argumentations- und Handlungsspielraum für die Berücksichtigung sozialer Dimensionen in der technikorientierten Beratung wird an dieser Stelle durch die strukturellen Gegebenheiten im Kunden- oder Klientenbetrieb begrenzt.

Technikentwicklung und Verantwortlichkeit

Begrenzt wird der Handlungsspielraum aus der Sicht der Berater vor allem durch die in die Betriebe hineinwirkenden gesellschaftlichen Rahmenbedingungen. Entschieden wird über den Einsatz der neuen Technologien in den Betrieben mit Blick auf die Zeit- und Qualitätsvorteile, die sich auf dem Markt auszahlen. Daran können auch diejenigen Berater, die ganz andere Gesichtspunkte, wie die Entlastung von gesundheitsschädigender Arbeit zum Ausgangspunkt und Ziel ihrer beratenden Tätigkeit machen, nichts Grundsätzliches ändern. Auch sie passen sich vielmehr, um des Beratungsziels willen, selbst dem Druck einer am Wettbewerb orientierten Argumentation an.

Gerade diese Anpassungsleistung steht jedoch mit dem Bestreben nach persönlicher Unabhängigkeit und Authentizität, das zum Selbstbild der Ingenieure gehört, in Widerspruch. Das wird in den drei verschiedenen Ingenieurgruppen mit beratender Tätigkeit deutlich. Beratende Ingenieure müssen sich nach außen für bestimmte technische Produkte, Systeme oder Lösungen einsetzen. Ihre Aufgaben sind – anders z.B. als die der Entwickler – unmittelbar auf soziale Interaktionen bezogen. Ihr Erfolg hängt – wie ein Kundenberater sagte – von ihrer Überzeugungsfähigkeit ab. Sie müssen daher immer mit der ganzen Person tätig sein, gerade das verlangt von ihnen ihre berufliche Rolle. Im Verlauf der Forschungsgespräche über das Verhältnis von technischem Fortschritt und Ingenieurverantwortlichkeit kamen die Teilnehmenden nicht umhin, den Widerspruch zwischen ihrer beruflichen Anpassungsleistung und ihrem Anspruch auf berufliche Selbstbestimmtheit für sich offenzulegen. In allen drei Gruppen kamen die Diskussionen an einen Punkt, an dem die bisher vertretenen Argumentationsfiguren in Frage gestellt wurden.

Am deutlichsten zeigte sich dieser Bruch im Verlauf der Gespräche mit den *Kunden(System-)beratern*. Uns waren – wie durch unsere Forschungsfrage nahegelegt – zunächst ausführlich die Gestaltungsmöglichkeiten im Rahmen der Beratungstätigkeit dargestellt worden. Die Kundenberater waren von diesen Möglichkeiten in ihrem unmittelbaren Aufgabenfeld überzeugt. Gerade diese Haltung positiv akzeptierter Verantwortlichkeit auch für soziale Dimensionen in der technisch orientierten Beratung konnte aber nicht länger durchgehalten werden, als auch die Zukunftsaussichten der technischen Entwicklung zur Sprache kamen. Jetzt stellte sich heraus, daß man mit uns zuvor gewissermaßen ein auf den aktuellen Stand bezogenes 'Verkaufsgespräch' geführt hatte, in dem wichtige Rahmenbedingungen ausgelassen worden waren. Es zeigte sich nun, daß sich die von den Kundenberatern benannten Gestaltungschancen nur *innerhalb* der unaufhaltsamen Dynamik technischer Entwicklung für Rationalisierungszwecke bewegen. Das gilt für Fragen der Softwaregestaltung im engeren Sinn und für Fragen der arbeitsorganisatorischen Einbettung von Informationstechnik. Weder die Komfortabilität der 'Dialoggestaltung' am Rechner, noch die neue Kompetenzorientierung in der Konfiguration für informationstechnische Systeme sind nach Ansicht der Diskutanten etwa am Ziel der Humanisierung des Arbeitslebens ausgerichtet. Stoßrichtung und Triebkraft dafür entstammen vielmehr aus dem gesellschaftlichen Wettbewerbsdruck. Der folgende Ausschnitt aus der Diskussion der Kundenberater dokumentiert, daß in den Verkaufsgesprächen von Kundenberatern die von ihnen selbst antizipierten großen Problemlagen für die Zukunft unausgesprochen bleiben:

B „Wenn wir zu unseren Kunden gehen, zu den Unternehmen, da argumentieren wir bei denen natürlich: Was bringt das für das Unternehmen innerhalb der nächsten fünf Jahre, innerhalb der nächsten zehn Jahre, schlicht und einfach. Der totale Wegfall, die totale Automatisierung, das wird realisiert in den nächsten zwanzig, dreißig Jahren. Eher nicht! Darüber redet man jetzt in den Unternehmen, auch im Management, nicht. (...)

A Aber in zwanzig Jahren kann ich den Schritt nur vollziehen, wenn ich den heute da hier mache.

B Vollkommen richtig!

A Das ist ja das Problem des Zuendedenkens, wenn man dieses, was technisch machbar ist, und das kann man wohl heute abschätzen, wenn das umgesetzt wird, was das heißt ...

B ... Was technisch machbar ist, das ist dieser letzte Schritt, wo wir zur Zeit darüber diskutieren, der ist technisch noch nicht machbar, eindeutig ... (...) Aber wir zumindest sind davon überzeugt, weil wir wissen, wie die Entwicklung in den letzten Jahren gegangen ist. Wir wissen, daß das in zwanzig Jahren technisch machbar ist, auf alle Fälle." (Ingenieure in der Kundenberatung für informationsverarbeitende Systeme, 2, 94)

Gemessen an der Trendeinschätzung zu einer beispiellosen Rationalisierung von Arbeitsplätzen erscheinen den Diskutierenden die gegenwärtigen Ideen der Software-Ergonomie als kraftlos, ja sogar als Mittel der Täuschung und Selbsttäuschung über Gefährdungen. Die schönen Ideen der humanen Gestaltung von Arbeitsplätzen werden dieser Auffassung nach von einem Trend vereinnahmt, der Arbeitsplätze langfristig in großem Maßstab vernichtet, ohne neue zu kreieren.

D „Ich glaube gar nicht mal, daß der Tag allzu fern ist, daß man selbst die Qualifikation von absoluten Top-Leuten in Software wird reinpacken können, daß also auf dieser Basis eine völlig neue Art der Kommunikation zwischen so einem Rechner und dem Menschen stattfinden wird einerseits, und andererseits ..., daß Ansätze heute schon dafür da sind, solche Systeme zu entwickeln, die im Prinzip auch wieder selber weitere Systeme generieren, ... Also eine Schleife ohne Ende ..., die mir unheimlich erschreckend erscheint, wobei ich aber glaube, daß wir das kaum werden verhindern können, daß das in die Richtung geht. Wir sind also aufgefordert als Gesellschaft, das irgendwie in den Griff zu kriegen." (Ingenieure in der Kundenberatung für informationsverarbeitende Systeme, 2, 65)

Die 'Schleife ohne Ende' ist das Bild für einen verselbständigten gesellschaftlichen Prozeß, für den niemand direkt verantwortlich gemacht werden kann. Alle sehen sich nur – wie es heißt – 'getrieben und gedrückt'. Als Kundenberater jedenfalls hat man keinen Einfluß auf die Richtung des Prozesses. Aber auch die von uns Sozialforscherinnen angeregte Idee, soziale Gedanken schon in die Entwicklungslabors einzubringen, scheint den Kundenberatern nicht praktikabel. Dagegen wird der Einwand vorgetragen, daß dies ja unternehmenspolitisch einen technologischen Stillstand bedeuten würde und die Entwickler in ihrer Kreativität frustrieren und hemmen müßte. Einen solchen Eingriff in die Dynamik, deren mögliche Folgen so hochbedenklich erscheinen, kann man sich nicht gut vorstellen. Sieht man bei den Kundenberatern womöglich die eigene Beratungsaufgabe in Gefahr, wenn die soziale Dimension der Technik schon in den Labors berücksichtigt würde?

Eine Lösung des persönlichen Dilemmas eröffnet sich dadurch, so zeigt sich in der Diskussion, daß man die brisanten gesellschaftspolitischen Fragen der Rationalisierung von den Gestaltungschancen im engeren Sinn abkoppelt. Bei der Systemkonfiguration und bei der Software kann man seine individuelle berufliche Kompetenz für die soziale Dimension einfließen lassen. In diesem Bereich sind sogar gesetzliche Regulierungen als unterstützende Maßnahme nicht undenkbar. Will man hier etwas erreichen, so ist es sogar angeraten, sich mit den weiterreichenden Konsequenzen nicht zu befassen.

Mögliche Maßnahmen, die einer bewußt sozialverträglichen Technikgestaltung dienen könnten, werden dagegen von der *Beratergruppe in der indirekt spezifischen staatlichen Technologieförderung* von vornherein sehr distanziert betrachtet. Die Möglichkeit, über technische Richtlinien und Normen wirksam zu werden, wird sehr kritisch beurteilt. Als Checkliste für die Unternehmensberatung mögen software-ergonomische Kriterien zur Dialoggestaltung, wie sie beispielsweise in der entsprechenden DIN-Norm 66234 niedergelegt sind,[8] hilfreich sein. Aber, so wird hervorgehoben, hier wird

---

8 Vgl. dazu Becker-Töpfer (1985).

ja nur die Benutzeroberfläche gestaltet. Datenorganisation, Netzaufbau und Bestimmung der Schnittstellen werden hier noch nicht berücksichtigt, haben aber eine entscheidende Bedeutung. Sie lassen sich jedoch nicht normen, da die betrieblichen Gegebenheiten und Anforderungen nach Ansicht der Diskutierenden viel zu unterschiedlich sind. In der eigenen Beratungspraxis, so heißt es, kann man den Betrieben die Entscheidung nicht abnehmen, sondern kann sie nur auf wichtige Punkte, von denen Folgewirkungen ausgehen, aufmerksam machen.

Ablehnenswert scheint diesen Ingenieuren jeder Ansatz zur Vereinheitlichung, da sie nur die in der neuen Technologie liegenden immanenten Möglichkeiten flexibler Handhabung verstellt und auch die Mannigfaltigkeit der möglichen Anwendungssituationen verfehlt. Unter dieser Blickrichtung ist Normierung ein untaugliches Mittel zur Humanisierung. Im Grunde hängen die Entfaltungsmöglichkeiten derer, die mit den neuen Techniken als Arbeitsmittel umzugehen haben, von steter Weiterbildung ab. Dies zu erkennen, ist nach Ansicht der Ingenieure jedermanns Aufgabe, aber letztlich auch jedermanns eigene Sache. Von daher wird die innerhalb der Gruppe aufgebrachte Idee, den eigenen staatlichen Auftrag zur Förderung neuer Technologien mit der Auflage personalpolitischer Entwicklungskonzepte zu bereichern, eher skeptisch beurteilt.

Insgesamt wird in den Überlegungen der Gruppe zur Software-Ergonomie, zur Systemgestaltung und zu technologiepolitischen Instrumentarien letztlich kein Ansatzpunkt sichtbar, von dem aus der Technikentwicklung eine bewußte Orientierung an inhaltlichen und qualitativen menschlichen Bedürfnissen gegeben werden könnte. In der Tat besteht auch keine Einigkeit darüber, ob das Ziel, die Technikentwicklung in Bahnen leiten zu wollen, an und für sich unsinnig ist, oder ob dafür nur das notwendige Wissen über die 'technikbestimmenden Faktoren' fehlt. Hinter beiden Einwänden gegen eine Techniklenkung steht jedoch die Vorstellung, daß sich technische Ideen und gesellschaftliche Interessen längst zu einem undurchsichtigen Gebilde verfestigt haben, vor dessen Zähigkeit alle Gestaltungsvorstellungen, wie man sie bei den Gewerkschaften, aber auch bei uns Sozialforscherinnen sieht, zur Täuschung und Selbsttäuschung werden. Angesichts dieses mächtigen Gebildes wirken Gestaltungsvorstellungen auch lächerlich. Man wolle ja wohl nicht die Rüstung durch Gestaltungsmaßnahmen beeinflussen wollen, heißt es sarkastisch in der Gruppe. Um eine wirkliche Veränderung möglich zu machen, müsse wohl erst hierzulande ein Atomkraftwerk 'hochgehen'.

Angesichts dieser düsteren Vision läßt sich nun aber die bis dahin vertretene Haltung aktiver Anpassungsbereitschaft nicht mehr bruchlos aufrechterhalten. Wenn, wie ein Teilnehmer sagt, der 'Kladderadatsch' immer in dieselbe Richtung 'weitergeht', so muß sich die Frage stellen, wie in dieser Situation überhaupt eine verantwortliche Haltung eingenommen werden kann. In der folgenden Diskussionspassage am Ende des zweiten Gruppengesprächs spitzt sich das Dilemma zu.

I „Ne Theorie ist auf jeden Fall notwendig, daß ich weiß, in welchem Rahmen ich überhaupt gestalten kann. Sonst komme ich an unsichtbare Grenzen und wundere mich nur. Das kann ich natürlich auch machen, aber ...

M Ja, aber, da kommt die ethische Frage rein, nicht. Ethisch wäre ich verpflichtet, mir dauernd den Kopf einzurennen ..., wenn man aber die Sichtweise von oben nicht aus dem Auge verliert, dann nutz' ich halt die Freiräume, die sich sowieso anbieten. Dann mach' ich mich nicht kaputt und mein Gewissen ist beruhigt. (...) Bloß dann akzeptiere ich immer die Spielräume, auch wenn die von außen eingeengt sind, in unethischer Weise ...

H Kompromiß oder nicht ...

M Was heißt Kompromiß? Wenn es um Ethik geht, weiß ich nicht, wie weit man da Kompromisse hat." (Ingenieure in der indirekt-spezifischen Technologieförderung, 2, 118)

Gegenüber den Kollegen, die sich mit der theoretischen Analyse von Spielräumen und praktischen Kompromissen zufriedengeben wollen, wird von einem der Diskutieren darauf insistiert, daß solche Lösungen einer ethischen Betrachtung nicht standhalten würden. Wollte man dem eigenen Bedenken einer düsteren Zukunft Rechnung tragen und sich in diesem Sinn ethisch verhalten, so könnte die von der Ingenieurgruppe selbst eingenommene und auch noch propagierte Haltung aktiver Anpassungsbereitschaft des einzelnen nicht länger aufrechterhalten werden.[9] Auf der anderen Seite weiß man von sich, daß man als einzelner hoffnungslos überfordert ist, wollte man sich den Machtverhältnissen widersetzen. Sollte man sich daher nicht mit Gleichgesinnten in Berufsvereinigungen, wie z.B. den Informatikern für Frieden und gesellschaftliche Verantwortung, zusammentun, wird in der Diskussion von einem Teilnehmer zu bedenken gegeben? Angesichts der Auffassung, daß letztlich alle Einwände und Eingriffe in die Technikentwicklung doch nur Korrekturmaßnahmen oder gar nur Kosmetik darstellen, bleibt das Verantwortungsdilemma in der Diskussion offen.

Das Dilemma wird auch in der dritten Gruppe, dem interdisziplinär zusammengesetzten Team des *HdA-Beratungsprojekts*, virulent. Die Spannung zwischen den persönlich getragenen Humanisierungsintentionen und äußeren Bedingungen der Wirtschaftlichkeit schlägt sich in internen Kooperationsproblemen nieder. Dies zeigt sich in einer Diskussion über die Bedeutung von Kriterien zur Humanisierung des Arbeitslebens (HdA) in der Beratungspraxis.

---

9 Vgl. das Kapitel „Die Moral des Ingenieurs und die Ethik technischen Handelns", in Teil II.

O „Ich habe jetzt bei dir bemerkt, daß du bei jedem Punkt, jedem HdA-Kriterium, daß du da 'Wirtschaftlichkeit' bzw. 'bessere Akzeptanz' (als Argument) bringst.
P Nein, mir ist es ein persönliches Bedürfnis, daß die Arbeitnehmer weniger krank werden, weniger Streß haben, daß sie abends ausgeruht nach Hause kommen usw.
O Es würde jetzt mal interessieren, ob das bloß vom Zentrumsantrag her ein Bedürfnis ist, also einfach formal quasi, oder?
P 'Vermeidung von Streß' ist doch ein positiver Aspekt, ist egal, aus welchen Gründen.
O Das akzeptier' ich ja auch. Bloß kommt dann immer so oft der Nachsatz: aufgrund von 'Wirtschaftlichkeit', weil das den Ausschuß verringert, weil es das Arbeitstempo erhöht, weil es die Akzeptanz der Beschäftigten ... Das erstaunt mich jetzt etwas.
P Vermeidung von Streß ist ein primäres Ziel.
T Es ist nur so, daß wir auf die Leute bei der Planung angewiesen sind, ...
P Aus menschlichen Bedürfnissen heraus, weil ich auch nicht Streß liebe.
O ... Argumentationsmuster zu finden, um diese Geschäftsleitungen davon zu überzeugen ...?
T Genau! Und diese Argumentation ist eigentlich im technischen und im wirtschaftlichen Bereich zu suchen. (...)
Q Ich muß es so sagen, weil ich es draußen so begründe. Wenn ich Streß vermeide, dann ist es für die Firma ein wirtschaftlicher Vorteil. Wenn ich das nicht dazu sage, dann machen die gar nichts in diese Richtung." (Ingenieure in dem HdA-Beratungsprojekt, 1, 64)

Angesichts der Selbstverständlichkeit, mit der alle dem HdA-Programm entsprechenden Gestaltungskriterien wirtschaftlich begründet werden, erheben sich in der Runde Zweifel auf seiten eines Nicht-Techniker-Mitglieds, ob denn überhaupt noch die Zielsetzung für eine menschengerechte Arbeit- und Technikgestaltung aufrechterhalten wird? Hat nicht die sprachliche Anpassung der Argumentation an den Primat der Betriebswirtschaft auch eine motivationale Anpassung zur Folge? So lautet die Frage intern an die Kollegen, sie ist aber auch an uns gerichtet. Ist nicht letztlich aufgrund der Anpassung an eine von Wirtschaftlichkeits- und Wettbewerbserwägungen geprägte Umwelt der Verlust der Humanisierungsidee zu befürchten?

Ingenieure in beratender Tätigkeit werden sehr viel stärker als Ingenieure, die in der Entwicklung tätig sind, mit den realen Einsatzbedingungen der Technik konfrontiert. Diese Nähe setzt sich in erster Linie in den Zwang um, sich in der beruflichen Aufgabe der Beratung auf betriebswirtschaftliche Kalküle einzulassen. Alles Wissen über soziale Dimensionen des Technikeinsatzes kann nur zum Tragen kommen, wenn es in betriebswirtschaftliche Darlegungen übersetzt werden kann. Aber gerade diese Rechenweise – das wurde in den Gruppen auf verschiedene Weise zum Ausdruck gebracht – birgt die Gefahr in sich, die qualitativ-soziale Dimension des Problems zu verfehlen.

Die berufliche Verantwortungssituation von Ingenieuren als Betroffene

Birgit Volmerg

Computer haben in nahezu alle Arbeitsbereiche der Ingenieure Einzug gehalten. Dort haben sie jedoch eine von der Ingenieuraufgabe abhängige, sehr unterschiedliche Funktion. Eine grobe Einteilung läßt sich danach vornehmen, ob Computer für die Erfüllung der Ingenieuraufgabe zentral sind, oder ob Computer lediglich bestimmte Berechnungen, Messungen, Verwaltungen, für die man zuvor neben der eigentlichen Aufgabe zusätzliche Zeit verbraucht hat, übernehmen. Beispiele für das Arbeiten mit dem Computer als einem zentralen Arbeitsmittel des Ingenieurs sind bei den Herstellern informations- und kommunikationstechnischer Produkte zu finden. Beispiele für eine „Hilfsmittel"-Funktion von Computern finden sich in vielen Ingenieurbereichen und -tätigkeiten, von der Grundlagenforschung über die Entwicklung bis zu Planung und Beratung. Ingenieure, die im Zentrum ihrer Aufgabe vergleichsweise unabhängig von Computern arbeiten, sei es aufgrund arbeitsorganisatorischer und/oder arbeitsinhaltlicher Voraussetzungen, betonen den durch Rechnerintelligenz bereitgestellten Zugewinn an Ressourcen (an Information, Zeit, Qualität, Kompetenz). Sie vernachlässigen dabei nicht, daß Computerisierung für andere Ingenieurkollegen (an CAD-Arbeitsplätzen) wie für andere Arbeitnehmer ein Problem ist. Sie sehen sich aber gerade deshalb in dem individuellen Anspruch bestätigt, die persönlichen Spielräume und Kompetenzen des Ingenieurberufs zu verteidigen, bzw. in einer beruflichen Karriere auszubauen.

Solche Strategien sind vor allem dort erfolgversprechend, wo die Logik und die stoffliche Beschaffenheit des Arbeitsprozesses einer Computerisierung Grenzen setzen.[1] Die Grenzen einer informationstechnischen Durchdringung der Ingenieurarbeit sind allerdings unter Ingenieuren selbst umstritten. Bezogen auf zukünftige Entwicklungen und auch bezogen auf den gegenwärtig uneinheitlichen Stand informationstechnischer Niveaus in den verschiedenen Betrieben und Bereichen erscheint es keineswegs ausgemacht, ob eine subjektive Überzeugung von der Nicht-Betroffenheit durch

---

1 Vgl. Teschner & Hermann (1981) und den Abschlußbericht des Projekts „Rationalisierung der Arbeitsbedingungen von Technikern und Ingenieuren" von Ulrich Heisig, Klaus Hermann und Eckart Teschner, Frankfurt/M., Institut für Sozialforschung (1985).

Computerisierung einer realitätsangemessenen Einschätzung der technischen Möglichkeiten entspricht.

Erfahrungen in der computergestützten Ingenieurarbeit

Die Diskrepanz zwischen den bestehenden Stufen der Einführung und Anwendung informationstechnischer Systeme und ihrem geplanten Einsatz wird verstärkt daher von denjenigen Ingenieuren in die Diskussion gebracht,[2] deren Arbeit durch den Computereinsatz bereits tiefgreifende Veränderungen erfahren hat: das sind vornehmlich die in der Hard- und Software-Entwicklung der Computerindustrie arbeitenden Ingenieure, die Systementwickler, Systemanalytiker und Programmierer, Ingenieure an CAD-Arbeitsplätzen und Ingenieure im Prüf- und Wartungsbereich, sei es in der Produktion oder im technischen Außendienst. In der Diagnose der Wirkungen des Computereinsatzes auf die eigene Arbeit kommen diese Ingenieure zu übereinstimmenden allgemeinen Erfahrungswerten.
Solche allgemeinen Erfahrungen betreffen

- den Verlust an Selbstbestimmung in der Arbeit,
- den Verlust an Innovation und Kreativität,
- die Veränderung der Zeiterfahrung,
- erhöhte Anforderungen durch die Komplexität der Systeme,
- vermehrte Kontrolle,
- hohe Arbeitsteilung und Spezialisierung,
- den Verlust konkreter Erfahrungs- und Wissensbezüge,
- Rationalisierung durch Arbeitsverdichtung oder
- Wegfall der Arbeit,
- die Verschlechterung der Kooperation und
- zunehmende Isolierung.

Verlust an Selbstbestimmung, Innovation und Kreativität

Solche nicht nur antizipierten, sondern am eigenen Leibe erfahrenen Wirkungen des Einsatzes von Informations- und Kommunikationstechnologien begründen sich aus dem Stellenwert, den diese Technologien für die eigene Arbeitsaufgabe haben: Sie wäre ohne Computer nicht zu bewältigen. Es scheint diese qualitative Abhängigkeit zu sein, die unter Ingenieuren die Gespaltenheit der Einschätzungen in Richtung Gewinn oder Verlust an Verfügungsspielräumen mit hervorbringt. Je mehr die Arbeitsinhalte durch das System bestimmt werden, je mehr geht sein „Hilfsmittel"-, sein „Werkzeugcharakter" verloren. Dabei ist die Abhängigkeit vom System offenbar

---

2 Hier stand Material aus den Gesprächsrunden mit fünf Ingenieurgruppen zur Verfügung.

verschieden von der Abhängigkeit von Arbeitsmitteln, ohne die der Ingenieur auch herkömmlicherweise seine Aufgabe nicht hätte bewältigen können. Über diesen Unterschied versuchen sich Ingenieure, die als Hard- und Software-Entwickler an der Digitalisierung der Vermittlungstechnik arbeiten, in einer Diskussion klarzuwerden.

A „Es ist doch eigentlich gang und gäbe, daß wir von irgend einem bestimmten Arbeitsmittel restlos abhängig sind. Wir haben dann zwar, wenn das nicht funktioniert, vielleicht noch einen Ersatz, aber ich seh' das Problem anders. Das Problem mit dem Computer ist, wenn der's nicht tut, sieht man nicht so ohne weiteres, warum nicht ... Der Normalfall war bisher, wenn einer viel mit einer Maschine gearbeitet hat, und die ging kaputt, dann konnte er sie häufig selbst reparieren. Aber beim Computer ist das absolut nicht mehr drin. Er kommt nicht dran, er hat kein Ersatzteil. Es geht überhaupt nichts mehr. ... Die Abhängigkeit ist viel größer. Es entsteht das Gefühl des Ausgeliefertseins ...

B Das kann ich auch bestätigen, dieses Gefühl des Ausgeliefertseins. Wenn ich vor meinem Bildschirm sitze und plötzlich passiert überhaupt nichts mehr, diese Kommunikation ist unterbrochen. Dann sitz' ich da und kann höchstens mal ein Zimmer weitergehen und fragen, wie es dort aussieht, und so krieg' ich raus, ob tatsächlich mit dem Computer was ist oder nicht." (Entwickler von digitalisierter Vermittlungstechnik, 1, 142 f)

Im Verhältnis zu ihrem Arbeitsmittel hatten Ingenieure bisher einen wesentlich anderen Bezug als dies in den Gebrauchssituationen unseres technisierten Alltags für Laienanwender der Technik gilt. Nicht nur die Arbeitsaufgabe, sondern virtuell auch die Arbeitsmittel wurden beherrscht: Sie waren durchschaubar. Insofern werden auch die durch das Arbeitsmittel vorgegebenen Bearbeitungsprozesse nicht als fremdbestimmt, sondern als in eigener Regie organisierbar erlebt. Das ändert sich mit der Einführung von Rechnern in den Entwicklungsprozeß. Das Erlebnis des Ausgeliefertseins an ein undurchschaubares System berührt den inneren Denkprozeß, betrifft den Kern des an Kreativität und Innovation orientierten Ingenieurbewußtseins. Mögen auch Erfindungen für viele Ingenieure in der Industrie, zumal der Computerindustrie, immer schon ein unerreichbares Berufsideal gewesen sein, so beinhaltete doch der Entwicklungsprozeß selbst Möglichkeiten, eigene Ideen einzubringen. Der Entwurf mit Bleistift und Papier ließ Raum für eigene Vorstellungen. In dem Maße aber, wie mit der Anforderung nach vom Rechner erstellter Unterlagen der Rechnereinsatz immer früher in den Entwicklungsprozeß eingreift, schwinden solche Eigenarten ingenieurmäßigen Arbeitens. Anstelle des – wie es in einer Ingenieurgruppe charakterisiert wird – „Hand-in-Hand-mit-sich-selber-Entwickelns" tritt die Anpassung an vorformatierte Denkweisen und standardisierte Arbeitsreihenfolgen des Systems. In diesem Zusammenhang ist die mit den höheren Programmiersprachen bereitgestellte Komfortabilität von Tools für die Entwicklung nicht vorbehaltlos zu begrüßen. Software-Entwickler sehen darin einerseits zwar eine Entlastung von nicht aufgabenbezogener Komplexität, die durch die Unausgereiftheit der Systeme entsteht, andererseits aber auch einen Verlust an Eigengestaltung durch mehr Normierung.

Veränderung der Zeiterfahrung

Ideen und Vorstellungen, wie Probleme zu lösen sind, brauchen nicht nur ihren eigenen Raum, sondern auch ihre eigene Zeit. Gerade die wird durch die zeitlichen Bedingungen der Systeme gestört. Seien es Wartezeiten durch Stapelbetrieb, durch Störungen oder durch zu lange Antwortzeiten einzelner Systeme, seien es zeitorganisatorische Bestimmungen unter Auslastungs- und/oder Knappheitsbedingungen (versetzte Arbeitszeit, Schicht), sogar die im Arbeitnehmerinteresse vereinbarte Beschränkung der Arbeitszeit am Rechner – alle diese zeitlichen Bedingungen sind der arbeitsimmanenten Entwicklungszeit äußerlich. Zusammen mit Termindruck erzeugen sie Streß.

Vermehrte Kontrolle

Ingenieure sind sich kritisch darüber bewußt, daß die Arbeit mit Computern Möglichkeiten der Zeit- und Leistungskontrolle eröffnet. Wurden auch solche Versuche in bezug auf Entwicklerarbeit bisher nur vereinzelt unternommen, so fühlt man sich doch insgesamt von der Einführung der Personalinformationssysteme in die Betriebe sehr betroffen. Computerisierte Personal- und Leistungskontrollen werden nicht so sehr aus Gründen der Erhaltung von Spielräumen abgelehnt, als vielmehr, weil sie die persönliche Menschenwürde und die persönliche Leistungsbereitschaft kränken. In den Augen von Ingenieuren sind computerisierte Peronal- und Leistungskontrollen nicht sinnvoll. An der Kontrollproblematik wird der Widerspruch zwischen der bisher weitgehend leistungs- und selbstbestimmten Arbeit des Ingenieurs und zunehmender Fremdbestimmung durch den Rechnereinsatz manifest. Die von allen Ingenieurgruppen der Untersuchung geteilte Ablehnung computerisierter Leistungskontrolle, seien sie nun eher Akteure oder Betroffene im Bereich der Entwicklung, der Planung oder der Beratung, drückt einen persönlichen Verfügungsanspruch über die Arbeit aus: im eigenen Handlungsbereich möchte man Entscheidungen auf keinen Fall von Computern abhängig machen.

Hohe Arbeitsteilung und Spezialisierung

So bedenkenswert die neuen raum-zeitlichen und technischen Bedingungen des Arbeitsmittels *Computer* auch sein mögen, die Verwirklichung von Verfügungsautonomie in der computergestützten Ingenieurarbeit hängt doch wesentlich davon ab, ob die Entwicklungsaufgabe so definiert ist, daß eine ganzheitliche Bearbeitung in eigener Regie möglich ist. Für viele Ingenieurarbeitsplätze der informations- und kommunikationstechnischen Industrie sind solche Voraussetzungen kaum noch gegeben. Bedingt durch den großtechnischen Zuschnitt, der für informations- und kommunikationstechnische Entwicklungsprojekte in der Industrie typisch ist, und verstärkt durch die kummulierende Komplexität dieser Technik selbst, gehört es für die hiervon betroffenen Ingenieure mit zu den negativsten Folgewirkungen, daß ein Überblick und Durchblick in Bezug auf das zu entwickelnde Produkt kaum noch möglich ist. Das bringt Belastungen auf sehr verschiedenen Ebenen mit sich, die in der Diskussion zur Sprache gebracht werden.

Zum einen besteht die Gefahr, daß das arbeitsteilig zugewiesene Kästchen, in dem man entwickelt, zwar hohes Spezialwissen erfordert, dieses Spezialwissen innerhalb der Gesamtdynamik der Technikentwicklung aber ein totes Gleis darstellen könnte: der 'Schmalspurspezialist auf dem Abstellgleis' ist eine Bedrohung, die Ingenieure als sehr real erleben. Zum anderen liegt es in der Eigenart der Informations- und Kommunikationstechnologien selbst, als Arbeitsmittel wie als Produkt immer undurchschaubarer und dadurch immer mächtiger zu werden. Der Verlust der Beherrschbarkeit des Arbeitsmittels stellt Ingenieure vor neuartige Anpassungsprobleme: bei dem bestehenden Entwicklungstrend der Informations- und Kommunikationstechnik scheint es nur eine Wahl zwischen zwei unbefriedigenden Alternativen zu geben. Entweder man gehört als Ingenieur zu denjenigen, die zwar den Überblick haben, aber auf die Durchdringung der technischen Detailstruktur verzichten müssen oder man gehört zu den Detailingenieuren, die den Zusammenhang des Ganzen verloren haben. Welcher Seite sich die durch die Entwicklung betroffen fühlenden Ingenieure in der Computerindustrie zurechnen, ist aus dem bisher Dargestellten unschwer zu erkennen. Und entsprechend begründet sich das Motiv ihrer gewerkschaftlichen Orientierung aus der Erfahrung der Kompetenzentwertung, gegen die man nicht mehr glaubt, sich individuell wehren zu können.

Die in diesem Zusammenhang gebrauchte Metapher vom *Rädchen im Getriebe* oder von der *geistigen Fließbandarbeit* bezieht sich auch noch auf einen anderen Aspekt, der für großtechnische Entwicklungsprojekte typisch ist. Es ist das zwangsweise Angewiesensein auf die Kooperation mit Kollegen infolge der Spezialisierung. Das eigene Programm muß über Schnittstellenabsprachen mit den anderen Kollegen der Soft- und Hardwareentwicklung abgestimmt werden. Auf diese Weise streitet man sich um die Reste persönlicher Entwicklungsspielräume, die durch die Aufgabenteilung übrig geblieben sind. Dies veranschaulicht eine Beschreibung der Situation in einem großtechnischen Entwicklungsprojekt durch betroffene Ingenieure.

A „Es ist die Riesenmannschaft. Je mehr Leute Sie daran haben, um so mehr persönliche Interessen werden dann gefahren ...

B Es gab Fälle, wo klipp und klar gesagt wurde, was wir machen, das geht also den anderen überhaupt nichts an. Wir entwickeln unser eigenes System ...

A Und wenn's dann nachher nicht paßt, überlegt er in diesem Moment überhaupt nicht ...

B Ja, das ganze Technische, das kann man von dem Persönlichen überhaupt nicht trennen ... Damals war also die Mannschaft wesentlich kleiner und die Projekte, die waren nicht so komplex.

A Da weniger Personen an einem Projekt waren, mußten sie sich nicht so viel absprechen. Da lag die Anzahl möglicher Fehler erheblich geringer – logischerweise ...

C Diese Mammutprojekte ..., die haben also sehr viel Sand im Getriebe, gerade weil einer nicht weiß, was der andere macht, weil er sagt, warum soll denn der jetzt die Schnittstelle vorgeben, warum nimmt der nicht meine an? Und dann sind verschiedene Dinge nicht genau definiert, oder wenn sie definiert sind, werden sie vielleicht zu spät definiert. Hat einer schon angefangen, sagt, jetzt muß ich wieder alles umwerfen. Und es wird immer schwerfälliger, und der einzelne kann sich immer weniger mit dem Ganzen identifizieren. Bin ich einer von zehn, kann ich noch sagen, das ist mein Anteil, den ich gemacht habe. Bin ich einer von fünfhundert, kann ich sagen, gut, diese 2 p.m., die hab' ich gemacht – vielleicht auch noch weniger. Irgendwo fühlt man sich dann als mitgetriebenes Rädchen im großen Räderwerk." (Entwickler von digitalisierter Vermittlungstechnik, 1, 32f)

Die tendenzielle Entwertung ingenieurmäßiger Kompetenzen macht an der Spezialisierung nicht halt. Gerade im Softwarebereich führt die zunehmende Verbesserung und Standardisierung der Software dazu, daß bestimmte Ebenen der Entwicklung wegfallen, bzw. Aufgaben neu definiert und zusammengefaßt werden. Beispiele dafür sind die Entwicklung von Standard-Betriebssystemen oder – in einem anderen Bereich – der technische Außendienst. Die rechnerunterstützte Wartung und automatische Fehlermeldung macht den Systemanalytiker überflüssig. Die Betriebssystementwicklung ist soweit fortgeschritten, daß nur noch wenige umfassende Systemkenntnisse brauchen.

Verlust konkreter Erfahrungs- und Wissensbezüge

Im Bereich der Betriebssystementwicklung wird die Situation folgendermaßen charakterisiert.

O „Früher, da hat sich ein kompetenter Entwickler dadurch ausgezeichnet, daß er Systemkenntnisse hatte und zwar umfassende, sowohl beim Entwicklungssystem als auch beim Zielsystem, also dem Produkt, das da entsteht ... Jetzt ist man dazu übergegangen, Standard-Betriebssysteme zu verwenden ... Da braucht keiner mehr sich irgendwie auszukennen im Betriebssystem, sondern man wendet es an ... Der Vorteil bei solchen Standard-Betriebssystemen ist ja der, man kann die Software, die dann darauf läuft, natürlich einkaufen, d.h., es werden auch nicht mehr irgendwelche tollen Dinge entworfen, sondern es wird portiert. Es wird Software eingekauft, und man muß sie jetzt halt auf

UNIX bringen ... Entwerfen von Software, auch von betriebssysteminterner Software, das ist nicht mehr gefragt. Man ist jetzt Portierknecht." (Ingenieure in der TINA[3] 1, 45 f)

Rationalisierung

Rationalisierungseffekte infolge fortschreitender Standardisierung und Komfortabilität der Softwareprodukte betreffen ebenso die der Ingenieurtätigkeit nachgeordneten und untergeordneten Bereiche. Gewerkschaftlich engagierte Ingenieure – zumal wenn sie auch Betriebsräte sind – beziehen negative Folgen für andere Arbeitnehmer ein: z.B. das Schicksal der technischen Zeichner und die Rationalisierungsfolgen für die Angestellten in Büro und Verwaltung, deren Arbeit auf den PC's der Konstruktionsabteilungen teilweise gleich mitgemacht werden kann.

Solche Umverteilungen der Arbeit können Ingenieure auch im eigenen Interesse nicht begrüßen, drohen doch mit der zusätzlichen Arbeit Entfremdungen von den Qualifikationen, die die eigentliche Ingenieurkompetenz ausmachen.

Im Ingenieurbereich ist die Erhaltung von Kompetenzen nicht gegen, sondern nur mit der technischen Entwicklung möglich. Eine Weigerung, mit Computern zu arbeiten, käme – in den meisten Fällen – daher eher einer selbstgewählten Dequalifizierung gleich als einer Bewahrung der Qualifikation. Für Ingenieure ist es daher keine Frage, man muß mit den neuen Systemen arbeiten! Unter Knappheitsbedingungen der zur Verfügung stehenden Systeme wie der bereitgestellten Qualifizierungsmöglichkeiten von seiten der Unternehmen führt das zu einer verschärften Konkurrenz unter den Kollegen, die von gewerkschaftlich orientierten Ingenieuren bedauert wird. Sie können sich, als Alternative zum Einzelkampf um die Plätze in der Spitzengruppe befugter Systembenutzer, auch eine Ausgleichs- und Schutzpolitik gegen die rapide Entwertung ihrer Kompetenzen vorstellen. Es sei hier schon angedeutet, daß in dieser Frage ein wesentlicher Widerspruch begründet liegt, der das Ingenieurinteresse und das gewerkschaftliche Interesse entzweit.

Verschlechterung der Kooperation und zunehmende Isolierung

Erfahrungen eines verschärften Konkurrenzkampfes unter Ingenieuren verbinden sich mit einer anderen, der Ingenieurarbeit immanenten Tendenz, die durch die Einführung informations- und kommunikationsverarbeitender Systeme verstärkt wird. Ein Ingenieur bringt diese Tendenz auf folgende Formel:

---

[3] Techniker, Ingenieure und Naturwissenschaftler Arbeitskreise in der IG Metall.

P „Wenn ich vor dem Bildschirm sitze, dann stelle ich mich auf den Bildschirm ein und möchte in dem Moment überhaupt keine Kommunikation mit lebendigen Wesen." (Entwickler von digitalisierter Vermittlungstechnik, 1, 4)

Unter gewerkschaftlich engagierten Ingenieuren ist umstritten, in welchem Maße Computerarbeit ursächlich für eine Verarmung menschlicher Beziehung verantwortlich zu machen ist. Relativ leicht scheint eine solche Diagnose bei jenen Kollegen, deren Arbeitsverhalten am Bildschirm deutlichen Suchtcharakter annimmt. Eine differenziertere Antwort fordert aber gerade die eigene kritische Haltung heraus, in der man einerseits feststellt, von Computern fasziniert und gefangen zu sein, andererseits aber die Kommunikation vermißt. Die Problematik der sozialen Verarmung, die als ein zentrales Thema alle gewerkschaftlichen Ingenieurdiskussionen durchzieht, reicht daher viel tiefer in die Ingenieuridentität, als es von den Bedingungen der Bildschirmarbeit her beschreibbar ist. Auf dieser Ebene läßt sich zunächst feststellen, daß der Rechner durchaus eine günstige Gelegenheit bietet, sich aus unangenehmen sozialen Situationen zurückzuziehen. Allerdings scheinen die Übergänge von einer wohlüberlegten Flucht in die Sucht fließend.

Auf einer anderen Ebene liegt die durch das Thema *Isolation am Bildschirm* angestoßene Frage, ob Ingenieure nicht grundsätzlich durch Aufgabe und Berufswahl Menschen sind, bzw. geworden sind, denen eine Vertiefung in sachlich-technische Probleme näher liegt, als sich mit sozialen Problemen in einer sozialen Umgebung zu befassen. Der Anspruch auf Selbstverwirklichung bezieht sich – das wird in den Gesprächsrunden sehr deutlich hervorgehoben – in der Ingenieurarbeit gerade nicht auf die soziale Seite der zu lösenden Aufgabe. Von dieser sozialen Seite her scheint vielmehr eine Einschränkung eigener Ansprüche zu drohen. In diesem Zusammenhang wird in verschiedenen Ingenieurgruppen folgendes zu bedenken gegeben.

M „Sind nicht Ingenieure immer schon so gewesen, daß sie sich zurückgezogen haben und daß sie nicht die Kontakte nach außen gesucht haben? Haben wir nicht früher auch den Lötkolben in die Hand genommen und haben am Experimentiertisch, am Labortisch gehockt und uns mit dem Material befaßt, statt uns mit den Kollegen zu unterhalten? Ich glaube, das ist ein Kennzeichen, das war früher schon so. Ich seh' wohl auch Gefahren, wenn man jetzt dem Ingenieur ein neues Spielzeug in die Hand gibt, daß er sich mit diesem Spielzeug da zurückzieht und daß er nichts anderes mehr sieht als dieses Spielzeug." (Ingenieure im AIN,[4] 1, 52)

N „Ja, an sich ist das Problem, daß bestimmte Wünsche hier gegeneinander stehen ... An sich ist es für jeden Programmierer oder jeden am Rechner so, daß er am liebsten ein für sich abgeschlossenes Programm hat. Und dann sagt er, da funkt mir keiner hinein, da kann keiner mir etwas Übles tun. Und ich

---

4 Arbeitskreis Ingenieure und Naturwissenschaftler in der Industrie, in der DAG.

bin der einzige und bin auch dafür verantwortlich. Das gibt auch ein Stück Selbstverwirklichung, wenn das Programm fertig ist. Gut, und einige schaffen das auch. Aber in dem Moment, wo er ein abgeschlossenes Programm hat, braucht er nicht mehr zusammenzuarbeiten. Und auf der einen Seite gibt's ein höheres Wohl zum Thema 'Selbstverwirklichung' und auf der anderen Seite schwächt das die sozialen Kontakte." (Entwickler von digitalisierter Vermittlungstechnik, 1, 117)

Im hier zur Sprache kommenden Selbstverständnis des Ingenieurs besteht eine grundsätzliche Spannung zwischen dem Wunsch nach Vertiefung in eine zur Beziehungsseite hin abgeschlossene, unabhängige und eigene Welt und dem Wunsch, den sozialen Bezug in der Arbeit nicht zu verlieren. Weil aber soziale Bezüge im Arbeitsleben unter Herrschafts- und Konkurrenzaspekten erlebt werden, sind Abgrenzung und Absicherung des eigenen Bereichs geboten. Gegenüber der Lust, die die Vertiefung in die Aufgabe gewährt, scheint das soziale Defizit vernachlässigenswert. Denn umgekehrt vermitteln soziale Kontakte nicht die positiven Erlebnisse, derentwegen man eine geringere Vertiefung in logisch-sachliche Probleme in Kauf nehmen würde.

Aus dem Ingenieurinteresse, das auf die in der Lösung technischer Probleme liegenden Selbstverwirklichungsmöglichkeiten gerichtet ist, gibt es daher wenig Anlaß, Kontakt und Kooperation zu wünschen. Dieses Interesse begründet sich nicht aus der Ingenieuraufgabe, sondern gewinnt an Bedeutung, wenn die aufgabenbezogenen Selbstverwirklichungsmöglichkeiten abnehmen.

Ingenieurorientierung und gewerkschaftliche Orientierung in der Betroffenensituation

Mit der Computerisierung von Arbeitsprozessen hat sich auch in der Ingenieurarbeit das Verhältnis von Aufgabe und Aufgabenbewältigung verändert. Für die von dieser Entwicklung besonders betroffenen Ingenieure haben sich die zur Verfügung stehenden informationstechnischen Arbeitsmittel in *Herrschaftsmittel* gegen den Selbstverwirklichungsanspruch verkehrt. Unter diesem, in der eigenen Erfahrung begründeten Vorbehalt, kann die Selbstbefangenheit in rein technisch-innovatives Denken nicht mehr bruchlos befürwortet werden. Notwendig erscheint vielmehr ein Schutz gegen die Übermächtigung durch jene Technik, an deren Entwicklung man in seiner Lust am immer perfekteren Funktionieren mitgearbeitet hat.

Die Kritik an der Fasziniertheit durch neue Technik durchzieht alle gewerkschaftlichen Ingenieurdiskussionen im Rahmen unseres Forschungsprojekts. Dabei gesteht man für sich selbst ebenso freimütig seine Fasziniertheit ein, wie man sie zugleich mit Skepsis betrachtet. Diese Ambivalenz scheint mit zu dem Grunddilemma zu gehören, das das Verantwortungsbewußtsein gewerkschaftlich orientierter Ingenieure prägt. Ingenieurorientierung und gewerkschaftliche Orientierung lassen sich nicht ohne weiteres in Einklang bringen, selbst wenn man sich explizit nicht mit den unternehmerischen Produkt- und Rationalisierungsstrategien identifiziert. Es gibt eine dem Ingenieurberuf eignende Einstellung zur Technik und zur technischen Entwicklung, in der eine Verzögerung oder gar ein Stillstand technischer Entwicklung ebenso schwer akzeptiert werden kann wie die Vorstellung, etwas Technisierbares nicht zu technisieren. – Soll man im Bewußtsein möglicher negativer Folgen für die Arbeitenden sein Wissen um die technischen Effektivierungsmöglichkeiten zurückhalten? Soll man seine Perfektionierungsleidenschaft im Interesse der Betroffenen unterdrücken?

Dieses Problem stellt sich nicht erst auf der Ebene der Planung für informations- und kommunikationstechnische Produkte mit weitreichenden Folgen für die Gesellschaft; es stellt sich im betrieblichen Rahmen für jeden Ingenieur an seinem Arbeitsplatz. Denn, über das konkret-technische Wissen seiner Aufgabe verfügt nur er. Und nur indem Ingenieure dieses Wissen unternehmerischen Zielen zur Verfügung stellen, lassen sich die Wege und Mittel zur Erreichung der Ziele technisch realisieren. Für gewerkschaftlich engagierte Ingenieure in der Situation der Einführung und Anwendung neuer Technologien wird dies als moralisches Dilemma in Bezug auf den eigenen Arbeitsplatz und seine Umgebung erlebt. In dem nun folgenden ausgewählten Diskussionsabschnitt wird aber gleichfalls deutlich, daß das moralische Dilemma des einzelnen angesichts industriegesellschaftlich-technischer Entwicklungstrends unlösbar erscheint.

K „Ist es wünschenswert, daß ich jetzt plötzlich ein anderes Arbeitsgebiet habe, das mir gar nicht so einen großen Spaß macht, und das, was mir Spaß gemacht hat, das habe ich mir durch eingebrachtes Wissen selbst vermasselt? ... Beispielsweise habe ich noch nie gewußt, daß man also die Funktionskontrolle gleichzeitig in's Zeichnen mit reinbringen kann. Das war mir also neu, hab' ich das bei der Leiterplattenentflechtung mitbekommen, daß man sowohl zeichnet als auch gleich kontrolliert, ob das Zeug funktioniert. Das gab's also im Hydrauliksystem bisher noch nicht. ... Hab' ich mit meinem Boß drüber gesprochen: selbstverständlich könnten wir das machen, auch den technischen Ablauf in hydraulischer Funktion in die Zeichnung mit reinbringen. – Ja, will ich das? ... Oder will ich nicht lieber, daß ich noch jemand hab, der meine Sachen dann absegnet zum Schluß ... Sicher hätte es Vorteile für mich, wenn ich das selbst, wenn meine Fehler, die ich vielleicht drinhabe, das System zurückmeldet ... Aus 5 Arbeitsplätzen bisher werden dann 3, dafür krieg' ich was anderes ...

L Na gut, es werden auch andere geschaffen.

K Ich muß es immer ein bißchen betriebsintern sehen... Für meinen Horizont sehe ich viele Sachen betriebsintern, ganz gezielt...

Forschungsteam:
Ja, das ist dieser Konflikt, den wir die ganze Zeit haben: bewahren, erhalten,

schützen oder versuchen, in der Dynamik selber noch und mit der Dynamik was zu verändern.

L Ich seh' da keine Möglichkeit, irgendwas zu verändern, weil das zu global ist und schon zu umfangreich. Jetzt nicht nur auf Deutschland bezogen, sondern weltweit praktisch, und ich sehe also keine große Möglichkeit, jetzt irgendwie die Strömung irgendwie zu ändern.

K Es geht mir ja nur darum: soll ich es gezielt beschleunigen, indem ich Möglichkeiten sehe, um diesen Weg zu beschleunigen ... oder soll ich sagen: Komm, solange es noch geht, laß' es laufen und halt deinen Mund." (Ingenieure in der TINA, 2, 113 f)

Das Handeln des Ingenieurs in der technischen Entwicklung wird in beiden hier dokumentierten Positionen an seiner Transmissionsfunktion festgemacht. Zur Debatte steht sie jedoch nur für eine Seite gewerkschaftlich orientierter Ingenieure. Für die andere Seite ist es weder realistisch noch sinnvoll oder gar wünschenswert, die technische Entwicklung aufhalten zu wollen. Eine solche Strategie widerspräche zutiefst dem in der Berufsidentität verankerten Verständnis von Technik und Gesellschaft, das von einer permanenten Entwicklung des Neuen und einem ebenso permanenten Veralten des Bestehenden ausgeht. Daran hat sich nicht nur der einzelne, sondern die Gesellschaft insgesamt anzupassen. In dieser hier typisierten Ingenieurperspektive ist es daher keine Frage einer durch Ingenieurhandeln beeinflußbaren Gestaltung von Technik, wie die sozialen Kosten bewältigt werden. Diese Frage entscheidet sich allein auf der Ebene gesellschaftlicher Macht- und Interessenkonflikte. Und auf dieser Ebene wird es dann wieder möglich, trotz Bejahung des „technischen Fortschritts", gewerkschaftlich engagiert zu sein.[5] Wie diese Doppelbindung an die dynamische Ingenieurposition und die gewerkschaftliche Position verkraftet wird, zeigt sich in dem folgenden Diskussionsbeitrag eines Ingenieurs zur Frage der Kompetenzerhaltung.

L „Ich seh' das ein klein bißchen anders, für mich bringen CAD oder solche Projekte sehr viel Erfahrung. Und das ist für mich eine persönliche Bereicherung. Und ich will ... gar nicht Kompetenzen erhalten. Ich geb' sie immer so schnell wie möglich ab ... Und dann ist bei mir die nächste Aufgabe schon dran ... Und das sehe ich also als persönliche Bereicherung, weil ich einen ziemlichen Überblick über die ganze Sache kriege und nicht nur eine Sache für mich habe, nur Rechner ... Man soll sich das ganz klar abschminken, daß CAD nur ein Hilfsmittel ist, um bequemer arbeiten zu können, das wird ganz eindeutig als Produktivitätssteigerungsmittel organisatorisch eingesetzt.

Forschungsteam:
... Wir hatten die andere Seite ja auch hier präsent. Welche Folgen das hat und wie geht man mit seiner eigenen sozialen Verantwortlichkeit um ...

---
5 Vgl. dazu das Kapitel „Ingenieure in der IG Metall – Zwischen gewerkschaftlicher Schutz- und Technikgestaltungspolitik", in Teil II.

L Ich seh' schon eine Schwierigkeit, insbesondere dann bei älteren Arbeitnehmern und Kollegen. ... Und die werden auch sicherlich überfordert werden durch die Technologien, die jetzt kommen werden. Da sehe ich schon einen Widerspruch, nur den sehe ich nicht als Ingenieur lösbar. Das muß also von der Gesellschaft herkommen." (Ingenieure in der TINA, 2, 19)

Gesellschaftliche Gegenkräfte sind dazu da, den sozialen Ausgleich dort zu schaffen, wo keine individuellen Fähigkeiten der Anpassung mehr gegeben sind.[6] Sich selbst traut man jedoch zu, mit der Innovationsgeschwindigkeit Schritt halten zu können. Das politische Engagement in der Gewerkschaft begründet sich daher nicht primär aus dem eigenen Arbeitsplatzinteresse, sondern weil man die gesellschaftlichen Kosten der technischen Entwicklung insgesamt für zu hoch hält. Diese Kosten entstehen nicht aus den immanenten Eigenschaften der Technik, sie entstehen vielmehr aus den durch das Kapital definierten Einsatzweisen zur Produktivitätssteigerung. Auf eine Formel gebracht lautet daraus die Konsequenz: an den Modernisierungsstrategien der Unternehmen beteilige ich mich zwar als Ingenieur, das ist meine Aufgabe, aber nicht als Gewerkschafter. In dieser Konstellation von politischer Haltung und beruflichem Interesse bleiben die beruflichen Kompetenzen im politischen Handeln stillgestellt, wie umgekehrt soziale Aspekte im Ingenieurhandeln nicht zum Tragen kommen können; zum einen, weil man eine Steuerung oder gar Begrenzung der technischen Entwicklungsdynamik in seinem Ingenieurherzen für widernatürlich hält, zum anderen, weil die Einführungs- und Anwendungsbedingungen der Technik sowieso durch das Kapital bestimmt werden.

Diese Lösung der Ambivalenz zwischen der Ingenieurorientierung und der gewerkschaftlichen Orientierung ist jedoch nur ein möglicher Weg. Er wird in den gewerkschaftlichen Ingenieurgruppen unserer Untersuchung, die von der Einführung informationstechnischer Systeme besonders betroffen sind, kaum beschritten. Er ist eher für jene Ingenieure kennzeichnend, die Planungs- und Projektierungsaufgaben oder Vorgesetztenfunktionen mit relativ breiten Handlungsspielräumen oder offenem beruflichem Zukunftshorizont innehaben. Ein anderer Weg wurde bereits in jenem Diskussionsbeitrag eines Ingenieurs deutlich, in dem gefragt wird, ob es denn überhaupt im eigenen Interesse liegen kann, mit seinem Wissen, den Prozeß der Computerisierung zu beschleunigen. Relevant wird diese Frage für diejenigen, für die es – aus welchen Gründen auch immer – nicht selbstverständlich ist, angeeignete Kompetenzen ständig zu erneuern. Sie erfahren die technische Entwicklung keineswegs als Chance der Bereicherung und Kompetenzerweiterung, deren man sich durch eigene Initiative nur zu bemächtigen bräuchte. Ihr Selbstbewußtsein als Ingenieur speist sich weniger

---

6 Vgl. dazu das Kapitel „Die gesellschaftliche Verantwortung von Ingenieuren – Zwischen technisch-ökonomischen Zwängen und politisch-normativen Zielen für den technischen Fortschritt", in Teil II.

aus dem Bewußtsein individueller Flexibilität, als vielmehr aus den Kompetenzen, die man sich über Studium und Beruf aufgebaut hat. Bezogen auf dieses angesammelte Wissen und Können wird die Arbeit an den neuen Systemen als eine Entwertung und Enteignung erfahren. Dies zum einen, weil die Bedingungen der Arbeit selbst immer weniger Spielräume für selbstbestimmtes Entwickeln und Konstruieren lassen und zum anderen, weil man sich auch persönlich nicht in dem Maße flexibilisieren will und kann, um stets auf der Gewinnseite technischer Entwicklung zu stehen. Unter diesen biographischen und arbeitsplatzbedingten Umständen gewinnt die Furcht vor der Polarisierung der Ingenieure Gestalt.

Gewerkschaftlich orientierte Ingenieure an Arbeitsplätzen der Hard- und Software-Entwicklung in der Computerindustrie und im CAD-Bereich haben auf diesem Hintergrund eine andere Auffassung ihrer Arbeitssituation. Diese Auffassung klang bereits in der Beschreibung ihrer Betroffenheit durch Computerisierung an: 'Man kommt sich vor wie ein mitgetriebenes Rädchen im großen Räderwerk.'

In dem Bewußtsein, *Rädchen* zu sein, wird der Anspruch, durch eigene Ingenieurinnovation Einfluß nehmen zu können, problematisiert. Man erlebt sich eher ohnmächtig, wie 'der Arbeiter am Fließband' und distanziert sich von jenen Ingenieuren, die glauben, eine Elite zu sein. Als Ingenieur, etwas Besonderes vorzustellen, wird als eine Illusion derer verworfen, die noch nicht wissen, wo die technische Entwicklung hingeht. Diese wird kurz- oder langfristig mehr und mehr Ingenieure zu der Erkenntnis nötigen, auch bloß Arbeitnehmer zu sein.

In einer Diskussion mit einer gewerkschaftlichen Ingenieurarbeitsgruppe wird auf die Frage des Forschungsteams, an welcher Stelle man sich in seiner Arbeit nicht nur als Betroffener, sondern auch als Akteur in der technischen Entwicklung sieht, folgendes geantwortet:

S „Das muß ich zu Hause mit dem Homecomputer machen. Also in der Firma kann ich in dem Sinne nicht ... Sachen machen, die mir persönlich Spaß machen. Das ist dann aber nichts, was jetzt berufsmäßig ...

T Du kannst dich da nicht mehr gegen wehren, Du wirst da so eingebunden ...

S Man ist in dem Sinne Arbeiter ...

T Ja, Du bist an der Maschine. Du wirst wie der Arbeiter am Fließband im Akkord ... Du kannst da keine eigenen Ideen mehr einbringen. Dazu fehlt die Zeit und dazu fehlt auch total der Durchblick. Bei diesem Riesensystem bist Du nur ein kleines Rad, was seine Termine zu halten hat, seine Software mitzuliefern zu dem Riesenpaket ...

O Ich seh' da nur Möglichkeiten, daß die Portierknechte eben jetzt einsehen – das haben sie noch nicht – daß sie wirklich dequalifiziert sind und daß sie alle vom ähnlichen Schicksal betroffen sind." (Ingenieure in der TINA, 1, 48)

Die Solidarisierung als Arbeitnehmer – so ist dieser Diskussionspassage zu entnehmen – stößt unter Ingenieuren auf Schwierigkeiten. Der subjektive Anspruch auf den Expertenstatus wird trotz der als objektiv diagnostizierten Gegenläufigkeit technischer Entwicklung nicht so leicht aufgeben. Diejenigen aber, die sich mit dem Arbeitnehmerstatus identifiziert haben, scheinen jedoch auch ihre Ansprüche als Ingenieure reduziert zu haben. Ihre Wendung zur Gewerkschaft resultiert gerade aus dem erfahrenen Verlust innovativer Kompetenzen: d.h. als Ingenieur Akteur der technischen Entwicklung und nicht bloß Betroffener zu sein. In dieser Konstellation ist die Gewerkschaft in erster Linie eine Organisation, von der Schutz und Sicherheit erwartet wird. Schutz vor weiterer Dequalifizierung und Kontrolle, Sicherheit des Arbeitsplatzes. Den eigenen Interessen gemäß ist daher eher eine Begrenzung der technischen Entwicklung, um die bestehenden Fachkompetenzen zu erhalten.

In dieser Lage versteht es sich fast von selbst, daß eine Beteiligung an Maßnahmen, die den Technisierungsprozeß beschleunigen, nicht im eigenen Interesse liegen kann. Das Bewußtsein, Arbeitnehmer zu sein, schließt eine aktive Mitgestaltung als Ingenieur bei der Einführung und Anwendung neuer Systeme aus. Weil eine Verbesserung der Systeme mit der Steigerung ihrer Leistungsfähigkeit und einer Erhöhung der Arbeitsproduktivität einhergeht, stehen diese Ingenieure dem „technischen Fortschritt" skeptisch gegenüber. Der Karrierist mag hier noch Spielräume für seine Selbstverwirklichung sehen, der sich solidarisierende Arbeitnehmer-Ingenieur will keine besseren Systeme, sondern in erster Linie seine Arbeit erhalten.

Der zweite Weg, in der Ambivalenz zwischen Ingenieurorientierung und gewerkschaftlicher Orientierung ein Arbeitnehmerbewußtsein auszubilden, mag im Rahmen der klassischen, an die Marx'sche Verelendungstheorie anknüpfende Gewerkschafts- und Theorietradition adäquat erscheinen. Doch auch diese Lösung birgt in sich Probleme gerade auf dem Hintergrund der durch Gewerkschaften neu definierten Funktion und Rolle der technischen Intelligenz.[7] Deren Betroffenheit politisch zu organisieren, ist noch keine hinreichende Voraussetzung für das, was unter dem durch technische Entwicklung erzeugten sozialen Problemdruck notwendig erscheint: nämlich Mitverantwortung für eine sozialverträgliche Technikgestaltung zu übernehmen.[8]

---

7 Vgl. dazu das Kapitel „Ingenieure in der IG Metall und im AIN – Ein Vergleich", in Teil II.
8 Ein Beispiel, wie sich diese Ambivalenz gewerkschaftlich orientierter Ingenieure in der beruflichen Verantwortungssituation der Planung und Einführung informationstechnischer Systeme in die Produktion auswirkt, wird in dem Abschnitt 'Organisationspsychologische Erfahrungen in einem Ingenieur-Arbeitskreis', im folgenden Kapitel „Ingenieure in der IG Metall – Zwischen gewerkschaftlicher Schutz- und Technikgestaltungspolitik", in Teil II gegeben.

Ingenieure als Betriebsräte und Betriebsräte als Ingenieure

Birgit Volmerg

Ingenieure, die der Technikentwicklung kritisch gegenüberstehen und aus diesem Grund gewerkschaftlich organisiert sind, übernehmen in ihren Betrieben häufig auch Interessenvertretungsfunktionen. So waren ein großer Teil der Gesprächspartner in den gewerkschaftlich orientierten Gruppen unseres Forschungsprojekts zugleich auch Betriebsräte in der Firma, in der sie als Entwickler, als Berater oder in der Planung und Anwendung informationstechnischer Systeme arbeiten.[1]

Die Frage der sozialen Gestaltung der Technik wurde daher stets aus beiden Perspektiven diskutiert. Dabei wurde deutlich, daß die Doppelfunktion der Betriebsrats-und Ingenieurtätigkeit keineswegs zu einer wechselseitigen Durchdringung sozialer und technischer Gestaltungskomponenten in den Handlungsfeldern führt. Diese in der Einheit der Person gelegene Chance läßt sich – nach mehrheitlicher Ansicht der Beteiligten – nur in sehr geringem Maße verwirklichen. Technisch-ökonomische Sachzwangesetzlichkeit, Weisungsabhängigkeit und arbeitsteilige Strukturen stellen einer möglichen Integration technischer und sozialer Ziele mächtige Hindernisse entgegen.

Die Welt des Ingenieurs und die Welt des Betriebsrats

Die beruflichen und die politisch-gewerkschaftlichen Aufgabenbereiche werden als zwei *getrennte Welten* erlebt. Und die Haltungen und Handlungen, die sich in ihnen ausbilden, scheinen auch in der Person selbst in verschiedenen Segmenten untergebracht. Hinsichtlich der Beziehung dieser Segmente zueinander gibt es unter den beteiligten Ingenieuren unterschiedliche Ansichten. Häufig wird die kompensatorische Bedeutung der Gewerkschafts- und Betriebsratstätigkeit hervorgehoben: Woran man als Ingenieur nichts ändern kann, möchte man wenigstens als Gewerkschafter – wenn auch an anderer Stelle – bewegen. Die kompensatorische Funktion einer Betriebsratstätigkeit beruht auf der Erfahrung eines grundlegenden Wider-

---

1 Aufgrund der fachlich-technischen Fundierung lassen sich die hier zusammengetragenen Erfahrungen der Ingenieur-Betriebsräte nicht auf die Betriebsratspraxis verallgemeinern.

spruchs zwischen der beruflich-technischen und der politischen Praxis, den man für sein eigenes Verantwortungsbewußtsein auszugleichen sucht. Daneben werden in den Diskussionen aber auch informelle Allianzen zwischen dem *Ingenieur* und dem *Betriebsrat* sichtbar. Werden diese Allianzen nun zwischen Personen oder in der Person selbst gestiftet, stets werden sie als sehr persönliche Leistungen beschrieben, abhängig von persönlichen Eigenschaften wie Mut und charakterliche Integrität. Formelle, institutionell gestützte Wege, gibt es hier – nach Ansicht in den Ingenieurgruppen – kaum.

Welche Gestalt das informelle Zusammenwirken annehmen kann, darüber gibt es in den Ingenieurgruppen eine Bandbreite von Einschätzungen. Einig ist man sich darüber, daß der jeweilige Aufgabenbereich und das vorhandene politische Kräftefeld (der gewerkschaftliche Organisationsgrad und die Konfliktbereitschaft der Beschäftigten) eines Betriebes von großer Bedeutung sind. So werden etwa im Bereich der Planung von Arbeitssystemen oder in der Beratung allgemein mehr Möglichkeiten gesehen, Betriebsrats- oder Gewerkschaftspraxis mit Ingenieurpraxis auf informelle Weise zu verbinden.

Dagegen wird im Bereich der Grundlagenforschung die Kluft zwischen den Handlungsparametern des Ingenieurs und denen des Betriebsrats besonders tief empfunden. Der folgende Ausschnitt aus einer Diskussion unter Ingenieuren in diesem Bereich macht deutlich, wie sehr das eigene Entwicklungsprojekt gegenüber betriebsrätlicher Praxis abgeschlossen ist.

A „Daß man also gewerkschaftliche Tätigkeit unmittelbar als Ingenieur im Betrieb jetzt umsetzt, das geht in sehr geringem Maße, glaube ich. Weil man Aufgaben hat, die man erfüllen muß, die man sich nicht aussuchen kann, und wo man nur ein begrenztes Mitgestaltungsrecht hat. Es gibt natürlich ... sowas wie einen persönlichen Stil ..., aber es fällt mir schwer, jetzt zu sagen, das hätte die und die Auswirkungen konkret. Im wesentlichen bleibt's schon so, daß man eben an dem Projekt, an dem man arbeitet, arbeitet – fertig aus. Ob's sozialverträglich ist oder nicht ...

B ... ich hab' ... versucht, zum Ausdruck zu bringen, daß mir das hier als Kompensation erscheint: denn auf der einen Seite läßt sich die Forschung nicht begrenzen und auf der anderen Seite die Tätigkeit als Betriebsrat ... Und ich selber bin mir schon bewußt und auch der Auffassung ... daß die Arbeit am Arbeitsplatz und die Betriebsratstätigkeit nicht auf zwei Schienen gefahren wird ... daß das fließend in die Betriebsarbeit übergeht und umgekehrt ...

C Gerade die fließenden Übergänge, die kann ich nicht so recht erkennen ... (Betriebsratsarbeit), das läuft doch im wesentlichen völlig neben der eigentlichen Projektarbeit her ... das macht man in seiner Rolle – nicht als Entwicklungsingenieur, sondern als Gewerkschafter ... Mir scheint es eher so zu liegen, daß die typischen Projekte, mit denen ein Entwickler konfrontiert wird ... so aufbereitet sind, daß er in der praktischen Arbeit kaum Aspekte der Sozialverträglichkeit zu erkennen vermag ... Ich glaube nicht, daß man sich hier zwingen muß, sein Bewußtsein zu spalten ..., sondern die meiste Zeit seiner

Tätigkeit wird man eben der normalen Arbeit widmen ... in einer etwas anderen Kategorie ist man dann Betriebsrat ..." (Ingenieure im AIN 2, 50 ff)

Im Unterschied zu dieser beschriebenen Situation von Entwicklern in Forschungs- und Entwicklungsprojekten wird die Situation der Kundenberatung unter bestimmten Bedingungen für die Nutzung betriebsrätlicher Kompetenzen durchlässig gehalten. So z.B., wenn das Rationalisierungskonzept eines Unternehmens, das neue Systeme einführen will, nicht auf Entlassung, sondern auf Intensivierung der Arbeit ausgerichtet ist. Hier kann dann der Systemberater auf die notwendige Akzeptanz der Mitarbeiter verweisen, die durch ergonomische Gestaltung des Arbeitsplatzes gefördert wird. Er kann auch mögliche Konflikte mit dem Betriebsrat des Kundenunternehmens in sein Verhandlungskonzept einbeziehen, wenn in der angestrebten Systemlösung Mitspracherechte des Betriebsrats vernachlässigt werden. Und er kann – wenn die Vertrauenssituation da ist – dem Betriebsratskollegen des Kundenunternehmens 'Tips' geben.

Dies alles läuft natürlich völlig unterhalb der eigentlichen Zielsetzung des Kundenberaters, Systeme zu verkaufen. Sarkastisch bemerkt dazu ein Systemberater und Betriebsrat:

D „Welche Verkaufsargumente wir sicherlich nicht nehmen werden, heißt schlicht und einfach: Laßt Datenverarbeitung weg. Obwohl es sich u.U. sogar rechnen würde für ein Unternehmen, in bestimmten Fällen Datenverarbeitung wegzulassen ... Die Argumente ziehen wir mit Sicherheit nicht aus dem Zylinder ... Was Ergonomie am Arbeitsplatz betrifft ... ziehen wir die sehr stark heran, weil natürlich auch die Unternehmer, wenn sie einen starken Betriebsrat haben ... tunlichst drauf aufpassen ... Auseinandersetzungen zu vermeiden." (Ingenieure in der Kundenberatung 2, 151 ff)

Im eigenen Unternehmen, in dem man als Systemberater angestellt ist, scheint eine produktive Verknüpfung von betriebsrätlichem und Ingenieurwissen allerdings schwerer möglich. Hier ist man in der gleichen Situation wie der Betriebsrat des Unternehmens, dem man die Systeme verkaufen will: Man ist aus der Planungsphase für die Einführung der Systeme ausgeschlossen.

Sind Ingenieure hingegen in der Situation der Planung, erhoffen sie sich – wenn sie gewerkschaftlich orientiert sind – mehr Rückendeckung und Unterstützung durch Betriebsräte und Belegschaften, um soziale Technikgestaltungsalternativen stark machen zu können. Hier gibt es Kritik an der traditionellen Verweigerungshaltung von Betriebsräten, an der technischen Systemgestaltung aktiv mitzuwirken, sowie generelle Kritik am verbreiteten Desinteresse für technische Fragen.

Die Situation der Ingenieur-Betriebsräte bei der Einführung neuer Technologien

Aus Sicht und Erfahrung der an den Forschungsdiskussionen beteiligten Ingenieur-Betriebsräte sind die Möglichkeiten, auf die Entwicklung, Planung und Einführung neuer Technologien politisch Einfluß zu nehmen, äußerst gering. Das hat zuvorderst mit dem mangelnden Recht auf Mitbestimmung in diesem Bereich zu tun; das Betriebsverfassungsgesetz gesteht dem Betriebsrat hier nur beratende Funktionen zu. So gibt es in strittigen Fällen kaum eine rechtliche Handhabe, die Einführung neuer informationstechnischer Systeme zu verhindern, geschweige denn qualitative Anforderungen an die Systeme durchzusetzen, es sei denn, diese tangieren gesicherte Mitbestimmungsrechte des Betriebsrats. Aber selbst diese Rechte sind durch die Eigenschaften der neuen Technologien bedroht: Hatte der Betriebsrat bei den herkömmlichen Maschinen stets die Möglichkeit, Verletzungen der Mitbestimmungspflicht an Ort und Stelle des Arbeitsplatzes zu überprüfen, ist die abstrakte Funktionalität der neuen Systeme in der Software verborgen, und es bedürfte ganz anderer Informationen und Prüfverfahren, um hier Mitbestimmungsrechte geltend zu machen. Auf der Seite der Unternehmen gibt es – dies wird festgestellt – allerdings wenig Bereitschaft, Betriebsräte rechtzeitig und umfassend im Sinne ihrer Mitbestimmungsrechte zu informieren, im Gegenteil. Hier besteht eher die Taktik der 'Vernebelung', verbunden mit einer Diskriminierung des Betriebsrats als 'Verhinderer des technischen Fortschritts'.[2] In einer Diskussion zwischen Ingenieuren eines großen Computerherstellers wird deren Situation als Betriebsräte folgendermaßen geschildert.

G „... wir hatten einige Änderungswünsche an die Software ... da kommen gleich zig Jahre Entwicklungskosten auf einen zu, wenn man sagt: eine ganz bestimmte Sache, die sollt ihr nicht machen ... dann heißt das: bei 700.000 lines of code! Da schreckt ja jeder erst mal zusammen ... So, dann kommt sofort die Frage: entweder alles oder nichts! Und da müssen sich die Mitarbeiter rechtfertigen, daß sie den Kollegen das Arbeitsmittel vorenthalten – in der Situation ist man ... Als Betriebsrat ist man, wenn die Software erst mal steht, nahezu ohnmächtig. Man kann das nur per 'einstweiliger Verfügung' verhindern ... dann ist das Gesamtprojekt gefährdet, und wer kann das schon verantworten ...

H ... das einfachste ist immer erst mal, dem Betriebsrat eben sein Mitbestimmungsrecht abzusprechen: 'warum? Wir machen das nun mal so!' – und im Zweifelsfalle: 'Unabhängig von der Mitbestimmung wollt ihr doch nicht 90

---

2 In einer Studie über die Situation der Betriebsräte in der Maschinenbaubranche kommt Hildebrandt zu dem Ergebnis, daß das Problem mangelnder Informierung durch die Firmenleitung eher ein Problem der Betriebsräte selbst ist, die vorhandene, im Betriebsverfassungsgesetz vorgesehene Möglichkeiten nicht nutzten. Vgl. Hildebrandt (1987).

Mio. Mark Kosten verursachen, oder?'" (Ingenieure in der Kundenberatung 2, 141 ff)

Das unternehmerische Szenario der Einführung informationstechnischer Systeme gründet seinen Erfolg nicht allein auf Kostenargumente, zugleich werden die Mitarbeiter – so wird es in dieser Diskussion weiter ausgeführt – positiv auf die neuen Systeme und gegen den Betriebsrat eingestimmt: Im Zuge von Personaleinsparung und Rationalisierung werden die Arbeitsinhalte so verdichtet, daß jedes neue System, das eingeführt wird, als eine Erlösung begrüßt wird. Der Betriebsrat – so heißt es – steht dann schlecht da, wenn er zu den Hilfsmitteln, die die Arbeit erleichtern, 'nein' sagt.

Für die Ingenieur-Betriebsräte dieses Computerherstellers war soziale Gestaltung bei der Einführung neuer Technologien weniger ein Problem mangelnden Fachwissens (sie selbst sind ja Systemberater) als ein Problem der Durchsetzungsmacht. Und diese hängt nur zu einem Teil mit unzureichenden Mitbestimmungsrechten zusammen, zu einem anderen Teil hängt sie von der Bereitschaft derer, die mit den Systemen arbeiten, ab, den Technikgestaltungsanspruch im Betrieb politisch zu unterstützen.

Hier gibt es – das wird in den Diskussionen übereinstimmend hervorgehoben – auf Ingenieurebene nur eine begrenzte Ansprechbarkeit, die eigenen technischen Hilfsmittel zu problematisieren. Genausowenig (zwar aus anderen Gründen) ist die Ansprechbarkeit jedoch bei den Betroffenen und ihrer Interessenvertretung im gewerblichen Bereich zu finden. Solche Hemmnisse tragen wenig dazu bei, die allgemein diagnostizierte 'defensive Lage' der Betriebsräte bei der Planung und Einführung neuer Technologien zu verbessern.

Aber auch von seinem traditionellen politischen Auftrag her – dies wurde bereits deutlich – bestehen für den Betriebsrat Unwägbarkeiten, sich bei der Einführung neuer Technologien in die Betriebe politisch und sozial verantwortlich zu verhalten: 'Utopisches kann der Betriebsrat nicht fordern', heißt es in einer Diskussion dazu. Er muß vielmehr unter Berücksichtigung der wirtschaftlichen Zielsetzungen des Unternehmens abwägen, welche Forderungen im Interesse der Arbeitnehmer vertretbar sind. Diese Forderungen bezogen sich bisher primär auf eine materielle Schutz- und Absicherungspolitik, mit der negative Auswirkungen des technischen Rationalisierungsprozesses aufgefangen wurden (Bispinck, Helfert 1987). Und in diesem Feld sind Mitbestimmungsrechte des Betriebsrats auch verankert. Ihre Anwendung bei der Einführung neuer Technologien führt zu einem Schwergewicht betriebsrätlicher Politik in Bereichen

- von Lohn und Gehalt,
- der Regelung von Arbeitszeit,
- der computerisierten Personal- und Leistungskontrolle,
- der Arbeitsplatz-Ergonomie und
- der beruflichen Weiterbildung.

Themen, die den Ingenieur-Betriebsräten in den Diskussionen besonders am Herzen lagen und die ein Licht auf den Fokus der Auseinandersetzungen zwischen Unternehmensleitungen und Betriebsrat werfen, sind: die Absicherung über eine möglichst geräteunabhängige Qualifizierung und die Verhinderung computerisierter Personal- und Leistungskontrolle. Hier spielen sich die Auseinandersetzungen ab, weil hier die Herrschaftsimplikationen der Informations- und Kommunikationstechnologien als Instrumente zur Kontrolle und Auswahl von Mitarbeitern offenbar werden. Ob es sich um automatische Türöffnungssysteme, um automatische Zeiterfassung, um Personalinformationssysteme oder um die elektronische Protokollierung von Arbeitshandlungen an den PC's handelt, in den Fällen, von denen in den Gesprächsrunden berichtet wurde, ging es stets um eine Modifizierung im Sinne einer Anonymisierung der Datenerfassung, verhindern konnten die Betriebsräte die Einführung solcher Systeme kaum.

In diesem Zusammenhang taucht ein für die Informations- und Kommunikationstechnologien spezifisches Problem auf: Wie kontrolliert man, daß nicht kontrolliert wird? Ein Versuch, das Kontrollproblem zu lösen, führt unweigerlich in eine Spirale hinein, in der lückenlose Protokollierung zum Zwang werden kann, die der Befürchtung vor Kontrolle stets neue Nahrung gibt. Solche Befürchtungen sind nicht irrational, wissen doch die Systementwickler in den Betriebsräten um die technischen Möglichkeiten, Vereinbarungen unbemerkt zu umgehen. Wie sehr dieser Unsicherheitsfaktor die an den Forschungsdiskussionen beteiligten Ingenieure und Betriebsräte beschäftigt, soll folgende Passage aus einer Diskussion mit Ingenieuren im Bereich der Grundlagenforschung beispielhaft dokumentieren.

A „Ich möchte auf ein Beispiel hinweisen, daß wir grad jetzt im Konzern hatten ... Wir haben ein Personalinformationssystem ... Und es ist uns gerade gelungen, vor wenigen Wochen, eine Betriebsvereinbarung zu diesem System abzuschließen, die eine Zwangsprotokollierung aller Auswerteläufe vorsieht. Und das ist also eine ganz wesentliche Voraussetzung, wenn es bei uns um Informationsverarbeitung geht, bei der personenbezogene, wo empfindliche Daten verarbeitet werden, daß wir als Betriebsräte vor Ort die Möglichkeit bekommen, anhand dieser Zwangsprotokollierung nachzuprüfen, welche Auswertungen werden gemacht, wer hat wann wie auf das System zugegriffen und wer könnte also damit dann irgend etwas im Schilde führen ...

C ... Früher gab's da ein System, ein Programmpaket oder ein Zugriffssystem, wo man eigentlich alles rausholen konnte! Was ist mit dem?

D Das ist abgeschafft, das darf nicht mehr laufen.

A Das ist abgeschafft, aber geben tut's es noch?

D Es gibt eine neue Variante, die bereits die Vereinbarung mit berücksichtigt, daß also jetzt alles nur noch per Zwangsprotokollierung laufen darf. Wir haben also jetzt verhindert, daß Daten von den Betrieben an die Zentrale überspielt werden mit Personenkennzeichen, d.h. alles, was an die Zentrale läuft, das wird anonymisiert ... Und der Betriebsrat bekommt die Protokolle und kann nachkontrollieren, wer hat da was gemacht ...

C Ich wollte nochmal dazu fragen: Wie kontrollieren Sie das letztlich? Nur, indem Sie sich die Protokolle anschauen? Damit decken Sie vielleicht 99 % ... ab, aber nicht alles. Woher können Sie denn überhaupt sicher sein, daß diese Zwangsprotokollierung stattfindet? Daß die nicht nur für eine bestimmte Klasse von Anwendungen durchgeführt wird und daß es daneben für Sie unbekannte Klassen gibt, die dadurch gar nicht erfaßt werden?

D Die Gesamtspezifikation des Systems ist Teil der Betriebsvereinbarung, und wir gehen teilweise soweit, daß wir uns die lines of code ansehen. Und da kann man also daher wirklich entdecken, ob irgendwo noch eine Lücke ist ...

A Das ist das Programm ... aber das ist für einen cleveren Systemprogrammierer, der sich da irgendwie vortastet, sicherlich überhaupt kein Problem, von Zeit zu Zeit ein Programm einzuschleusen und dann nachher wieder aus dem Verkehr zu ziehen, so daß es für Kontrolleure gar nicht sichtbar ist ...

D Die totale Kontrolle, die gibt's einfach nicht ... Wir sind doch wohl keine Illusionisten, daß wir glauben, wir könnten einen Mißbrauch in irgend einer Form absolut sicher ausschließen. Das geht nicht. Und das können wir auch nicht, mit keiner Betriebsvereinbarung ..." (Ingenieure im AIN 1, 68 ff)

'Totale Kontrolle' wäre das letzte, was sich alle Beteiligten in ihrem Arbeitsleben wünschen würden, dennoch – und das macht diese Passage sehr deutlich – scheint gerade die Bemühung, solches zu verhindern, mit dazu beizutragen, subjektiv (in Gedanken) und objektiv (in den Prüfverfahren), die in den Systemen liegenden Überwachungspotentiale beidseitig, auf Arbeitgeber- wie auf Arbeitnehmerseite, aufzubauen.

Betriebsräte, die in den lines of code lesen, ob die Unternehmensleitungen ausgehandelte Betriebsvereinbarungen auch einhalten, sind gegenwärtig in der Zusammensetzung von Betriebsräten noch selten zu finden (es sei denn, die Belegschaft setzt sich selbst aus Systemspezialisten zusammen).

Technischer Sachverstand – ein allgemeines Problem von Betriebsräten

Im allgemeinen ist ein ganz anderes Problem vorgängig, das die an der Diskussion Beteiligten beschäftigt: Wie schafft man es, den Betriebsrat überhaupt für technische Fragen zu interessieren? Meist – so wird beklagt – ist er mit Tarifproblemen befaßt und hat für Technisches weder die Zeit noch das Verständnis. Und auf den Betriebsversammlungen, auf denen man das Thema vorbringen könnte, wird über 'Parkplätze', 'Kantinenessen' und 'Toilettenprobleme' geredet, nicht aber über CAD und Projektmanagement. Der übereinstimmend diagnostizierte mangelnde technische Sachverstand von Betriebsräten bringt es auch mit sich, daß Hinweise und Tips, die auf informellen Wegen von Ingenieurkollegen kommen, weder aufgenommen noch in Betriebsratspolitik umgesetzt werden.

Solche Defizite tragen – nach Meinung der diskutierenden Ingenieure – dazu bei, daß Systemalternativen nicht formuliert, Informationen nicht gezielt eingefordert, Folgen nur ungenügend antizipiert und Bedingungen nicht konkret genug gestellt werden können. Das Resultat sind – so heißt es in den Gesprächen – 'Gummibetriebsvereinbarungen', mit denen die Geschäftsleitung fast alles machen kann. Am problematischsten dabei sind die 'Musterbetriebsvereinbarungen', die, wenn sie nur noch mit den Namen von Geschäftsleitung und Betriebsrat versehen werden, die je spezifische Einführungssituation der neuen Systeme unter den technisch-ökonomischen und den Arbeitsbedingungen in der Firma nicht berücksichtigen.

Was dagegen not tue, seien auf der Grundlage detaillierter Arbeitsplatzbeschreibungen ausgeführte Bestimmungen für die einzelnen Abteilungen und Gruppen, als Anhänge an die Gesamtbetriebsvereinbarung. Diese müßten von technisch und juristisch versierten Fachleuten erstellt werden, um zu verhindern, daß Firmenleitungen die Vereinbarung unterlaufen.

In den Diskussionen ist man sich einig darüber, daß Betriebsvereinbarungen an sich ein recht taugliches Mittel sind, die Modernisierungsstrategien der Unternehmen zu beeinflussen. Schon allein die Möglichkeit, auf diese Weise Sand in den geplanten reibungslosen Einführungsablauf zu streuen, bietet Raum – da die Systeme sehr teuer sind – Gestaltungsinteressen einzubringen. Damit Betriebsvereinbarungen sich als ein solches Mittel aber bewähren können, bedarf es Veränderungen auf seiten der Betriebsräte, die nicht allein das technische Wissen betreffen. Ebenso notwendig erscheint die Veränderung der traditionell gespannten Beziehungen zwischen den Interessenvertretungen des Angestellten- und des gewerblichen Bereichs.

Daß Angestellte und Arbeiter nicht die gleichen Interessen haben, macht sich bei der Einführung informationsverarbeitender Systeme in die Produktion und Verwaltung der Betriebe sehr deutlich bemerkbar. Der Automatisierungs- und Technisierungsprozeß trifft – das wird in den Ingenieurgruppen nüchtern festgestellt – zunächst die Arbeitenden im gewerblichen Bereich. Im Angestelltenbereich zeitigt er – zumindest mittelfristig – entgegengesetzte Wirkungen: Arbeitsplätze werden häufig noch geschaffen. Für gewerkschaftlich orientierte Ingenieure und engagierte Betriebsräte, die sich potentiell für alle Arbeitnehmer mitverantwortlich fühlen, ist dieser Umstand subjektiv nicht einfach zu bewältigen. Diese Betriebsräte sprechen von ihrer 'moralischen Belastung', wenn Arbeitsplätze im Ingenieurbereich auf Kosten der Arbeitsplätze in einem anderen Bereich gehen. Auswege aus diesem Dilemma einer gespaltenen – mit subjektivem Unbehagen praktizierten – Betriebsratspolitik böten sich, wenn Arbeiter- und Angestellten-Betriebsräte bei doch unterschiedlichen Interesssen Ansätze für eine gemeinsame Interessenpolitik entwickeln würden. Organisationspolitische Gegensätze zwischen DAG und IG Metall, Interessengegensätze und Vorurteilsstrukturen führen jedoch eher dazu, daß man sich wechselseitig behindert und bekämpft, statt voneinander zu profitieren. Je nach den Mehrheitsverhältnissen in den Betriebsräten triumphiert mal die eine, mal die andere Seite über die als politischen Gegner ausgemachte Betriebsratsfraktion. Welches Klima dadurch entsteht und welche Chancen auf diese Weise ungenützt bleiben, schildert selbstkritisch ein Betriebsrat und Ingenieur eines großen Unternehmens der Elektronikbranche in der folgenden Diskussionspassage.

K „Ich sehe die Einführung von CAD: Also ich als Betriebsrat muß also ein Urteil darüber abgeben – ich bin ja auch Ingenieur. Ich sage: CAD muß eingeführt werden, denn ich bin in einer ganz ulkigen Situation: Ich bin als Betriebsrat nicht für die Fertigung zuständig, da, wo die Leute eingespart werden.[3] Und deswegen kann ich CAD gut einführen, es schafft sogar noch Arbeitsplätze bei uns ... Und da können Leute mit mir über CAD diskutieren, und ich werde denen allen sagen: CAD ist das herrlichste, was da ist. Wenn ich Betriebsrat also hier 100 m weiter sein würde, in der Fertigung, dann würde ich mit meinem Wissen ganz anders reagieren. Und ich würde der Geschäftsleitung einiges erklären, was für eine schädliche Sache das ganze ist ...

Forschungsteam:
Ja, es heißt einfach, die Grenzen des eigenen Verantwortungsbereichs nochmal genauer anzuschauen. Es könnte ja sein, daß das dann später ... auch Rückwirkungen hat.

K Also, ich bin jetzt mitverantwortlich, als Mensch, für die Fertigung. Also, wenn Sie jetzt essen gehen, dann werden Sie einen Haufen Leute da sehen, die ich ja tagtäglich sehe und die ich sozusagen damit rausschmeiße. Aber ich bin ja nicht zuständig, weil ich ja nur für 3.000 Entwickler ...

L Was würde denn passieren, wenn wir uns jetzt gegen CAD wehren würden, es nicht einführen würden mit dem Argument: Dann werden ja in der Fertigung Leute freigesetzt, und die Geschäftsleitung würde es auch akzeptieren?

K Das ist jetzt also wieder ein Schritt weiter. Soweit wollen wir nicht gehen. Aber man hätte CAD anders einführen können. Man hätte es schon anders machen können ...

Forschungsteam:
Mir fällt noch dazu ein, hätte man sich nicht mit den Betriebsräten der Fertigung zusammensetzen können?

K Nee, das sind ja IG Metaller ..." (Entwickler von digitalisierter Vermittlungstechnik 2, 57 ff)

Die Wege, zu einem informierten wechselseitigen Austausch auf der Basis gemeinsamer Technikgestaltungsinteressen zu kommen, sind gleich mehrfach verstellt: persönlich, beruflich und politisch fühlt man sich brüskiert von der jeweils anderen Seite. Denn – so berichten Ingenieur-Betriebsräte

---

[3] gemeint ist: im Rahmen einer langfristigen Strategie der Verkoppelung von CAD und CAM in einer automatisierten Fertigung.

– Versuche, den Betriebsratskollegen im gewerblichen Bereich technologiepolitische Hilfestellung zu geben, werden nicht selten als unzulässige Einmischung in die Angelegenheiten der Arbeiter abgelehnt. Zugleich würden elementare Angestellteninteressen von den Arbeiter-Betriebsräten als 'Weißkittelprobleme' abgetan. Solche Abschätzigkeit ist zugleich geeignet, das verbreitete Desinteresse an technischen Fragen politisch-moralisch für das eigene Lager zu legitimieren.

Aus der Sicht von Arbeiter-Betriebsräten, die durch Teilnehmer in den Ingenieur-Arbeitskreisen der IG Metall zur Sprache kam, sieht die Situation jedoch genau umgekehrt aus: Hier wird den wissenschaftlich-technischen Angstellten und ihren Interessenvertretern Gleichgültigkeit gegenüber den Problemen im gewerblichen Bereich vorgeworfen und mit einem vermuteten 'Standesdünkel' der Ingenieure in Zusammenhang gebracht.

Die Spiegelbildlichkeit in den Selbst- und Fremdeinschätzungen der jeweiligen Gruppen läßt – über die reale Interessendifferenzierung hinaus – auf sozialpsychologische Mechanismen schließen, mit deren Hilfe subjektive Konflikte zwischen der beruflichen und politischen Identität bearbeitet werden: Ist die Welt des Ingenieurs nur weit genug von der Welt der Arbeiter entfernt, wozu die innerbetriebliche *Politik der feindlichen Interessenorganisationen* das ihre dazu beiträgt, bleiben die Grenzen der Verantwortung auf die Bereiche im Betrieb beschränkt, deren technische Modernisierung man als Ingenieur befürworten und als Ingenieur-Betriebsrat politisch mit verantworten kann.

Teil 2

Humane Technikgestaltung.
Eine politisch-kulturelle Aufgabe

In diesem Teil wird das Verhältnis von technischem Fortschritt und Verantwortungsbewußtsein unter sozialpsychologischer, organisationspsychologischer und politisch-historischer Fragestellung diskutiert. Dabei werden die in den Gesprächsrunden von Ingenieuren entwickelten Vorstellungen zu konzeptionellen Überlegungen in Beziehung gesetzt, wie sie gegenwärtig im Interesse einer verantwortbaren Technikentwicklung auch öffentlich diskutiert werden.

Der besondere Schwerpunkt unserer Argumentation ergibt sich aus der Frage, welche Kompetenzen Ingenieure – ihrem eigenen Selbstverständnis nach – hier einbringen können.

Die Moral des Ingenieurs und die Ethik technischen Handelns – sozialpsychologische Überlegungen zur Gestaltbarkeit der Technik durch den Wandel kultureller Werte

Birgit Volmerg

Wer im Feld der 'Technik' von Moral spricht, scheint in die falsche Abteilung geraten. Im gesellschaftlichen Betrieb wird Moral gemeinhin der Sphäre des Privaten zugerechnet; im politischen, wirtschaftlichen und technischen Bereich spricht man von Verantwortung. Der Begriff der Verantwortung zeigt an, daß in den nicht-privaten Abteilungen der Gesellschaft Handeln ganz anderen Imperativen verpflichtet ist als denen, die im menschlichen Zusammenleben als gut oder böse, moralisch oder unmoralisch gelten. Solche Imperative, besonders für Technik und Wirtschaft, werden uns über die Medien, in denen die Verantwortlichen zu Wort kommen, täglich vermittelt. Sie heißen: *Konkurrenzfähigkeit und Schritthalten mit der Technikentwicklung – bei Strafe des Untergangs!*

Wie man sieht, geht es auch im ökonomischen und technopolitischen Handeln nicht ohne Strafe ab, doch die droht nun gerade, falls moralische Bedenken und soziale Pflicht notwendige Innovationen verzögern oder gar verhindern würden.

In der Sphäre der Technik steht das Reden von Moral prinzipiell unter Vorbehalt. Dies gilt gerade auch für die an den verschiedensten gesellschaftlichen Orten laut werdenden Forderungen nach einer neuen Technikethik.

Die von einer Minderheit erhobene Forderung nach Einschränkung und Begrenzung einer sich verselbständigenden Technikentwicklungsdynamik (Illich 1975; Ullrich 1979; Kubicek, Rolf 1985) wird im Namen kultureller Werte erhoben (Jonas 1979; von Weizsäcker 1986), die jener dem gesellschaftlichen Betrieb abseitigen Sphäre entstammen, in der Menschen sich nicht primär als Träger gesellschaftlicher Funktionen und Rollen begegnen, sondern als Personen. In dieser Welt scheint aufbewahrt, was im zweckrationalen Zusammenwirken von wirtschaftlicher, technischer und politischer Macht verlorengeht: die moralisch-ethische Legitimation des Handelns. Vom Standpunkt der Lebenswelt lassen sich moralische Ansprüche an Wirtschaft und Politik daher nicht einfach als *Moral am falschen Platz* zurückweisen, wie das in einer ideologiekritischen Haltung naheliegen mag. Dies würde nur unsere eigene Identifiziertheit mit jenen Axiomen der technischen

Zivilisation bestätigen, die Fragen des guten und gerechten Zusammenlebens aus der Rationalität systemischen Funktionierens ausklammern.

Es soll daher im folgenden darum gehen, den Zusammenhang der Sphären und den konkret-praktischen Stellenwert des Persönlichen und der Moral im Feld der 'Technik' näher zu beleuchten. Dabei scheint gerade die Unvereinbarkeit der Sphären selbst ein moralisches Problem für jene, die die Akteure der Technik sind. Dies war nicht immer so. Berufliche Identität und persönliches Selbstverständnis der Technikakteure zeigen Anzeichen einer Entzweiung verstärkt in jüngster Zeit. Um diese Anzeichen genauer zu ergründen, sollen zunächst unsere Forschungserfahrungen im Dialog und der Interaktion mit Ingenieuren zur Diskussion gestellt werden. Auf diesem Hintergrund stellt sich dann die Frage, welche Möglichkeiten für die Person in ihrer beruflichen Identität bestehen, moralisch-ethischen Vorstellungen zu folgen. Daraus werden Schlußfolgerungen gezogen, unter welchen kulturellen Voraussetzungen soziale Ziele für Technikgestaltung höhere Priorität gewinnen können.

Technik und Moral in der Begegnung mit Ingenieuren – Ein interaktionsanalytisches Verständnis der Forschungsgespräche

In unserem Selbstverständnis als Forschungsteam zählen wir uns zu der Seite der Kritiker eines ungezügelten technischen Fortschritts. Wir waren (und sind) der Überzeugung, daß eine Reflexion und Diskussion möglicher Gefährdungen durch Technik Ingenieuren Wege für einen sozial verantwortlicheren Umgang eröffnen könnten. Daran wollten wir uns aus der Perspektive unserer Wissenschaft beteiligen.

Es ging uns dabei vor allem um den persönlichen Umgang mit Technikverantwortung. Wir wählten diesen Einstieg, weil wir annahmen, daß die Ziel- und Wertorientierungen technischen Handelns schwerlich allein immanent im Rahmen beruflicher Handlungslogik thematisierbar sein würden. Das setzte aber auch unsererseits einen persönlichen Zugang voraus, wie wir ihn dann in der Form der Gesprächsrunden verwirklichen konnten. Bis wir zu einer solchen Verabredung mit den Ingenieurgruppen unserer Untersuchung kamen, waren allerdings Hindernisse auf beiden Seiten zu überwinden. Sie machten sich regelmäßig bei unserer ersten Kontaktaufnahme an Kompetenzfragen fest.

Von Ingenieurseite war es jedenfalls nicht schwer, uns – trotz intensiver inhaltlicher Vorbereitung – der Ungenauigkeit und der Unwissenheit im Gebrauch technischer Begriffe und Termini zu überführen. Wir kamen uns stellenweise regelrecht examiniert vor. Und „verloren" hatten wir von vornherein, wenn wir uns auf die Prüfung – auf das Rechten um Begriffe – einließen. Hier erwiesen sich Ingenieure als die überlegenen Kenner ihrer Materie.

Das Spiel lief aber auch umgekehrt, nämlich dann, wenn es uns Forscherinnen gelang, den Gegenstand der Diskussion auf das Feld der eigenen sozialwissenschaftlichen Kompetenzen zu verlagern. Dann war die Sache an uns, in der für den sozialwissenschaftlichen Diskurs typischen wortreichen Art zu argumentieren. Wir redeten dann immer mehr, und unsere Ingenieurgesprächspartner, die wir zur aktiven Beteiligung an unserem Projekt gewinnen wollten, zogen sich – teils mit unmißverständlichen Bekundungen des Strapaziertseins, teils mit abwesendem Gesichtsausdruck – immer mehr zurück. In den Anfängen der Kontaktaufnahme schien es so, daß jede Seite dort Terrain für sich gewinnen wollte, wo sie sich selbst überlegen und sicher und mit den eigenen Wertvorstellungen im Einklang fühlte.

Mit der Überlegenheit, die professionelles Wissen verleiht und der Ohnmacht, die durch das Wissen anderer entsteht, hatten wir unmittelbar zu tun. Die Bearbeitung von Fragen der Verantwortung in der Technikentwicklung und die Diskussion der Werthaltungen verlangen indes andere Interaktionsvoraussetzungen. Sie sind nur durch Annäherung herstellbar. Auf beiden Seiten gab es jedoch gewichtige subjektive Gründe, Nähe zu vermeiden. Solche Gründe sind in dem Stichwort *Sozialwissenschaftlerin* zu suchen. Es beinhaltet so ziemlich alles, was in das an naturwissenschaftlicher Exaktheit, Objektivität und Neutralität ausgerichtete Ingenieurdenken nicht hineinpaßt: das sind der gesellschaftskritische Anspruch, die Vagheit der sozialwissenschaftlichen Begriffe und dazu die mit dem weiblichen Geschlecht verbundene Emotionalität und Verbindung zur Lebenswelt. Eingewöhnte Trennungen werden durch die Anwesenheit von Weiblichkeit in der Männerwelt der Ingenieure thematisch: die Trennung von Sexualität und Professionalität, von Privatleben und Beruf, von Lebenswelt und Technik und von Moral und Verantwortung. Insofern ist der verantwortliche und vor sich selbst moralisch gerechtfertigte Umgang mit Technik auch daran abzulesen, wie sich unsere Ingenieurgesprächspartner zu dem in unserer Person verkörperten Anliegen verhalten.

Der Anspruch, die getrennten Bereiche zusammenzusehen, wurde durch unsere Diskussionsleitung und durch gründliche Themenvorbereitung[1] unterstrichen. Dabei läßt sich diese methodische Vorplanung der Gespräche im Nachhinein als ein Kompromiß verstehen, auch die eigene professionelle Identität vor zuviel Annäherung zu schützen.

Die Spannung zwischen den Geschlechtern erzeugte jedoch nicht nur vorbeugende Schutzmaßnahmen. Annäherungstendenzen und wechselseitige Neugier waren mindestens ebenso vorhanden. Vermutlich war diese Neugier letztlich ein wesentliches Motiv für die Bereitschaft der Ingenieure, Diskussionsverabredungen mit uns zu treffen. Dazu kam eine geschlechts-

---

[1] Vgl. dazu die Einleitung und das Kapitel „Die methodische Anlage der Untersuchung", in Teil III.

rollenbedingte Zuständigkeit für *soziale Fragen*, die man uns Frauen gerne zubilligte. So schien das Terrain vor den Gefahren der Diffusion gesichert, um sich auf ein Abenteuer einlassen zu können.

Es soll nun näher auf unsere Interaktionserfahrungen mit drei Ingenieurgruppen eingegangen werden. Die erste Gruppe setzt sich aus Ingenieuren verschiedener Firmen und Forschungsinstituten zusammen, die in einem staatlich geförderten Verbundprojekt neue Computerprogramme für die Produktion entwickelt. Ausgangspunkt ist dabei die Facharbeit in der Werkstatt. Mit Hilfe einer abteilungsübergreifenden einheitlichen Computer-'Bediensprache im Dialog' soll die Arbeit in der Werkstatt (das Programmieren und Fertigen von Teilen) nicht nur rationeller und störungsfreier, sondern auch für andere betriebliche Abteilungen kontrollierbarer und verfügbarer werden. Die technischen Mittel dazu sind Informatisierung und Standardisierung des Erfahrungswissens der Arbeitenden.

Diese kurzen Hinweise müssen genügen, um zu verdeutlichen, daß diese Ingenieurgruppe aktuelle und brennende Probleme des Standes der technischen Entwicklung zu lösen versucht. Die staatliche Förderung zeugt hier – über einzelwirtschaftliche Ziele der beteiligten Firmen hinaus – von einem Projekt in volkswirtschaftlichem Interesse. Mit einer solchen Entwicklergruppe ins Gespräch zu kommen, war für uns natürlich erstrebenswert: hatten wir doch hier die Chance, mit Ingenieuren wirklich an der *Spitze der technischen Entwicklung* zu diskutieren, an der sich die Frage der Verantwortung besonders dringend stellt. Die Bedeutsamkeit dieser Position wurde uns denn auch hautnah an den außerordentlichen Umständen klar, unter denen Forschungsgespräche mit diesen Ingenieuren stattfanden. Ein eigenes Treffen – wie sonst – war hier von vornherein ausgeschlossen. Dazu war die Zeit zu kostbar. Im Anschluß bzw. während der turnusmäßigen Präsentation der Entwicklungsarbeiten – in Form einer kleinen Demonstration der Software – ließen sich, so wurde uns bedeutet, Gespräche aber wohl einrichten.

Wir hatten uns sehr in die technischen Ziele und sozialen Implikationen dieses Projekts eingearbeitet, so sehr, daß wir von unserem „Programm" abwichen, um uns ganz auf diese Entwicklergruppe einstellen zu können. Auch hinsichtlich der Zeitdauer kamen wir der Gruppe entgegen. Zwei bis drei Stunden – im Vergleich zu sonst einem Tag – glaubten wir den Teilnehmern zumuten zu können. Subjektiv waren wir daher nicht wenig enttäuscht, daß diejenigen, die sich auf die Verabredung eingelassen hatten (das waren von den ca. 20 Ingenieuren 6), in keiner Weise sich an deren Regeln gebunden fühlten. Ihr Verhalten schien vielmehr im Gegenteil darauf angelegt, die Regeln systematisch zu durchbrechen. Dies machte sich in einem regen Pendelverkehr bemerkbar zwischen dem Ort, an dem die Computer mit der neuen Software standen und an dem offenbar Wichtiges geschah und unserem Diskussionsraum. Es wurde verhandelt und telefoniert, präsentiert, informiert und beraten, zwischendurch schaute man auch bei uns mal hinein. Solche Geschäftigkeit machte unsere Bemühungen um Kontinuität und persönliche Betroffenheit in der Diskussion vollständig zunichte. Wir fühlten unser Projekt entwertet und beiseitegestellt; ein lästiges Anhängsel, das man noch irgendwie unterbringen muß, weil zum sozialen Produktimage auch die „Bedienerfreundlichkeit" gehört.

Anwesend waren die beteiligten Ingenieure nur in ihren Funktionen. Und da spielte es eben überhaupt keine Rolle, ob statt des einen – sozusagen im fliegenden Wechsel – ein anderer Ingenieur mit uns das Gespräch fortsetzte, ober statt 6 – wie beim ersten Gespräch – plötzlich 17 beim zweiten Treffen uns gegenübersaßen. Der nachhaltigste Eindruck, der sich uns von diesen Umständen eingeprägt hat, ist die zeitliche und räumliche Abwesenheit des Individuellen und die Zurückweisung jeglicher persönlicher Verbindlichkeit. Solche Ansprüche, Vorstellungen oder gar Wertmaßstäbe waren vielmehr etwas, was nicht hergehörte, von dem man sich tunlichst distanzierte.

Auf der Beziehungs- wie auf der sachlichen Ebene standen die Haltungen dieser Ingenieure in krassem Gegensatz zu unseren eigenen in der Diskussion vertretenen Standpunkten. Unsere Anfrage, ob die besonderen Eigenschaften und langfristigen Wirkungen der Informationstechnik neue Fragen an die Ingenieurverantwortlichkeit aufwerfen, wurde definitiv verneint. Schon immer habe neue Technik das Erfahrungswissen und Können der Menschen aus früheren Epochen überflüssig gemacht und schon immer hätten die Menschen sich an diesen Prozeß anpassen müssen. Die zunehmende 'Mächtigkeit' der technischen Mittel sei daher etwas ganz Normales und Natürliches, ja gerade das hohe Ziel der technischen Entwicklung, dem man sich als Ingenieur verschrieben habe. Diese Anschauung kommt in dem folgenden Diskussionsbeitrag eines Ingenieurs gut zum Ausdruck.

„Und folglich wird das Ziel für uns auf technischer Seite natürlich immer das hohe Ziel sein. Alles, was technisch möglich ist, auch zu realisieren, Sensoren reinzupacken, Überwachungsstrategien zu entwickeln und dann derartige Anlagen bereitzustellen ... Ich glaube, in jedem von uns ist der Wunsch drin, irgendwo nach höherer Leistung. Ob das ein Sportler ist, der möchte ja auch besser, schneller sein als derjenige, der vor ihm ... Und so glaube ich auch, daß wir irgendwo den Anspruch haben ... daß wir's doch einfacher, leichter, schöner haben, und um das zu erreichen, schaffen wir uns Hilfsmittel. Und wie gesagt, die Hilfsmittel, die versuchen wir Techniker dann auch wieder zu verbessern, leistungsfähiger zu machen und versuchen dann auch, halt ja wirklich elegante, noble Lösungen zu finden ..."

Der Ingenieur stellt leistungsfähige, funktionstüchtige, bessere und schnellere Hilfsmittel bereit, mit welchem Ziel und zu welchem Zweck diese Hilfsmittel angewendet werden, ist nicht seine Sache. Das Problem der bereits in den technischen Funktionen der Produkte eingebauten Mißbrauchsmöglichkeiten und Risiken wurde in der Diskussion von einigen zwar thematisiert, als ein Problem der Ingenieure wurde es jedoch in der Diskussion zurückgewiesen.

Solche Möglichkeiten seien vom Ingenieur weder gewünscht noch beabsichtigt und daher von vornherein aus seinem beruflichen wie aus seinem persönlichen Verantwortungsbereich ausgeschlossen. Im übrigen werde der automatische Regelprozeß des Marktes schon dafür sorgen, daß untragbare Störungen und Fehlentwicklungen vermieden werden. „Ich glaube" – sagt dazu ein Ingenieur –

„daß es da so einen plötzlichen Absturz nicht gibt. Das wird man vorher schon feststellen, daß es da irgendwo bröckelt und dann geeignet gegensteuern ... Dann wird wieder ein naturgemäßer Regelprozeß in Gang kommen."

In geradezu idealtypischer Form begegneten wir in der Diskussion der Vorstellung von Technik als einem quasi naturwüchsigen evolutionären Prozeß. An der Gültigkeit einer solchen evolutionären Dynamik für die Entwicklungspraxis änderten die in der Diskussion auch vorhandenen nachdenklicheren Stimmen nichts. Zugleich machten wir Bekanntschaft mit der psychologischen Seite dieser Dynamik. Die immer höheren Leistungen des Ingenieurs werden ja auch deshalb so emphatisch vertreten, weil man in ihnen dem Schicksal der Veraltung entgeht. Für das Berufsideal des Ingenieurs besteht die größte Gefahr, auf einem Zweig zu sitzen, den die technische Evolution längst abgestoßen hat. Deshalb ist das erste Gebot: *Flexibel sein!* Und das zweite: *Altes vergessen, um Platz für Neues zu schaffen!* Das dritte Gebot geht aus den beiden ersten hervor. Man kann es so formulieren: *Schütze dich vor persönlichen Bindungen an die einmal gefundene technische Lösung in deiner Arbeit!* Der Bemächtigung durch Technik läßt sich nur dadurch entgehen, daß man in der technischen Entwicklungsspirale, in der man sich dreht, keinen emotionalen Widerstand bildet. Sonst fällt man ab und zurück ins Mittelfeld oder wird gar selbst Opfer technischer Rationalisierung. Emotionale Widerstände würden aber entstehen, wenn man anfinge, sich über Ziele und Zwecke technischer Entwicklungen Gedanken zu machen, weil man sich selbst in seiner Arbeit betroffen fühlte oder andere durch sie betroffen wären. An der Spitze der technischen Entwicklung haben Ansprüche des persönlichen Gewissens und soziale Wertmaßstäbe keinen Platz – sonst entsteht nichts Neues.

Die zweite Ingenieurgruppe – im Rahmen dieser Interaktionsanalyse – ist ebenfalls in der Entwicklung von Kommunikations- und Informationstechnik tätig. Auch sie bearbeitet ein Projekt in volkswirtschaftlichem Interesse. Es geht um den Ausbau des Telefonnetzes zu einem auf digitaler Vermittlungstechnik basierenden umfassenden Kommunikations- und Informationssystem. Dieses unter dem Kürzel ISDN geplante System soll zukünftig in sehr viel größerem Ausmaß als bisher menschliche Kommunikation elektronisch ersetzen und transportieren.[2] Durch die Vermittlung

---

2 Zum Problem der 'Integrierten Netze' vgl. Herbert Kubicek & Arno Rolf

von Sprache, Daten, Bilder, Ton und Informationsverarbeitung über den Telefonanschluß ergeben sich neue zeitlich und räumlich nicht gebundene Verkehrs- und Interaktionsformen im privaten wie im öffentlichen Bereich. Auch diese Gruppe von Ingenieuren kann man also an der *Spitze der technischen Entwicklung* sehen. Im Unterschied zur Entwicklungsarbeit der ersten Gruppe handelt es sich hierbei jedoch um ein großtechnisches Projekt[3], das in mehreren großen Konzernen angesiedelt ist.

Von den acht Ingenieuren, die für unsere Forschung Interesse zeigten, waren die meisten in der Gewerkschaft und teilweise auch als Betriebsräte aktiv. Von daher war bereits institutionell eine Schiene vorhanden, die zu unserer Frage nach der Veträglichkeit der neuen Technologien mit menschlichen Bedürfnissen paßte (Senghaas-Knobloch, Volmerg 1987).

Auf dieser Schiene verstanden wir uns mit den Ingenieuren prächtig. Rationalisierungsfolgen und Risiken wurden diskutiert und das nicht nur für die Arbeit anderer, sondern auch für die eigene Entwicklerarbeit an Computern in Verbindung mit den hocharbeitsteiligen Aufgaben des großtechnischen Projekts. Der Verlust an Erfahrungswissen und die mangelnde Durchschaubarkeit der technischen Hilfsmittel waren für diese Ingenieure ein Grund des Bedauerns und der Kritik. Diese Merkmale ihrer Arbeit mit Informationstechnik gaben ihnen nicht nur in ihrem Selbstverständnis als Arbeitnehmer zu denken, sie beunruhigten sie mehr noch in ihrem Selbstverständnis als Ingenieur. Ingenieure, die für die Funktionstüchtigkeit und Sicherheit der Anlage verantwortlich sind, sehen sich angesichts der Komplexität des Systems vor den Grenzen der Testbarkeit. Was angesichts der vergleichsweise begrenzten informationstechnischen Integration auf der Ebene des Betriebs von der ersten Entwicklergruppe verworfen wurde, taucht hier als Schreckgespenst am Horizont der Diskussion auf: der Absturz, der Systemzusammenbruch mit weitreichenden Folgen für die vernetzte Gesellschaft.

Das Thema „technische Sicherheit" ist genuiner Bestandteil der Ingenieurberufs-Ethik. Und so schwierig es auch scheinen mag, bei immer komplexer werdenden Systemen, diese Sicherheit zu garantieren, wird von den Ingenieuren in der Diskussion doch die Erwartung geäußert, diese Probleme – das lehrt die Geschichte – technisch in den Griff zu kriegen.

Was jedoch nicht technisch in den Griff zu kriegen ist, sind die gesellschaftlichen und kulturellen Folgen, die der umfassende Einsatz der Kommunikationstechnik impliziert. Neben Gefährdungen, die das Kontroll- und Rationalisierungspotential dieser Technik betreffen, sehen die Beteiligten das schwerwiegendste Problem in der Ersetzung der menschlichen Kommunikation durch elektronische. 'Kommunikationstechnik tötet Kommuni-

---

(1986); Informatikspektrum (1987) und Eva Senghaas-Knobloch & Birgit Volmerg (1987).
3 Strukturmerkmale und Risiken der 'Großtechnik' werden analysiert von Klaus Traube (1978).

kation', das ist die These, die diese Ingenieure aufstellen. Die Folgen für die Qualität der menschlichen Beziehungen sind gar nicht abzusehen.

Mit dieser weitreichenden Technikkritik der Ingenieure sahen wir uns in unserer eigenen kritisch-sozialwissenschaftlichen Haltung sehr bestärkt. Hier fühlten wir uns weder in unserer Person noch in unserem Anliegen abgewertet. Fast hatten wir den Eindruck, daß man in uns die Zuhörerinnen suchte, um Sorgen und Bedenken, die in der Ingenieurwelt keinen Ort haben, zu diskutieren.

Aber warum haben sie dort keinen Ort? Sollten sie nicht vielmehr gerade dort einen Ort haben, damit eine andere Technik möglich wird? Diese Frage drängte in der Diskussion nach Beantwortung und brachte einen Gewissenskonflikt zum Vorschein, für den die folgende Formel gefunden wurde: 'Als Ingenieur sage ich 'ja', als Mensch sage ich 'nein' zu Informations- und Kommunikationstechniken'. In die Ingenieurseite läßt sich demnach die Menschseite nicht integrieren, und dies nicht nur, weil äußere, ökonomische Zwänge den Ingenieur zur Entwicklung einer menschenfeindlichen Technik treiben. Denn ohne die Ideen von Ingenieuren, da ist man sich in der Runde einig, könnten Unternehmer ihre Produktziele gar nicht definieren. Das war und ist auch bei der Formulierung der Entwicklungsziele für das eigene großtechnische ISDN-Projekt nicht anders. „Man hat" – so schildert es ein Ingenieur –

> „irgendwie einen Kundenwunsch im Kopf, und jetzt fängt man an zu entwickeln und während der Entwicklung baut man immer wieder Anwender(Kunden)wünsche hinein, die man selbst produziert – der Entwickler produziert diese Wünsche ... Wir haben irgendwann mal zu der Post gesagt, vielleicht könnten wir demnächst Bildschirme dranhängen. Die Post kriegt das in ein Ohr geflüstert und stellt es dann als Forderung."

Das Motiv des sozialen Nutzens, das den Entwicklerideen zugrundeliegen soll, ist den Beteiligten suspekt. Es ist nicht der soziale Nutzen, der die wesentliche Rolle spielt – daran denkt der Ingenieur gar nicht. Von sich selbst wissen diese Ingenieure, daß es 'Spaß macht, was Neues zu erfinden'. Es ist – so wird selbstironisch bemerkt – die 'Entwicklergeilheit', die dazu treibt, technisch immer mehr zu machen.

Die Lust an der technischen Entwicklung wollen auch diese Ingenieure sich nicht abgewöhnen. Das macht angesichts der sozialen Folgen Schuldgefühle, die bewältigt werden müssen. Eine Form dieser Bewältigung bestand in der negativen Stilisierung des Ingenieurbildes, von dem man sich persönlich und menschlich mit Hilfe der beiden Forscherinnen in der Diskussion zu distanzieren suchte. Wie aus der Stelle der Diskussion, die nachfolgend zitiert wird, hervorgeht, erwartete man von uns Bestätigung für das Recht, den Ingenieurstand als menschlich defizitär zu verdammen.

> „Sie müssen das doch merken, wenn sie mit Ingenieuren zu tun haben ... wie introvertiert die sind, wie schwer die es haben, Kontakte zu knüpfen ... Sie

haben die sozialen Fähigkeiten in einem weit höherem Maße als viele, viele Ingenieure, die nix anderes tun als den lieben langen Tag vor dem Kasten sitzen ...
Der programmierte Absturz."

In der aktuellen Situation wußten wir nicht recht, was solche Angebote bedeuten sollten. Im Nachhinein stellen sie sich mir als eine psychologische Strategie der Gewissensentlastung dar, in Abwandlung des bekannten Mottos: 'Ist der Ruf erst ruiniert, entwickelt man weiter ungeniert'. Aktuell kamen wir in die Situation, den Ingenieurberufsstand vor der entwertenden Kritik seiner eigenen Mitglieder in Schutz nehmen zu müssen. Denn wir wollten ja mit dem 'menschlichen Ingenieur' reden und konnten infolgedessen nicht zulassen, daß sein Bild der menschlichen Züge beraubt wurde und statt dessen die Züge einer defekten Maschine annahm. Dies hätte uns unsererseits die Legitimation entzogen, in der Sphäre der 'Technik' überhaupt Sinn- und Wertfragen zu stellen.

Der Versuch dieser Ingenieure, den eigenen Gewissenskonflikt durch Spaltung und projektive Entwertung der Berufsidentität zu lösen, erzeugte auch bei uns Gewissenskonflikte und Spaltungstendenzen. Wir teilten uns auf in eine Seite, die die Ingenieure in Schutz nahm, indem sie auf die ökonomisch-gesellschaftlichen Zwänge verwies, und in eine andere Seite, die den Anspruch erhob, daß Ingenieure doch persönlich etwas tun könnten. Es blieb uns nicht lange verborgen, daß diese Frage letztlich ein zentrales Problem unserer eigenen Forschungsethik berührte. Denn wenn es zutreffen sollte, daß der industrielle Trend zur Kommunikationstechnik von vornherein mächtiger sein sollte als alle Bemühungen, dieser Entwicklung eine andere Wendung zu geben, würden wir als Sozialforscherinnen ja tatsächlich nichts anderes betreiben als Akzeptanzforschung für 'kommunikationstötende' Technik.

Sich mit solchen, gegen die eigenen guten und kritischen Absichten wirkenden Bemächtigungstendenzen konfrontiert zu sehen, macht ratlos und hilflos. Das Gegenbild einer humanen Technik erscheint wie eine Illusion, aus deren Erwachen um so größere Enttäuschung folgt. Von dieser Enttäuschung hatten wir bei unserem zweiten Treffen viel zu spüren bekommen. In der Form von Ironie und Sarkasmus verwahrte man sich gegen die Verführung, eine Integration von technischer Macht und menschlicher Moral im Dialog mit uns für möglich gehalten zu haben. Die Lähmung, die die Erfahrung und das Sichbewußtwerden der Unvereinbarkeit mit sich bringt, wurde besonders deutlich in der Diskussion über eine politische Begrenzung des ISDN-Produkts. Die in das Gespräch eingeworfene Idee eines „Schwarzbuchs zu ISDN" auf der Basis kompetenter Urteile der Ingenieure schien – selbst unter der Voraussetzung der Anonymität, wie sie eine gewerkschaftliche oder berufsverbandliche Stellungnahme ermöglichen würde – so problematisch, daß Vorschläge und Ideen zu seiner Ausgestaltung nicht zur Sprache gebracht wurden. Der in dem Vorschlag implizit enthaltene Anspruch einer Begrenzung der informationstechnischen Entwicklung und der Einsatzfelder rührt an existenzielle soziale und berufliche Interessen des Ingenieurs, die unaufgebbar scheinen. Um nicht über Grenzen in der Entwicklung von Informations- und Kommunikationstechnik ernsthaft nachdenken zu müssen, wurde an dieser Stelle eine Grenze in unserer Verständigung aufgebaut.

Die dritte Ingenieurgruppe, auf die ich eingehen möchte, ist mit informationstechnischen Entwicklungsaufgaben befaßt, die nicht an der „Spitze des technischen Fortschritts" lokalisierbar sind. In ihrer Ingenieurarbeit geht es um die Entwicklung, Anpassung und Prüfung von Programmsystemen oder um Konstruktion. Dazu sind Computer die unverzichtbaren und zugleich vorherrschenden Arbeitsmittel. Kontakt nahmen wir zu diesen Ingenieuren über die Vermittlung der Gewerkschaft (IG Metall) auf. Was sie als Gruppe zusammenführte, war nicht die Anstellung in einer Firma oder die gemeinsame Arbeit an einem Produkt. Ihre Verbundenheit begründete sich teils aus der Strukturähnlichkeit ihrer Arbeitserfahrung mit Computern, teils aus ihrer politischen Nähe zur Gewerkschaft.

Für uns, die wir Fragen der sozialen Verantwortung des Ingenieurs in der Technikentwicklung diskutieren wollten, ergab sich daraus eine ganz andere Ausgangslage als bei den zuvor geschilderten Gruppen. Der Ansatz an der beruflichen Verantwortung schien gegenüber Ingenieuren, die sich vornehmlich als „Opfer" der technischen Entwicklung begriffen, unangemessen. Ob man als Ingenieur Einfluß auf die Gestaltung technischer Produkte habe, wurde denn auch von den meisten in der Gruppe rundweg verneint. Zu den „Karrieristen ohne soziales Gewissen", denen man einen gewissen Einfluß und Verantwortung durchaus zubilligte, wolle man nicht gehören. Auf unsere Frage

„Wo wäre denn dann, gäbe es denn noch einen beruflichen, ich sage jetzt mal: einen ingenieurmäßigen Ansatz, Einfluß zu nehmen, oder was könnte der Einstieg sein, oder gibt es den gar nicht?"

antwortet ein Ingenieur aus der Gruppe:

„Einzelne, einzelne gibt es immer. Es gibt immer Spezialfragen, Spezialaufgaben ... Und wenn jetzt einer merkt, das ist interessant, das geht weiter, daß er sich vordrängelt ... der wird dann also auch geschickt ... der fährt auf Tagungen und macht da vielleicht was locker und da gibt es Möglichkeiten ... dann kann er dieses Projekt in die Hand nehmen ... Der ist auch der Kontrolle natürlich noch mehr enthoben, weil er sozusagen risikobehaftete Dinge macht, der probiert ... Ich hab' mich sozusagen abgefunden mit meiner Rolle, aber ich würde mir auch überlegen, ob ich die Belastung von so einem, der sich nun vorgedrängelt hat, übernehme."

Die persönlichen Kosten der Verwirklichung des Ingenieurideals – den Kampf an der „Spitze" gegen eigene Beharrungstendenzen wie gegen konkurrierende Mitstreiter – möchten diese Ingenieure nicht tragen. Das negativ eingefärbte Ingenieurbild, dem wir auch in dieser Gruppe begegneten, konzentriert sich hier auf den Aspekt des unkollegialen „Ellenbogenverhaltens", demgegenüber in der Gruppe die Solidarität der Arbeitnehmer hervorgehoben wird.

Sich primär als Arbeitnehmer zu verstehen hat, wie wir in der Diskussion erfahren konnten, nicht nur Folgen für das berufliche Selbstbild, sondern bedeutet auch einen anderen Umgang mit der Gestaltungsfrage, an der uns Forscherinnen besonders lag. Was das berufliche Selbstbild betrifft, hatten sich die meisten in der Gruppe auf dem Hintergrund ihrer Erfahrung in abhängigen und rechnerdominierten Arbeitsverhältnissen von den „Illusionen des Ingenieursberufs" verabschiedet. Die wenigen Ingenieure in der Gruppe, die an dem selbstgesetzten Anspruch des Ingenieurs, sich immer neuen, verantwortungsvollen und interessanten Aufgaben zu stellen, festhielten, schienen angesichts der versammelten negativen Erfahrungen die Folgen der technischen Entwicklung auch für die eigene Arbeit noch nicht erkannt zu haben. Über im Computerisierungsprozeß erlebte Einschränkungen, Belastungen, Kontrollen, Dequalifizierungserfahrungen, Gefühlen der Ohnmacht, der Bedrohung und der Resignation war in der Diskussion viel die Rede, und was an weitestgehendster Restriktion vorgebracht wurde, galt als Merkmal, das früher oder später allgemein für die Ingenieurarbeit gelten würde. Und selbst uns, die diese Bedrohungsanalysen hörten und dazu ja auch aufgefordert hatten, fiel es schwer, gegen die passive Grundstimmung anzugehen. Die Wahrnehmung in jedem Fall Objekt und Opfer technischer Rationalisierung zu sein, schien Aktivitäten in Richtung auf die Gestaltung informationstechnischer Systeme von vornherein auszuschließen. Vordringlich war hier vielmehr der Schutz, um die Kompetenzen und Freiräume in der Arbeit zu bewahren, die durch immer mächtigere, komfortablere und kompatible informationstechnische Systeme verloren zu gehen drohen. Das Schutzbedürfnis begründete dementsprechend auch die Zuwendung und den Eintritt in die Gewerkschaft, von der Vertretung im eigenen Interesse erwartet wurde.

Die passive Vertretungserwartung konfrontierte uns mit emotionalen Widerständen, die wir in der Gruppe der sich als innovativ und flexibel verstehenden Ingenieure nicht erlebt hatten: die persönlichen Kosten der Anpassung an den jeweils neuesten Stand der Technik schienen dort eine Herausforderung, die man annahm. Ganz anders in dieser Gruppe der „Betroffenen". Die Grenzen der persönlichen Anpassung und die Bindung an erworbenes Wissen und Können wurden deutlich gegen die Technikentwicklung artikuliert.

Für uns, die wir bisher stets dieses soziale Anliegen vertreten hatten, ergab sich daraus eine überraschende Verkehrung der Rollen in der Diskussion. Wir fanden uns in unserer auf die gestaltende Aktivität des Ingenieurs setzenden Argumentationsweise unversehens auf einer Seite wieder, die im Erfahrungskontext dieser Gruppe gerade nicht soziale Ansprüche zu vertreten vermag. Auf der Seite der Akteure zu sein, machte uns nun das Unbehagen, das wir sonst eher bei unseren Ingenieur-Gesprächspartnern bemerkt hatten. Denn uns wurde klar, daß unserem eigenen Anliegen Ingenieure, die an dem innovativen Berufsideal festhielten, näherstanden als die, die sich davon verabschiedet hatten: An die „Opfer" der technischen Entwicklung läßt sich die Frage der Verantwortung kaum stellen. Und genauso wenig scheint die Erwartung angemessen, selbst dazu beizutragen, negative Auswirkungen des Technikeinsatzes zu verändern.

In der Diskussion waren wir mit passiven Schutz- und Sicherheitsbedürfnissen konfrontiert, die eigentlich an die Gewerkschaft gerichtet waren. Wir versuchten uns dagegen mit jenem abgelehnten innovativen Anteil der Ingenieuridentität zu verbünden und ermutigten dazu, sich Gedanken über Alternativen in der technischen Gestaltung der Systeme zu machen. Das führte stellenweise zu einer absurden Situation, in der wir Sozialwissenschaftlerinnen die soziotechnischen Expertisen und Alternativen einbrachten, die wir eigentlich von den beteiligten Ingenieuren erwartet hätten. Auf diese Weise bestätigten wir zwar nicht direkt die sozialen Schutzbedürfnisse, doch stützten wir auf andere Weise die verunsicherte Ingenieuridentität, insofern es von unserem Engagement abhängig blieb, wie stark sich diese Ingenieure für die Frage der Technikgestaltung gewinnen ließen.

Inhaltlich machte sich der Zwiespalt, der in dieser gewerkschaftlichen Ingenieurgruppe (der IG Metall) entstand, an der Frage der Mitwirkung für eine aktive Systemgestaltung durch die betroffenen Ingenieure fest. Aus Ingenieursicht wäre ein technisch leistungsfähigeres, komfortableres und kompatibles informationstechnisches System als Arbeitsmittel wohl zu wünschen, aus Arbeitnehmersicht fürchtete man damit, an der Einsparung von Arbeitsplätzen bzw. an seiner eigenen Ersetzbarkeit mitzuarbeiten. Der folgende Diskussionsabschnitt dokumentiert diesen Konflikt.

L „Wir haben ja doch irgendwo ein gemeinsames Interesse ... Und da bin ich ganz dagegen, daß man sozusagen die Sichtweise des Unternehmens anwendet ... Ich möchte mal ein Beispiel nehmen ... Wenn es also einen Engpaß gibt an der Maschine, an den Terminals, und man fordert mehr Terminals und bessere, dann kommt man nicht raus. Ich hab' das selber gemacht, ich Idiot ... noch mehr Entwicklungssysteme gefordert ... die haben sofort angeschafft, das war also einen Schritt zurück. Zum Schluß mußte man pausenlos dahin, der Druck wurde deswegen nicht besser ...

M Ich meine ... wenn die Werkzeuge nicht gut sind, so daß man sich selber damit Schaden zufügt ... 7000 verschiedene Symbole. Du drückst 'ne falsche Taste und löschst dir deinen ganzen Kram aus Versehen ... das kann man ja nun erst recht nicht gebrauchen ...

L Nur also, den Widerspruch, den wirst du nicht beseitigen ... Ich stelle mich auf jeden Fall nicht mehr hin und fordere bessere ...

M Nee, das nicht ... da schneidest du dich ins eigene Fleisch."

Unter gegebenen technisch-ökonomischen Bedingungen läßt sich der Widerspruch zwischen den Schutz- und den Gestaltungsansprüchen im technischen Entwicklungsprozeß schwerlich auflösen. Dieses Verantwortungsdilemma machte in der Diskussion besonders uns Forscherinnen zu schaffen, die wir hier die Position der Akteure einnahmen. Für unsere eigene Lösungsvorstellung, Ingenieurkompetenz mit gewerkschaftlicher Technikpolitik zu verbinden, war in der Gruppe nicht genügend Energie vorhanden. Man verwies erneut auf die mangelnde Unterstützung durch die Gewerkschaft, die es bisher versäumt habe, sich um die Interessen der Angestellten genügend zu kümmern. So stellte sich bei uns am Ende ein vages Unbehagen ein, mit unserem Ansinnen an die Verantwortung des Ingenieurs unangemessene Ansprüche an die Gruppe gestellt zu haben.

Moralisches Bewußtsein und Berufsrolle

Die Vorstellung einer neuen ethischen Grundlegung technischen Handelns läßt sich auf dem Hintergrund der beschriebenen technisch-ökonomischen Gesetzlichkeiten und funktionellen Verflechtungen der Industriegesellschaft als ein Versuch und eine Hoffnung verstehen, Antriebsmomente für eine Veränderung außerhalb der technisch-ökonomischen Entwicklungsdynamik zu finden. Wenn nur genügend Menschen – so läßt sich diese Hoffnung formulieren – für sich die Notwendigkeit anderer kultureller Werte erkannt hätten, könnten diese Werte auf den technisch-gesellschaftlichen Prozeß so zurückwirken, daß auch in den funktionalen Handlungszusammenhängen allmählich andere Orientierungen greifen. Dieses Modell einer kulturellen Erneuerung der Industriegesellschaft über den Wandel der Wertvorstellungen wird nicht nur – mehr oder weniger explizit – von professionellen Denkern vertreten, auch im Rahmen unserer Diskussion mit Ingenieuren schien ein allgemeiner kultureller Umbruch im Denken und Fühlen der Menschen häufig der einzige Ausweg aus den Dilemmata des technischen Fortschritts. Es sind die Menschen als Individuen, als Personen, unabhängig von funktionalen und institutionellen Zwängen, und es ist ihr individuelles moralisches Bewußtsein, dem besonders von den Vertretern einer neuen Ethik bewegende Kraft zugetraut wird. Unausgesprochen mag solche Hoffnung auch den Forschungen zum moralischen Bewußtsein zugrundeliegen, zumal nach dem Nationalsozialismus ein dringender Erkenntnisbedarf über seine psychologische Wirksamkeit wie über die Kräfte, die ihm widerstehen können, bestand. In aller Kürze soll daher auf die psychologischen Ansätze eingegangen werden, die Aufschluß über die Struktur des individuellen moralischen Bewußtseins geben, um auf diesem Hintergrund zu fragen, welche Chancen die einzelnen haben, moralische Ansprüche und ethische Zielsetzungen in ihr gesellschaftliches Handeln einzubringen.

In der Psychologie geben vor allem zwei Untersuchungsansätze Aufschluß über das individuelle moralische Bewußtsein. Der *sozialisationstheoretisch-psychodynamische Ansatz* begreift die Bildung der Gewissensinstanz (die Freud als *Über-Ich* bezeichnet) aus dem Zusammenspiel elterlichen Erziehungsverhaltens und Bedürfnissen des Kindes. Über Erlebnisse der Befriedigung und Versagung verinnerlicht das Kind im Laufe seiner Entwicklung die elterlichen Gebote. Dabei ist die Angst vor dem Verlust der elterlichen Liebe der entscheidende Motor. Sind diese Gebote dann als moralische Instanz in der Person errichtet und dadurch auch unabhängig geworden, wandelt sich die Angst vor der elterlichen Versagung in Gewissensangst. Anstelle der Eltern ist es nun das Gewissen, das die verpönten Wünsche mit Schuldgefühlen (statt mit äußerer Strafe) belegt und so ihre Befriedigung hindert. Freud hat den reaktiven Aspekt in der Entstehung der moralischen Instanz hervorgehoben: reaktiv im Sinne einer Antwort auf den elterliche Erziehungsstil und reaktiv im Sinne einer Einfärbung durch die Stärke kindlicher Affekte (der Aggression), die im Prozeß der Gewissensbildung nach außen zwar befriedet werden, nach innen aber eine besondere Härte gegen sich selbst hervorbringen können (Freud XIV, 482).

In der psychodynamischen Betrachtungsweise der Moral sind die moralischen Werte, an denen Menschen ihr individuelles Handeln orientieren, wesentlich bestimmt durch das Sozialisationsschicksal. Gesellschaftlich-kulturelle Werte bilden sich demzufolge nicht unmittelbar in der Persönlichkeitsstruktur ab, sondern vermitteln sich über das Verhalten der Eltern und über die komplizierten entwicklungsbedingten Interaktionen mit den Erziehungsinstanzen (Familie, Schule, Ausbildung). Die Struktur des individuellen moralischen Bewußtseins hat seinen Ursprung in überschaubaren interpersonalen Verhältnissen, in denen Intentionen, Handeln und Folgen eine raumzeitliche Erlebniseinheit bilden. Diese Voraussetzungen spiegeln sich philosophiegeschichtlich in der traditionellen *Nächsten-Ethik* wider. Entsprechend des gemeinschaftlichen Ursprungs der Moral ist auch die Ethik auf die Unmittelbarkeit des alltagspraktischen Umgangs der Menschen bezogen (Jonas, 1983, 26).

Der *entwicklungspsychologisch-kognitive Ansatz* in der Psychologie des moralischen Bewußtseins konzentriert sich auf die Untersuchung der allgemeinen Strukturmerkmale moralischen Urteilens. Hier geht es nicht um die erziehungsabhängigen konkret-individuellen Ausprägungen der Moral, sondern um die Stufen, die alle Menschen in ihrer Entwicklung vollziehen müssen, um zu einem Niveau moralischen Urteilens zu gelangen, das schon Kant mit seinem *Kategorischen Imperativ* als universell definiert hat. Diese Stufen wurden von Piaget in der Beobachtung von Kindern gefunden und von Kohlberg empirisch weiter ausgearbeitet (Piaget, 1954). Drei Niveaus in der Bildung des moralischen Urteils lassen sich unterscheiden: das vorkonventionelle Niveau, in der das Urteil an äußeren Handlungskonsequenzen orientiert ist, das konventionell-konformistische Niveau und das postkonventionelle Niveau des Urteilens nach universellen Prinzipien (Kohlberg, 1974).

Die enge Verbindung der Entwicklungspsychologie Jean Piagets mit der Kant'schen Erkenntnistheorie läßt sich daran ablesen, daß es in diesem Ansatz weniger um die affektiv-normative Basis des konkreten praktischen Handelns geht, als um den Aufweis der logischen Denkformen, die zu einem an universellen Prinzipien orientierten und von äußerer Autorität unabhängigen Urteil führen (Furth, 1972). So haben Piaget und Kohlberg die wichtige Erkenntnis beigetragen, daß die Orientierung an universellen ethischen Werten selber ein entwicklungsgeschichtliches Resultat des individuellen Denkens ist; unter welchen sozialisationsgeschichtlichen und situativen Voraussetzungen solche Werte handlungsrelevant werden, bleibt in ihrer Theorie und Empirie allerdings unbeantwortet (Oerter & Montada, 1982, 646).[4] Diese Frage ist jedoch für die Problematik einer ethischen Ausrichtung technischen Handelns besonders bedeutsam.

Der kurze Blick auf psychologische Erkenntnisse über das individuelle moralische Bewußtsein hat uns darüber belehrt, daß Menschen die Universalität ethischer Werte für sich anerkennen. Die Erfahrung zeigt allerdings, daß in den praktischen Situationen des Alltags Prioritäten oft ganz anders gesetzt werden. Und nicht selten sind sie unvereinbar mit den Ansprüchen der persönlichen Moral. Das individuelle Gewissen – dies ließ sich aus beiden psychologischen Ansätzen entnehmen, ist, genetisch betrachtet, eine der gesellschaftlichen Rationalität vorgängige Struktur. Es wird nicht über Funktionen und Rollen, sondern primär über Zwischenmenschlichkeit vermittelt. Darauf gründet sich einerseits die Hoffnung in die Fähigkeit der Individuen, humane Werte zu verwirklichen, andererseits scheint aber gerade das Auseinanderfallen beider Sphären des zweckrationalen gesellschaftlichen und des kommunikativen gemeinschaftlichen Handelns die spezifische Unwirksamkeit persönlicher moralischer Wertorientierung im Bereich von Technik und Wirtschaft auszumachen.

Diese Erfahrung der Unwirksamkeit und der Diskrepanz zwischen Ansprüchen der Ethik und Bedingungen der technisch-industriellen Welt wurde in der Bearbeitung der Frage einer sozial verantwortbaren Technikgestaltung durch die Ingenieurgruppen unserer Untersuchung besonders deutlich. Ebenso deutlich wurde aber auch, daß die Formen der Auseinandersetzung mit diesem Thema sehr verschieden waren, je nachdem, an welcher Stelle der 'technischen Entwicklungsspirale' man sich selbst lokalisierte und mit welchen beruflichen Aufgaben man betraut war. Ob man Ansprüche an eine primär humanen Zielen verpflichtete Gestaltung der

---

4 Bezogen auf die Arbeitswelt haben sich besonders Hoff, Lappe & Lempert (1985) und Lempert (1985) mit der Sozialisation moralischer Urteilsstrukturen befaßt; zum Einfluß von Interaktion und Gruppe auf das moralische Urteil vgl. Oser (1981) und Habermas (1983).

Technik als illusorisch abwies, ob man die Unwirksamkeit solcher Zielsetzung bedauerte oder sie im Interesse eigener Betroffenheit einklagte, dokumentiert zugleich ein je verschiedenes Verhältnis der Person – der persönlichen Moral – zu ihrer beruflichen Rolle.

Sollen ethisch-moralische Wertvorstellungen und technisch-ökonomische Imperative nicht einfach abstrakt gegenübergestellt bleiben, so müssen wir die Orte in der sozialen Wirklichkeit genauer untersuchen, wo beides aufeinandertrifft. In der uns hier interessierenden Frage des moralischen Bewußtseins können wir uns also nicht mit den Erkenntnissen der individualpsychologischen Forschung begnügen, sondern haben unser Augenmerk auf die soziodynamischen und psychodynamischen Prozesse zu richten, die sich bei der Übernahme der Berufsrolle vollziehen. Diesen Ort der Aufmerksamkeit hat ein Ingenieur in unseren Forschungsgesprächen einmal ironisch-sarkastisch die „Mensch-Ingenieur-Schnittstelle" genannt. Die Berufsrolle, das haben in der industriesoziologischen Forschung vor allem die berufsbiographischen Ansätze empirisch zeigen können (Hermanns, 1987; Hoff u.a., 1985; Kossbiel u.a., 1987), ist kein den Individuen bloß äußerliches Bündel von Aufgaben. In der sozialen Identität, im Selbstbild wie im sozialen Habitus ist die Berufsrolle tief verankert. Die berufliche Ausbildung wie die Berufsarbeit selbst ist ein sekundärer Sozialisationsprozeß. In diesem Sozialisationsprozeß müssen individuelle Eigenschaften und Fähigkeiten – die gemeinschaftlichen Voraussetzungen unseres Fühlens, Denkens und Handelns – mit den gesellschaftlichen Anforderungen der Berufspraxis in Einklang gebracht werden (Volmerg, 1987). Das geschieht – sozialpsychologisch betrachtet – über Mechanismen der Identifikation mit der Rolle (Parin, 1978, 100f; Leithäuser & Volmerg, 1988, 104). Die Identifikation ist ein weitgehend unbewußter psychischer Vorgang, in dem Eigenschaften der äußeren Realität, z.B. einer anderen Person oder auch einer Aufgabe, ins eigene Ich hineingenommen werden und so zum Maßstab des individuellen Handelns werden. Von einer bloßen Befolgung äußerer Regeln unterscheidet sich die Identifikation dadurch, daß sich das Ich selbst in diesem Anpassungsprozeß ändert.[5]

Für die berufliche Anpassung werden in Form von Macht, Erfolg und Geld gesellschaftliche Prämien ausgesetzt; es gibt, das stellte sich im Rahmen der Ingenieurgespräche heraus, aber noch weitere Befriedigungschancen, die z.B. der Ingenieurberuf bietet. Sie wurden mit den Worten *Innovationslust* und *Lust zur technischen Perfektion* umschrieben. Dies deutet darauf hin, daß die Ausübung des Ingenieurberufs mit dem individuellen Sozialisationsschicksal eng verbunden sein kann und über diese Verbindung eine Iden-

---

5 In der Soziologie wird dieses Phänomen mit dem Begriff des *Habitus* umschrieben, dieser zielt ebenfalls auf die weitgehend unbewußte Assimilation der Individuen an ihre kulturelle Umgebung (Bourdieu, 1974).

tifikation mit der Rolle befördert: Man arbeitet dann nicht als Ingenieur, sondern *ist* Ingenieur, mit Leib und Seele.

Eine solche Ingenieuridentität unterscheidet sich von distanzierenden Modi des Verhältnisses der Person zu ihrer Berufsrolle, wie sie gleichfalls in unseren Interaktionserfahrungen mit Ingenieurgruppen aufzufinden waren. Die Spannbreite der Möglichkeiten reichte hier von der Identifizierung über eine bewußte Distanzierung bis zur Aufgabe der beruflichen Identität als für sich selbst nicht mehr handlungsleitend. In der Identifizierung schien die Differenz zwischen den Ansprüchen der persönlichen Moral und den Anforderungen des Ingenieurberufs verschwunden. An ihre Stelle tritt die Vorstellung einer nicht-steuerbaren technischen Evolution, die zweifellos eine Entlastungsfunktion für die Person besitzt. Aber auch die bewußte Distanzierung – dies ließ sich zeigen – erfüllt eine psychologische Vermittlungsaufgabe zwischen dem persönlichen Gewissen und dem Handeln als Ingenieur, indem sie von Verantwortungsdruck entlastet. Und noch einmal anders scheint die Gewissenslage bei jenen Ingenieuren, die sich als „Opfer" des technischen Fortschritts verstehen. Sie scheinen einer persönlich zurechenbaren beruflichen Verantwortung enthoben.

Hier zeigt sich aus sozialpsychologischer Sicht, daß in den Formen des Rollenhandelns moralisch-ethische Wertvorstellungen der Person nicht einfach aufgegeben sind, sondern einer komplexen psychischen Bearbeitungsdynamik unterliegen. Um inneren Konflikten, die die Sicherheit des Selbst und die berufliche Handlungsfähigkeit bedrohen, aus dem Wege zu gehen, greift das Ich zu psychischen Hilfsmitteln, um den Teil des Handelns, der mit persönlichen Wertvorstellungen nicht übereinstimmt, der eigenen Urteilsfähigkeit zu entziehen. Hilfsmittel sind etwa Verleugnung, Spaltung und Segmentierung, Rationalisierung, Identifizierung und Verschiebung. Solche abwehrenden Schutzmechanismen gegen die Wahrnehmung von Schuldgefühlen oder Gewissensangst, weil man sich etwa als Ingenieur an Rüstungsforschung, an Informationstechnik mit ihrem riesigen Rationalisierungspotential oder an anderen für das Zusammenleben der Menschen problematischen Technikentwicklungen beteiligt, lassen sich aus sozialpsychologischer Sicht schwerlich durch ethische Appelle aufheben. Hier besteht die Gefahr, daß mit wachsendem moralischen Druck auch die Immunisierungstendenzen verstärkt werden und auf diese Weise eine ohnehin sich gesellschaftlich bereits abzeichnende Tendenz der Entsolidarisierung bestätigen.

Ethik in der technischen Praxis

Die aktuelle Debatte um Technik und Ethik hat sozialpsychologische Fragestellungen und Voraussetzungen weitgehend ausgespart. Wie die empirisch sich in vielfältigen Bezügen und Abhängigkeiten befindlichen einzelnen ethischen Geboten folgen sollen, wird – meist unausgesprochen – ihrem persönlichen Mut und ihrem Gewissen überlassen (so etwa bei Röpke, 1987, 10; Alpern, 1987, 179; Weizenbaum, 1984).

Schon Freud hat aus seiner Kenntnis der individuellen Psychologie die Ethik als einen wenig Erfolg versprechenden Versuch kritisiert, durch ein Gebot des Gewissens (der Über-Ich-Instanz) zu erreichen, was durch sonstige Kulturarbeit nicht zu erreichen war (Freud XIV, 503). Gebote zu erlassen, ohne zu fragen, ob die Menschen sie befolgen können, ihre Nichtbefolgung aber mit Schuldgefühlen und Gewissensängsten psychisch zu sanktionieren, bringt Freud zufolge nicht selten Auflehnung, Neurose oder seelisches Unglück hervor (ebd. 504). Solche kulturellen Mittel haben jedoch, wie Freud feststellt – etwas Verlockendes. Es besteht darin, daß die Geltung der kulturellen Vorschriften nicht durch Einsicht und Wissen, sondern durch affektive Sperren (Tabus) und psychische Sanktionen in den Individuen gesichert ist (ähnlich den Strafängsten, die in der Zwangsneurose wirksam sind).

Zu Zeiten Freuds korrespondierten Tabus und Strafängste des Gewissens noch vergleichsweise gering mit realen Bedrohungen des Lebens. Das hat sich im Zeitalter der Massenvernichtungswaffen und katastrophischen Entwicklungstrends geändert. Die Furcht vor der Apokalypse ist nicht religiös, sondern sehr real begründet. Diese realistische Wendung scheint in der säkularisierten Welt aber nun ihrerseits ein Bedürfnis nach religiösen und ethischen Bindekräften wiederzubeleben, auf die sich eine Hoffnung auf Rettung gründen ließe (Beck, 1986; Meyer-Abich, 1987; Weizsäcker, 1986). Psychologisch betrachtet haben Religion und Ethik eine Schutz- und eine Entlastungsfunktion. Die Errichtung religiöser Tabus war ursprünglich ein Mittel, menschliche Hilflosigkeit gegenüber der übermächtigen Naturgewalt zu überwinden. Angesichts der heute übermächtigen Gewalt der Technik könnte der Forderung nach neuen moralischen Imperativen ein ähnliches Bedürfnis nach Angstbindung und Entlastung zugrundeliegen.

Vertreter einer neuen Kooperation zwischen Wissenschaft und Kirche begründen ihre Überlegungen denn auch mit dem Versagen der Verstandeskräfte und der aufklärerischen Ideale als orientierungsleitend für das Handeln (Radaj, Görnitz, 1987; Weizsäcker, 1986). Was sich in den Konzepten einer neuen Ethik mehr oder weniger explizit ausdrückt, bezieht sich auf eine andere Begründung und eine andere, wesentlich *affektive*, Verbindlichkeit wertgeleiteten Handelns.[6] Zweckrationale Kalküle haben – gemäß dieser Argumentation – Imperative hervorbringen helfen, die für ein sozial- und naturverträgliches technisches Handeln gerade nicht gelten können.

---

6 Diese affektive Dimension kommt etwa in der Forderung zum Ausdruck, ein neues 'Verantwortungsgefühl' zu entwickeln, damit trotz kollektiv-arbeitsteiliger technischer Praxis die Gesinnung verstärkt zur Grundlage einer Verantwortungsethik werden kann (Zimmerli, 1986, 86 und 1988, 109).

Gerade diese Imperative haben wieder das Fürchten gelehrt, nun vor den Gewalten, die durch die Mittel der Naturbeherrschung – Technik und Wissenschaft – selbst hervorgebracht wurden. Der Realitätsgehalt dieser Furcht soll hier nicht in Abrede gestellt werden, bedenkenswert scheint allerdings die erzieherische Wirkung, die man sich von ihr im Rahmen bestimmter philosophischer Entwürfe für die Etablierung einer neuen Ethik verspricht. Entsprechend der Globalität der Problemlagen betont zum Beispiel Hans Jonas die Notwendigkeit der Erweiterung des 'Kategorischen Imperativs', in den zukünftige Generationen und die Natur einzuschließen sind (Jonas, 1983, 36f). Langfristig stellt seine Nichtbeachtung das Überleben der Menschheit in Frage. Daher ist besonders das moralische Gewissen jener gefordert, die Träger politischer Machtrollen sind und kollektive Verantwortung tragen (ebd. 32f, auch Anders, 1961, 282f).

Aus der Perspektive der *Überlebensethik* scheint ein ethisch begründetes und staatlich sanktioniertes Verbot bestimmter Technikentwicklungen um so mehr geboten, als eine Technikfolgenabschätzung in ihren Möglichkeiten der Einschätzung der komplexen unvorhersehbaren Wirkungszusammenhänge äußerst begrenzt ist (Müller-Reißmann, 1987, 209). Entsprechend sind die Adressaten dieser Ethik primär Politiker und staatliche Instanzen. Im Blick auf die globalen weltgesellschaftlichen Problemlagen erscheint das Individuum in seinen Orientierungsversuchen hoffnungslos überfordert. Und auf dieser Ebene liegt es dann auch nahe, die einzelnen durch ein System staatlich-institutionalisierter Regeln der Technikbegrenzung und Techniksteuerung von dem Druck einer uneinlösbaren Verantwortung zu entlasten.

Kritiker dieser Position haben auf die hierarchischen und entmündigenden Aspekte der an staatlich-kollektivem Handeln orientierten *Großraum-Ethik* verwiesen (Fleischer, 1987, 224). Denn in ihren psychologischen Implikationen unterscheidet sich diese Ethik wenig von den Moralsystemen früherer Epochen, die an das *Über-Ich* im Menschen gerichtet waren. Es wird festgestellt, daß die Kräfte des Ichs, die Fähigkeiten der einzelnen zu einer realitätstüchtigen Bewältigung hier nicht ausreichen aus Gründen, die in der Unvorhersehbarkeit und Komplexität der technisch-ökonomischen Entwicklungsdynamik selbst liegen. Als Folge daraus rückt die makroteleologisch am Überleben der Menschheit ausgerichtete Ethik mögliche Problemlösungen von vornherein aus dem Bereich des praktischen Handelns der einzelnen. Auf diese Weise wird eine verbreitete Katastrophenstimmung aber eher noch bestätigt, die dann ihrerseits nach autoritären, Sicherheit versprechenden staatlichen Lösungen verlangt.

Die Delegation politisch-ethischer Techniklenkung an den Gesetzgeber führt indes aus dem Dilemma nicht heraus. Wie besonders von juristischer Seite zu bedenken gegeben wird, ist zwar die Abwägung, ob das, was technisch möglich erscheint, auch gesellschaftlich wünschenswert ist, eine politisch-ethische und eine rechtliche Frage; in der Abwägung der technischen Folgen selbst jedoch ist der Gesetzgeber vom Urteil technischer Experten abhängig. Wie Ernst Benda feststellt, verlagert sich damit die Entscheidung von dem demokratisch legitimierten Gesetzgeber über den Richter auf den technisch Sachverständigen und die Aufgabe, den technischen Wandel normativ zu flankieren, liegt wieder bei denen, die diesen technischen Wandel selbst betreiben (Benda, 1987, 94). Allein die politisch-rechtliche Kontrolle technischer Innovationen vermag den Zirkel nicht zu durchbrechen, wenn nicht auch die immanenten Kriterien der technisch-wissenschaftlichen Urteile (auf die politische Entscheidungsträger sich stützen) in ihren meist verborgenen sozialen und interessenpolitischen Implikationen reflektiert werden.

Vorschläge, hier weiterzukommen, reichen von der Befürwortung spezifischer Berufsethiken über interdisziplinäre Arbeitsgruppen und Ethikkommissionen bis zum Bürgergutachten und Bürgerdialog. Sie alle haben zum Ziel, Technikbewertung aus dem engen Rahmen der experten- und fachspezifischen Logik zu lösen und anderen Wertmaßstäben zugänglich zu machen (Bungard, Lenk, 1988; Ropohl, 1985). Für das Handeln der Ingenieure ergibt sich zunächst die Frage, inwieweit Berufsethiken geeignet sind, eine Erweiterung der beruflichen Handlungsorientierung um ethische und moralische Werte zu ermöglichen. Wenn Berufsethiken – wie in der Vergangenheit – nicht bloß der standesmäßigen Imagepflege und Abwendung öffentlicher Kritik dienen sollen (Lenk, 1987, 194), müssen sie sich an ihrer Relevanz für die berufliche Praxis messen lassen. In dieser Hinsicht kommen jedoch auch die neueren Ethikcodices und Richtlinien, wie sie von Ingenieurverbänden in den USA (Lenk, 1987, 195), in der Bundesrepublik im Entwurf zu einer Technikbewertungsrichtlinie des VDI[7] und von gewerkschaftlichen Ingenieurgruppen (AIN) in der DAG entwickelt wurden, auch wenn sie Wege zur Institutionalisierung beschreiben, über eine symbolisch-appellative Funktion nicht hinaus.

Indem sie die Verpflichtung an universalen Werten gesellschaftlichen Zusammenlebens im Berufsbild des Ingenieurs betonen, werden die sonst impliziten Spannungen und Widersprüche zwischen dem individuellen moralischen Bewußtsein und den funktionalen Rollenerwartungen des Ingenieurberufs in der Berufsrolle selbst thematisch. Die enger gefaßte Funktions- und Sicherheitsverantwortung unter dem Gebot der Wirtschaftlichkeit gerät unter den Druck eines sich verändernden Selbstverständnisses der Berufsrolle. Anzeichen dieses veränderten Selbstverständnisses der Berufsrolle ist das unter Ingenieuren verbreitete Negativ-Image der eigenen Berufsgruppe. Die Identifikation mit der Berufsrolle bietet dann keinen Schutz

---

7 Wie Wolfgang König den Status der VDI-Richtlinien beschreibt, sollen VDI-Richtlinien (im Unterschied zu den DIN-Normen) als richtungsweisende, aber unverbindliche Arbeitsunterlagen und Entscheidungshilfen dienen. „Der Anwender kann die angegebenen Lösungsmöglichkeiten verwerfen oder aus den angebotenen eine für ihn passende wählen" (König, 1988, 123).

mehr gegenüber persönlichen Gewissenskonflikten, wenn Gewissensansprüche in Gestalt universeller ethischer Gebote in der Berufsidentät selbst verankert weden. Auf den ersten Blick scheint eine solche Veränderung im Überbau der Berufsrolle problematische Abschottungen des bloß funktionalen beruflichen Verantwortungsbewußtseins aufzuheben.

Der zweite Blick in Rücksicht der psychologischen Verarbeitungsmöglichkeiten läßt indessen daran zweifeln, ob eine Verstärkung des moralischen Drucks konstruktive Alternativen technischen Handelns hervorbringen hilft. Hier gilt ebenso, was Freud allgemein über die psychologischen Folgen abstrakt ethischer Imperative diagnostiziert hat: ohne die Vermittlung mit der beruflichen Wirklichkeit und den situationellen Handlungsvoraussetzungen befördern sie eher eine abwehrende Konfliktverarbeitung, Spaltung, Resignation und/oder Zynismus.

Es muß möglich sein – so schreibt auch Hans Lenk – moralisches Handeln im Beruf auf anderen Wegen als durch den Mut des Märtyrers zu verwirklichen (Lenk, 1987, 204). Wenn der Preis der Verlust der beruflichen Stellung ist, läßt sich schwerlich auf die Verbreitung eines praktisch relevanten gesellschaftlichen Verantwortungsbewußtseins unter Ingenieuren rechnen. Die Verweigerung, an potentiell kultur- und lebensfeindlichen technischen Projekten mitzuwirken –, wie es z.B. von Weizenbaum gefordert wird (1984, 27) – mag im individuellen Fall ein Weg sein, den moralischen Konflikt zu lösen. Problematisch ist jedoch, wenn durch die mangelnde praktisch-institutionelle Vermittlung berufsethischer Gebote dies der einzige Weg bliebe, sie zu befolgen. Dann kann es nicht verwundern, daß die einzelnen bei Abwälzung der Kosten moralischen Handelns auf das individuelle Leben eher vor solchem Handeln zurückschrecken. Je nachdrücklicher berufsethische Vorschriften unter dieser Voraussetzung formuliert werden, um so mehr tragen sie dann zur Anpassung an die bestehenden technisch-ökonomischen Verhältnisse bei.

Der ethische Appell an das Gewissen der einzelnen begründet seine Wirkung aus verinnerlichten Kontrollmechanismen und aus Schuldgefühlen; für die professionell vermittelte Form der Berufsethik gilt psychologisch im Prinzip der gleiche Mechanismus. Berufsethik wie Alltagsethik sind hierarchisch strukturierte Ordnungsmittel zur Selbsteinschränkung im Interesse höherer kultureller Werte und Normen. Aus der Perspektive der Ethik wird den selbstorganisierenden Kräften des Ichs als Vermittlungsinstanz zwischen den Bedürfnissen und Interessen und den gesellschaftlichen Erfordernissen wenig zugetraut. Kräfte der Selbstorganisation aber sind es, nach Meinung der Kritiker des ethischen Prinzips, die zur Verwirklichung einer bewußt human und ökologisch ausgerichteten Technik fehlen. Solche Kräfte entwickeln sich nicht aus dem einschränkenden Charakter moralischer Imperative, sondern aus der Förderung jener Eigenschaften und Fähigkeiten, die in den „Abteilungen" der persönlichen und sozialen (beruflichen) Identität wie in den „Abteilungen" der Geschlechter bisher getrennt verortet sind.

Die Kritik solcher Segmentierung durch die vorherrschenden Rationalitätsmuster der Industriegesellschaft hat daher auch eine Infragestellung abstrakt universeller Prinzipien zur Folge, die den Verlust des Zusammenhangs sozusagen bloß aus der Zentralperspektive wiederherstellen sollen. Aus den je verschiedenen Blickrichtungen ihrer Wissenschaft, der Psychologie (Richter, 1986), der Politischen Philosophie (Fleischer, 1987; Lorenzen, 1985), der Phänomenologie (Waldenfels, 1985) und der Wissenschaftstheorie (Böhme, 1980; Fox-Keller, 1986), betonen diese Kritiker die Notwendigkeit einer Reintegration der Bedürfnisstrukturen, Denk- und Handlungsformen auf der Ebene direkter Praxis. Die subjektiven Voraussetzungen dazu wären hier aus einer anderen psychischen Quelle zu schöpfen als aus dem Gewissen und den Forderungen der Moral.

Freud war sich unklar darüber, ob nicht auch vom Vorhandensein eines *primären Ich-Gefühls* als Ursprung der Verbundenheitsempfindung und des Zusammengehörigkeitsgefühls mit der Welt auszugehen sei, und ob nicht in diesem – wie er es nannte – *ozeanischen Gefühl* auch eine Quelle kultureller, ja religiöser Bindung zu suchen sei, die nicht auf Furcht beruht (Freud, XIV, 422). Diese Entwicklungslinie im Seelenleben der Menschen wäre nicht auf Überwindung der Ohnmacht, sondern durch das Streben nach Gemeinschaftlichkeit und Solidarität über spontane Sympathie und wechselseitige Identifizierung gekennzeichnet (Richter, 1986, 250).

Die Fähigkeit, sich in die Person von anderen hineinzuversetzen, ihre Perspektive zu übernehmen, ist mit der *Möglichkeit* sprachlicher Verständigung zwischen Menschen gegeben. Die Wirklichkeit ist jedoch häufig durch einen Mangel an Verständigungsbereitschaft bzw. durch systematische Mißverständnisse gekennzeichnet. Es bestehen vielfältige Widersprüche und Konflikte, die nicht zuletzt durch die Vorherrschaft einer bloß instrumentellen Rationalität mit hervorgebracht wurden. Aus philosophischer Sicht wäre daher eine Rückbindung technischer Zweckrationalität an Prämissen menschlichen Zusammenlebens unabdingbar (Lorenzen, 1985, 191). Eine auf Solidarität begründete Vernunft erstrebt die Verbindung von Rationalitätsformen und sozial wünschenswerten Lebensformen. Soziale Prämissen wären dann weder technisch-ökonomischen Zielen nachgeordnet, noch transportierten sie sich blind in den Resultaten von Technik und Wissenschaft.

Diese Vorstellungen mögen auf den ersten Blick ähnlich abstrakt erscheinen, wie die einer neuen Ethik der Technik. Nach ihren praktischen Implikationen befragt, gehen beide Denkansätze jedoch in verschiedene Richtungen: Liegt das Schwergewicht des einen Ansatzes auf der Selbstbegrenzung destruktiver Entwicklungstendenzen, so liegt der Schwerpunkt des anderen auf der Entfaltung menschlicher Eigenschaften und Fähigkeiten, die in den Systemen zweckrationalen Handelns, in Technik und Wissenschaft, bisher kaum zum Tragen kommen konnten. Auch die Ebenen des Handelns sind zu unterscheiden: Liegt die Handlungsebene der an den globalen Problemlagen ausgerichteten Ethik bei den Trägern von Machtrollen und bei staatlichen Institutionen (die dem Individuum die Richtung weisen), ist die Handlungsebene des anderen Ansatzes die Praxis des Alltags. Heteronomie und Vielgestaltigkeit der Praxen des Alltags sind hier gerade die Voraussetzung für die Einübung einer Vernunft, in der Sympathie, Solidarität und Kompetenz eine Verbindung eingehen können. In einer alltagstheoretischen Perspektive lassen sich kulturelle Normen und Werte nicht unabhängig von ihrem Entstehungszusammenhang konzipieren. Ihre Verbindlichkeit beziehen sie aus ihrem Wert für die unmittelbare Lebenspraxis und nicht aus ihrer bloß kognitiv anerkannten bzw. konsensual legitimierten Notwendigkeit.

Nun ist aber Leiblichkeit der Erfahrung – darauf wird besonders aus phänomenologischer Sicht verwiesen – eine Voraussetzung für die Ausbildung neuer Ordnungen des Zusammenlebens (Waldenfels, 1985, 34f). Die ein Lernen der einzelnen und des Kollektivs voraussetzende Erfahrbarkeit von Technikfolgen ist jedoch – das ist das neue Argument in der Technikdebatte und das zentrale Argument der „Ethiker" – gegenwärtig kaum noch gegeben. Komplexität, Langfristigkeit und Risikoanfälligkeit besonders großtechnischer Systeme schließen ein Lernen an Fehlern aus, an seine Stelle tritt der Zwang zu Kontrolle und Sicherheit. Mit dem Verlust des Regulativs *Aus-Fehlern-Lernen* werden daher zugleich Grundprinzipien des sozialen und demokratischen Zusammenlebens berührt (Guggenberger, 1987; Roßnagel, 1987).[8] Daraus entstehende gesellschaftliche Risiken begründen die Forderung nach einer fehlerfreundlichen Technik, die ihr Maß an den menschlichen und nicht an den technischen Möglichkeiten nimmt (E. u. Chr. v. Weizsäcker, 1987). *Fehlerfreundlichkeit* als technisches Entwicklungsprinzip verweist auf einen dritten Weg, den Widerspruch zwischen Technik und Ethik zu lösen. Fehlerfreundlichkeit bedeutet eine Umkehrung der Anpassungsrichtung der Technik an den Menschen. Weil die Idee der *Fehlerfreundlichkeit* an den Wirkungen, nicht an den Intentionen ansetzt, bedarf es für fehlerfreundliche technische Produkte weder universell ethischer Prinzipien noch einer besonderen Moralität der Menschen. Hingegen bedarf es einer intensiven Kenntnis der Menschen selbst, ihrer Handlungslogik (Wehner, 1984), ihrer Schwächen und Stärken (Volpert, 1987), sowie ein Verständnis der je konkreten sozialen Situationen, in denen technische Produkte entwickelt bzw. zur Anwendung kommen sollen (Volmerg, Senghaas-Knobloch, Leithäuser, 1986).

Sympathie mit den Mitmenschen und Solidarität als subjektive Voraussetzungen, sich auf die soziale Welt einzulassen, müssen mit Kompetenz

---

8 Vgl. die Expertise von Alexander Roßnagel und Volker Hammer in diesem Band.

verbunden sein, damit angemessene technische Lösungen entwickelt werden können. *Diese* Kompetenz läßt sich bisher in keiner der einzelnen Disziplinen der Human- und Technikwissenschaften erwerben. Unter den Bedingungen disziplinärer Arbeitsteilung und abgeschotteter professioneller Logiken, Methoden, Sprachen und Identitäten ist die *soziale Kompetenz technischen Handelns* selbst wiederum nur unter Voraussetzungen einer durch Sympathie und Solidarität getragenen Kooperationskultur zu erreichen. Solche Kooperationskultur gälte es durch ein Netzwerk lokaler, regionaler und überregionaler Arbeitskreise und durch institutionell unterstützende Rahmenbedingungen zu schaffen (Ropohl, 1988, 149f).[9] Die auf diese Weise zu gewinnende *gemeinschaftlich-kooperative Handlungssouveränität* wäre eher geeignet, die Selbststeuerung des Zivilisationsprozesses zu befördern als der allgemeine Appell an den guten Willen bzw. an das schlechte Gewissen (Fleischer, 1987, 226).

Unsere Forschungsergebnisse zum *Verantwortungsbewußtsein von Ingenieuren* geben diesem Ansatz mehr Chancen für eine praktische Verwirklichung. Mit den Vertretern dieses Ansatzes beziehen wir uns daher nicht auf die Ethik als Ensemble kultureller Vorschriften, sondern auf das Ethos der Praxis als Ensemble der in ihr geltenden Handlungsregeln.[10]

Was für Menschen 'gutes Leben' heißen kann, setzt Teilhabe und kompetentes Urteilen voraus. Daß hier nicht das Urteil von Experten gemeint sein kann, ergibt sich aus den bisherigen Ausführungen. Das Dilemma des Sachverständigen entsteht ja gerade daraus, daß er zur Grundlage seiner Bewertung nur die immanenten Prinzipien seiner eigenen Disziplin machen kann. Dies sichert den Anspruch der Professionalität und der Wertneutralität. Die soziale und politische Relevanz der Expertenurteile wird hingegen durch andere Rollen- und Funktionsträger realisiert. Eine durch Sympathie, Solidarität und Kompetenz geprägte Kooperationskultur muß langfristig an der Auflockerung solcher für die Industriegesellschaft typischen Segmentierung interessiert sein, wenn eine verständige Kooperation zwischen den Beteiligten (Experten- und Laien-)Gruppen gelingen soll.

Dies wirft wiederum die Frage nach den Bildungsprozessen innerhalb der jeweiligen Disziplinen auf. Sind die dort eingeübten Erkenntnismethoden, Auffassungsweisen und Wissensformen geeignet, Verbindungen und Anknüpfungspunkte herzustellen? Das in nahezu allen Disziplinen vor-

---

9 Vgl. das Kapitel „Die gesellschaftliche Verantwortung von Ingenieuren – zwischen technisch-ökonomischen Zwängen und politisch-normativen Zielen für den technischen Fortschritt" in diesem Teil. Vgl. die Expertise von Otto Ullrich in diesem Band. Vgl. auch die Schlußfolgerungen, die Wolfgang Neef aus seiner Ingenieurstudie zieht (Neef, 1988).
10 Wie MacIntyre betont, ist das Ethos der Praxis der aristotelischen Tugendlehre sehr viel näher als der Kant'schen Moralphilosophie. In der aristotelischen Lehre ist die Ausübung der Tugend mit praktischer Intelligenz eng verbunden (MacIntyre, 1987, 219).

herrschende Ideal naturwissenschaftlicher Objektivität kommt solchen Erfordernissen kaum entgegen. Solidarität und Sympathie – mag man sie auch persönlich mitbringen – werden im traditionell naturwissenschaftlichen Paradigma von vornherein als unwissenschaftliche Verzerrung bei der Erkenntnisgewinnung ausgeschlossen. Sie gelten nicht als wissenschaftlich angemessene Mittel, sich einem Gegenstand zu nähern. In den traditionellen naturwissenschaftlich ausgerichteten Strategien konstituiert sich das forschende Subjekt als unbeteiligter Beobachter seiner technischen Verfahren und Instrumente, die das Objekt der Untersuchung von ihm fernhalten. Wissenschaftliche Autonomie, die durch diese Subjekt-Objekt-Trennung erreicht wird, bringt sich um Erkenntnismöglichkeiten, die durch identifizierende Teilhabe eröffnet werden (Altner, 1987, 104). Fachliche Kompetenzen, die vermittels der Neutralisierung und Abspaltung subjektiver Eigenschaften des Menschseins erworben werden, befähigen daher eher zu einer instrumentellen Verfügung über soziale Gegenstände wie über die Gegenstände der Natur, weniger jedoch zu einer bedürfnisorientierten Gestaltung.[11]

In der erkenntnistheoretischen Diskussion – gerade auch im Bereich der Naturwissenschaften – besteht inzwischen eine Skepsis, ob wissenschaftliche Autonomie und Objektivität durch solche dem wissenschaftlichen Weltbild des 19. Jahrhunderts verhaftete Subjekt-Objekt-Dichotomien erreicht werden kann (Böhme, 1980, 247; Fox-Keller, 1986, 84).[12] In Übereinstimmung mit erkenntniskritischen Positionen in den Sozialwissenschaften wird die intensive Abhängigkeit zwischen den technischen Untersuchungsinstrumenten und -methoden zu den mit ihnen gewonnenen Ergebnissen festgestellt (Devereux, 1976). In der verbreiteten Auffassung von Technik als bloßem Instrument wird dieser Sachverhalt ignoriert. Es bleibt unbegriffen, daß in technischen Mitteln – seien sie nun Instrumente der Forschung oder der Lebensbewältigung – Welt- und Selbstbezug immer schon mitgegeben sind.

Würde Technik, innerhalb der Wissenschaft, die technisches Handeln anleitet, systematisch in diesem Sinne verstanden, würde eine ingenieurwissenschaftliche Ausbildung andere Kompetenzen vermitteln und auf diese Weise zur Etablierung einer sozialengagierten Kooperationskultur beitragen können.

---

11 Zum Leitwert kritische *Bedürfnisorientierung* vgl. Otto Ullrich u.a. (1987) sowie Illich (1975) und die Expertise von Otto Ullrich in diesem Band.

12 In der Informatik entzündet sich diese Skepsis an den bisher wenig erfolgreichen Bemühungen um die Entwicklung von Expertensystemen und künstlicher Intelligenz. Wie Winograd und Flores (1986) feststellen, verhindert das Verhaftetsein in rationalistischen Denktraditionen ein angemessenes Begreifen menschlicher Sprache und Praxis. Sie plädieren für einen hermeneutischen und kommunikativen Ansatz in der Entwicklung informationstechnischer Hilfsmittel.

Ingenieurarbeitskreise in der IG Metall und im AIN – Ein Vergleich

Birgit Volmerg

In ihrem Beruf sind Ingenieure – wie andere Berufsgruppen auch – auf vielfältige Weise durch die arbeitsteiligen Strukturen der Industriegesellschaft spezialisiert. Horizontale und vertikale Funktionsgliederungen, die Trennung von Forschung, Entwicklung und Anwendung, der technische Rationalisierungsprozeß und die Stellung als abhängige Beschäftigte machen es vielen Ingenieuren schwer, die berufliche Praxis selbst als ein Feld eigenverantwortlichen sozialen Handelns zu begreifen. In der beruflichen Aufgabenerfüllung scheint es oft nur wenige Spielräume zu geben, die Akteurrolle des Ingenieurs als eine soziale Technikgestaltungsrolle zu nutzen.

Technische Gestaltungsfragen werden in den Ingenieurgruppen unserer Untersuchung daher als den gesellschaftlichen Zielsetzungen nachgeordnete Fragen betrachtet: wenn sich auf der politisch-gesellschaftlichen Bühne nichts bewegt, kann erst recht nicht der an Weisungen gebundene Ingenieur Technikentwicklung im Sinne des sozial Wünschenswerten beeinflussen. Ein Teil der Ingenieure zieht daraus die Konsequenz, sich selbst als eine politisch-gesellschaftliche Kraft zu formieren. Als politisches Subjekt könnte das Kollektiv der Ingenieure – quasi von außen – mit dazu beitragen, jenen Binnenraum beruflichen Handelns zu erweitern, in dem die technische Innovation nachdrücklicher als bisher auf ihre Qualität als soziale Innovation ausgerichtet werden kann.

Für die Verwirklichung dieses langfristigen Ziels haben sich – nach Meinung der gewerkschaftlich orientierten Ingenieure in unserer Untersuchung – die bestehenden traditionellen Interessenvertretungs- und Berufsverbandsstrukturen der Ingenieure (wie sie etwa durch den VDI und VDE verkörpert sind) als untauglich erwiesen. Als eine organisationspolitische Alternative begreifen diese Ingenieure ihr Engagement in Ingenieur-Arbeitskreisen mit explizit gewerkschaftlichem Anspruch. Möglichkeiten, sich gewerkschaftlich zu organisieren, gibt es in dem – am Ausgang der Studentenbewegung (1969) gegründeten – „Arbeitskreis Ingenieure und Naturwissenschaftler in der Industrie" (AIN), der in der DAG als Berufsgruppe verankert ist. Einen anderen Weg, sich als Ingenieur gewerkschaftlich zu engagieren, repräsentiert der 1980 begonnene Aufbau von Ingenieur-Arbeitskreisen in der IG Metall.[1]

---

1 Vgl. dazu die Broschüre „Ingenieure und Naturwissenschaftler in Beruf und

So verschieden Geschichte und Struktur dieser Ingenieur-Arbeitskreise in der DAG und der IG Metall sind, gibt es doch – was den Anspruch der beteiligten Ingenieure an diese Form ihrer politischen Arbeit angeht – Gemeinsamkeiten, die zunächst näher beleuchtet werden sollen.[2]

Ziele und Ansprüche an Ingenieur-Arbeitskreise im Selbstverständnis von Ingenieuren

Übereinstimmend wird als motivierender Ausgangspunkt der Beteiligung in Ingenieur-Arbeitskreisen die eigene Betroffenheit durch Technik besonders am Arbeitsplatz genannt. Die Zielvorstellungen über das, was Ingenieur-Arbeitskreise sein sollen, gehen jedoch über die Wahrnehmung und Formulierung individueller Arbeitsplatzinteressen weit hinaus. Gerade eine zu enge Orientierung an traditionelle Interessenvertretungsaufgaben wird hier durchgehend abgelehnt.

Im eigenen Selbstverständnis sollen Ingenieur-Arbeitskreise ein Forum sein, in der die Thematisierung der Wirkungszusammenhänge zwischen Technik und Gesellschaft keinen Beschränkungen unterliegt. Und sie sollen besonders für Ingenieure selbst diese Zusammenhänge herstellen, die professionelles Denken allein nicht herzustellen vermag. Ein wesentliches Bedürfnis, das mit der Einrichtung von Ingenieur-Arbeitskreisen verbunden ist, ist daher die Selbstverständigung, Klärung und Entwicklung einer eigenen gesellschaftsbezogenen Technikperspektive. In dieser Perspektive soll die ingenieurhafte Sichtweise nicht einfach bloß kritisiert werden, sondern einen angemessenen Orientierungsrahmen finden.

Der Anspruch auf einen autonomen und kritischen Austausch auf dem Hintergrund beruflicher Kompetenzen und Erfahrungen ist bei Ingenieren in IG Metall-Arbeitskreisen wie im AIN gleichermaßen zu finden. In der Beurteilung, in welchem Maße die jeweilige gewerkschaftliche Organisation solche Ansprüche aufzunehmen vermag, gehen die Meinungen auseinander. Während bei Ingenieuren im AIN bedauert wird, daß das allgemein geteilte Reflexionsbedürfnis leicht im politischen Tagesgeschäft unterzugehen droht, sind Ingenieure in den Arbeitskreisen der IG Metall eher skeptisch, ob sie diesen Reflexionsanspruch überhaupt in der Gewerkschaft unterbringen können. Die Sonderstellung der IG Metall-Ingenieur-Arbeitskreise, an

---

Gesellschaft" (Analysen, Probleme, Lösungsvorschläge), Stand 1.12.1981, herausgegeben von der Deutschen Angestellten-Gewerkschaft, Bundesberufsgruppe Technische Angestellte und Beamte. Zu Ingenieur-Arbeitskreisen vgl. die Untersuchungen von Neef & Rubelt (1986) und von Müller (1987).

2 Die im folgenden dargestellten Ziele und Ansprüche an Ingenieur-Arbeitskreise beruhen auf der Auswertung von vier Gesprächsrunden mit zwei Ingenieurgruppen, die im AIN organisiert sind und vier Gesprächsrunden mit Teilnehmern aus zwei Ingenieur-Arbeitskreisen der IG Metall.

denen auch Nicht-Gewerkschaftler teilnehmen können, ist ein Hinweis darauf, daß ingenieurbezogene Perspektiven und Ansprüche in traditionellen gewerkschaftlichen Vertretungsstrukturen der IG Metall noch ihren Ort finden müssen.

Der von Ingenieuren geäußerte Anspruch auf Selbstverständigung ist kein Selbstzweck. Er begründet sich einerseits aus dem Empfinden persönlicher Desorientiertheit in der Beantwortung der als dringend empfundenen Technikfolgenprobleme, und er begründet sich andererseits aus dem Bedürfnis, als Ingenieurgruppe auch öffentlich Stellung nehmen zu können. Über Ingenieur-Arbeitskreise mehr Öffentlichkeit herzustellen, ist ein Anspruch, den alle in solchen Kreisen engagierte Ingenieure teilen; dabei mag die Gewichtung der jeweiligen Teilöffentlichkeiten, in die Ingenieur-Arbeitskreise hineinwirken sollen, verschieden sein: gesellschaftliche Öffentlichkeit, die Öffentlichkeit der Berufsgruppe und die der Organisation bezeichnen Aufgabenfelder, durch die sich Ingenieure im AIN und in IG Metall-Arbeitskreisen unterschiedlich gefordert fühlen. Letztere sehen eher ein Problem darin, in ihrer eigenen gewerkschaftlichen Öffentlichkeit Aufmerksamkeit zu gewinnen. Ingenieure im AIN, die selbst eine gewerkschaftliche Organisation darstellen, haben dieses Problem nicht, dafür aber die Schwierigkeit, in der gesellschaftlichen Öffentlichkeit als Vertreter einer gegenüber den großen Ingenieurverbänden vergleichsweise kleinen kritischen Ingenieurgruppe beachtet zu werden.

In dem Wunsch, mehr zu sein als eine Interessenvertretung der Berufsgruppe, sind sich alle an den Forschungsgesprächen beteiligten gewerkschaftlich orientierten Ingenieure einig. Fachlich-kritische Stellungnahmen zu politisch und gesellschaftlich fragwürdigen Großprojekten und Großtechniken wie Kernkraft, SDI oder ISDN stehen in engem Zusammenhang mit dem Anspruch, neben der Risikobenennung auch Technikalternativen aufzuzeigen und wünschenswerte Anwendungen hervorzuheben. Das Ingenieurspezifische dieser politischen Zielsetzung kommt gerade hier zum Ausdruck: Ingenieure können sich – dies zeigt sich in allen Diskussionen – schlecht vorstellen, daß die Dynamik der Technikentwicklung vorweg gesteuert, geschweige denn einfach aufgehalten werden könnte. 'Was einmal erfunden wurde, läßt sich nicht mehr rückgängig machen'. Um so wichtiger sind den Beteiligten an den Forschungsgesprächen gesellschaftliche Regeln und Normen, die die Bedingungen der Technikanwendung definieren. Daran könnten sie sich als argumentative Kraft im technologiepolitischen Diskurs beteiligen. Das Engagement in gewerkschaftlichen Arbeitskreisen stellt ein moralisches und politisches Gegengewicht dar auch gegen die eigene technische Innovationslust und deren Verquickung mit dem ökonomischen Unternehmensinteresse.

Solche grundlegenden Fragen wurden besonders intensiv in einer AIN-Ingenieurgruppe diskutiert. Am Beispiel der Erfindung von Spracherkennungssystemen, die von den Forscherinnen in der Diskussion problematisiert wurden, setzen sich die Beteiligten mit ihren beruflichen und politischen Verantwortungsvorstellungen auseinander.

A „Ja, ein bißchen höre ich hinter Ihren Bedenken heraus: könnte man nicht vielleicht besser so ein Thema wie 'Spracherkennung' vielleicht besser ganz sein lassen – das ist uns zu heiß, und da kann man noch den und den Mißbrauch damit anstellen. Lassen wir besser die Finger davon. Ich glaub, das ist vielleicht der Unterschied zwischen Ihrer Annäherung (der sozialwissenschaftlichen) an das Problem und unserer (der ingenieurwissenschaftlichen). Sie spielen mit so einem Gedanken und wir sagen: das ist also eigentlich grundsätzlich der verkehrte Weg ... Ich finde, man sollte die *wünschenswerten Anwendungen* in den Vordergrund stellen, und wenn's gelingt, im Unternehmen und in der Gesellschaft die Ziele vorzugeben, die eben wünschenswert sind, und die anderen zwar zu sehen, aber eben zu unterdrücken ...

D Also ich seh' die Sache noch ein bißchen von einer anderen Seite. Der Unternehmer ist schon angehalten, aus seiner Profitorientierung heraus ein Produkt so entwickeln zu lassen, wo er einen Markt dafür findet. Aber der Wissenschaftler und Entwickler, der hat meines Erachtens die Verantwortung, denn er ist gleichzeitig auch der Betroffene auf der anderen Seite, und da mangelt es mir scheinbar und zwar ganz gewaltig, daß er nicht berücksichtigt, was er da entwickelt, was das für Folgen hat, sozial – für sich selber – und auch für die Demokratie ...

E Mich hat das auch ein bißchen spontan gestört ... Die Verantwortung des Machers, des Ingenieurs, wird da zu weit zurückgenommen ... Die Praxis ist sicher so, und es gibt immer welche, die machen alles ... entwickeln Tod und Teufel, weil's halt verkauft werden kann ... Das ist für mich der Schwerpunkt, daß eben alles gemacht wird, was machbar ist. Das war vielleicht weitgehend noch möglich, aber wir stellen an immer mehr Stellen fest, daß wir die Grenzen längst erreicht haben, daß wir mehr machen können als eigentlich machbar ist, als wir uns leisten können. Da liegt überhaupt die gesellschaftspolitische Brisanz aus meiner Sicht ...

A Ja, ich wollte nicht sagen – falls das so angekommen ist – daß wir uns etwa als Ingenieure aus der Verantwortung stehlen sollen, das meine ich nicht. ... Ich wollte hinweisen auf andere Mechanismen, die eine Rolle spielen ..." (Ingenieure im AIN 1, 135)

Auf der politischen und gesellschaftlichen Ebene sind diese anderen Mechanismen angesiedelt, die die Richtung der Technikentwicklung beeinflussen. Hier Mitwirkungsmöglichkeiten zu haben, ist eine Zielvorstellung von Ingenieuren im AIN. Diesem Ziel näher zu kommen, gestaltet sich jedoch aus vielfältigen Gründen schwierig, u.a. aus Gründen, die in den unterschiedlichen gewerkschaftlichen Organisationsstrukturen von DAG und IG Metall liegen, denen die Ingenieur-Arbeitskreise zugeordnet sind. Auf diese, in den Forschungsgesprächen diskutierten organisationspolitischen Schwierigkeiten soll im folgenden näher eingegangen werden.

Ingenieur-Arbeitskreise in der gewerkschaftlichen Organisation

Ingenieur-Arbeitskreise der IG Metall und des AIN haben in ihrer jeweiligen Organisation eine unterschiedliche Stellung. Diese kommt in dem Verhältnis des Anspruchs der Mitglieder zum Anspruch der Organisation zum Ausdruck. Gibt es hier unter Ingenieuren des AIN weitgehend Übereinstimmung, so trennen Mitglieder der Ingenieur-Arbeitskreise der IG Metall ihre eigenen Ansprüche deutlich von den Erwartungen und Arbeitsaufgaben, die von der Organisation an sie gestellt werden. Was IG Metall-Ingenieur-Arbeitskreise sollen, deckt sich nur zum Teil mit dem, was Ingenieure in diesen Kreisen selbst wollen. Dennoch werden die Erwartungen der Organisation als legitim anerkannt: Das betrifft vor allem gewerkschaftliche Initiativen auf betrieblicher Ebene, die durch das technische Wissen von Ingenieuren gestützt werden sollen. Neben dem Austausch von Informationen sind das besonders die Beratung von Betriebsräten (im gewerblichen Bereich) und die Ausarbeitung von Kriterien, Regeln und Bestimmungen für Betriebsvereinbarungen bei der Einführung informationstechnischer Systeme. Der weiter gesteckte Auftrag an Ingenieure: Technikalternativen zu bennenen, um die technische Systemgestaltung in ihrer Richtung zu beeinflussen,[3] wird in den Ingenieurdiskussionen zwar als wünschenswert, aber als weit außerhalb eigener Kompetenzen und Handlungsmöglichkeiten liegend betrachtet. Es ist vielmehr so, daß sich Ingenieure aus den IG Metall-Arbeitskreisen allein schon durch die Anforderung einer Betriebsräte-Beratung und Kriterienentwicklung überfordert zeigen. Dies nicht so sehr, weil sie sich nicht vorstellen könnten, hier Effektives zu leisten, sondern weil einfach insgesamt der institutionelle Rückhalt in der Gewerkschaft und dadurch eine positive verbindliche Arbeitsgrundlage in den Ingenieur-Arbeitskreisen fehlt.

Auf seiten der von neuen Technologien besonders betroffenen Ingenieure geht der gewerkschaftlich formulierte Anspruch auf Gestaltung an den Motiven vorbei, derentwegen sie in die Gewerkschaft eingetreten sind. Nicht um Kompetenzen und Wissen für Alternativen zur Verfügung zu stellen, ist man eingetreten, sondern um sich unter den Schutz einer Organisation zu begeben, deren politische Aktivität den eigenen Arbeitnehmerinteressen zugute kommen soll. Schutz und Gestaltungsanspruch geraten in Widerspruch zueinander: im Verhältnis zur Organisation konfligieren Ansprüche *der* Gewerkschaft mit Ansprüchen der betroffenen Ingenieure *an* die Gewerkschaft und innerhalb der Gewerkschaft konfligieren traditionelle Interessenvertretungsstrukturen zum Zwecke des Rationalisierungsschutzes

---

3 Vgl. Technik und Gewerkschaft, Positionspapier für die gewerkschaftliche Arbeit mit technisch-wissenschaftlichen Fachkräften, herausgegeben vom IG Metall-Vorstand, Frankfurt, August 1985.

mit den neuen programmatischen Zielen einer aktiven sozialverträglichen Technikgestaltung.

Als Folge solcher Unklarheiten wird bei sich selbst und bei anderen – nach anfänglicher Begeisterung – abnehmendes Interesse und Ernüchterung festgestellt: ein Arbeitskreis, so wird berichtet – hat sich bereits mangels Beteiligung aufgelöst. Von einem anderen wird mitgeteilt, daß er sich überhaupt nur sehr sporadisch trifft, in einem dritten führen unüberbrückbare Differenzen zwischen den politischen Ansprüchen einiger Teilnehmer und den Ansprüchen der Gewerkschaftsvertreter zu deren Auszug aus dem Arbeitskreis. Es wird bitter festgestellt, daß die IG Metall Ingenieur-Arbeitskreise wohl nur als 'Feigenblatt' brauche, nicht aber bereit sei, sich ernsthaft auf die Bedürfnisse der Ingenieure einzulassen.

Solche Diskrepanzen zwischen gewerkschaftlicher Programmatik und gewerkschaftlichem Tun sehen AIN-Ingenieure für ihre gewerkschaftliche Interessenvertretung nicht. Allerdings besteht hier auch kein Arbeitsauftrag, wie ihn die IG Metall für Ingenieure definiert. Selbst- und Organisationsverständnis von AIN-Ingenieur-Arbeitskreisen beziehen sich weniger auf Arbeitsgestaltung im Betrieb als auf Teilnahme und Einflußnahme in der gesellschaftlichen Technikdebatte. Das organisationspolitische Ziel einer solchen Debatte im AIN ist auf die Veränderung des Bewußtseins unter Ingenieuren selbst gerichtet. Ein direktes Engagement für die Belange von Arbeitnehmern im gewerblichen Bereich wird hier nicht gefordert.[4] Gewerkschaftliche Arbeit ist im AIN auf die Berufsgruppe der Ingenieure bezogen und als solche haben sie sich in der DAG organisiert. Von den AIN-orientierten Teilnehmern der Gesprächsrunden wird einvernehmlich das Interesse betont, als Kollektiv der Ingenieure in der Gesellschaft politischen Einfluß auszuüben: dies gilt für technikkritische Stellungnahmen in der Öffentlichkeit wie für die Vertretung beruflicher Interessen im Betrieb. Neben dieser Funktion als 'schützendes Sprachrohr', durch das Ingenieure ihr Wissen zwar öffentlich machen, zugleich aber anonym bleiben können, ist die organisationspolitische Zielsetzung des AIN in erste Linie auf die Wahrnehmung der Arbeitnehmerinteressen von Ingenieuren gerichtet.

Wie an den Erzählungen ihrer persönlichen Gewerkschaftsgeschichte deutlich wird, bestimmt das Interesse als Beschäftigter denn auch häufig den Eintritt in den AIN. Dabei waren es zunächst eher zufällige Umstände, die die Beteiligten in den AIN und nicht in die IG Metall führten. Demgegenüber hatte man sich durch den Gewerkschaftseintritt in den AIN ausdrücklich gegen den VDI oder andere Berufsverbände der Ingenieure entschieden.

Die für einen Teil der Ingenieure im AIN sicher typische Eintrittgeschichte kommt in der folgenden Darstellung zum Ausdruck.

---

[4] Vgl. die Broschüre des AIN „Verantwortung und Zukunft der Ingenieure und Naturwissenschaftler" vom Januar 1987.

D „Es war einfach der Konflikt am Arbeitsplatz ... Weil mich ein bißchen was geärgert hat im näheren Vorgesetztenfeld. Das war ein ganz simpler Grund. Und das Verständnis für das Problem 'Technik', das ist eigentlich so mit der Zeit gewachsen.

C Entschuldigung, der Grund war nicht die Hinwendung zum AIN, sondern zum Betriebsrat überhaupt?

D Meine Hinwendung war zum AIN!

C Warum, war da gerade ein AIN-Mann in der Nähe oder wie?

D Hat gerade ein AIN-Mann neben mir gesessen.

C Es hätte ja auch IG Metall sein können ...

D Das hängt wahrscheinlich von der Argumentation ab ... das ist hypothetisch, daß kann ich gar nicht beurteilen ... Und damals war halt auch einer vom AIN in meiner Nachbarschaft, und wir haben viel diskutiert über das Verhältnis Vorgesetzte zu den Mitarbeitern und daß eben da Dinge da sind, die geklärt werden müssen und daß eben nur über dieses Kollektiv der Ansatz da ist. Und erst im Laufe der Zeit hier und mit verschiedenen Veranstaltungen und Diskussionen haben sich eigentlich diese tieferen Werte dann auch für mich in den Mittelpunkt gestellt." (Ingenieure im AIN 2, 57)

AIN-Mitglieder können jedoch keinesfalls als verhinderte IG Metaller verstanden werden. Mag auch die gewerkschaftliche Orientierungsphase anfänglich organisationspolitisch neutral sein, so bilden sich doch im Verlauf der Mitgliedschaft inhaltliche Zugehörigkeiten heraus, die AIN-spezifisch sind. Daneben gibt es natürlich auch Ingenieure, die von Anfang an eine bewußte Entscheidung für den AIN und gegen die IG Metall getroffen haben. Die Gründe für diese Entscheidung werden im folgenden von einem Ingenieur in der Diskussion dargelegt.

E „Also bei mir war's noch ganz anders ... Der wesentliche Motivationsfaktor bei mir war das ganz krasse Mißverhältnis zwischen der Leistung, die die Ingenieure, Naturwissenschaftler eingeschlossen, als Gesamtheit für die Gesellschaft erbringen auf der einen Seite und der Randrolle, die sie gesellschaftlich tatsächlich spielen ... Allerdings muß man dabei auch berücksichtigen, daß dabei die Ingenieure selbst ein gerüttelt Maß an Schuld tragen. Sie interessieren sich zu wenig für gesellschaftlich relevante Prozesse. Sie lassen sich leicht an den Rand drängen ... im Vergleich zu anderen Berufsgruppen – wenn man sich Ärzte anschaut, Rechtsanwälte ... Also um das irgendwie auf die Spitze zu treiben, möchte ich mal sagen: Ingenieure und Naturwissenschaftler sind innerhalb unserer Gesellschaft genau jene Nieten, mit denen die Politiker und Wirtschaftskapitäne ihre Bolzen drehen. Und das ist sehr bedauerlich. Von daher müßte eigentlich jeder, der mit dieser Rolle nicht zufrieden ist, versuchen ... das zu ändern. Da bietet sich natürlich eine Organisation in der einen oder anderen Weise an, z.B. eine Gewerkschaft. Nun, da war ich sehr zögerlich, denn bei einer Gewerkschaft schaut man sich zuerst mal an: DGB und seine Gliederungsorganisationen, und das hat mir überhaupt nicht gepaßt, denn dort sehe ich die Arbeit in erster Linie ideologisch motiviert. Da wird der Klassenkampf an die Wand gemalt, dann gibt es ein Freund-Feind-Bild und man versucht, statt einen Konsens zu erreichen, irgendwie mal alles mit der Brechstange durchzusetzen. Insofern wäre für mich ein Eintritt in den DGB nie in Frage gekommen, da hätte am Arbeitsplatz neben mir sitzen dürfen wer wollte, das hätte ich nicht gemacht. Ich hab's von Anfang an darauf angelegt, in einer Organisation mich zu betätigen, wo man von der Sachkompetenz ausgeht ... Und da muß ich sagen, lag mir mentalitätsmäßig der AIN weitaus am nächsten.

C Warum war's nicht der VDI oder sowas?

E Ja, der VDI, das ist eine reine Standesvertretung ... für berufliche Weiterentwicklung ... Diskussionen auf rein fachlicher Ebene, die werden die Gesellschaft nicht verändern ... Für fachlichen Kontakt ist das sehr gut, fast sogar ideal, aber den letzten entscheidenden Schritt tun die nicht. Und hier sehe ich beim AIN gerade die richtigsten Wege." (Ingenieure im AIN 2, 59 f)

Gesellschaftliche Veränderung, ein Ziel des AIN, das sich nach Meinung nicht nur des hier zu Wort kommenden Ingenieurs ausdrücklich vom VDI oder VDE unterscheidet, bedarf einer starken politischen Kraft. Diese Kraft aber – dies wird unter den teilnehmenden AIN-Ingenieuren bedauert – steht dem AIN weder von der Mitgliederzahl noch organisatorisch zur Verfügung. Sie wäre nur gegeben, wenn der AIN einen größeren Einfluß auf die offizielle DAG-Politik hätte. Als Berufsgruppenvertretung kann er jedoch nur wie andere Berufsgruppen auch, die in der DAG organisiert sind, Anträge auf den Weg bringen, damit sie bis zur Abstimmung in den DAG-Bundeskongreß gelangen. In diesem Gremium sind sachkundige Ingenieure, die die politische Bedeutung technikbezogener Anträge einzuschätzen vermögen, allerdings in der Minderzahl.

Aber auch innerhalb des AIN scheinen nicht genügend Kräfte versammelt, um eine kontinuierliche – die Probleme von Technik und Gesellschaft umfassende – gewerkschaftliche Politik zu betreiben. Einzelne – so die Feststellung – seien mit Funktionen überhäuft, während andere Ingenieurkollegen bloß passiv profitierten, nicht aber bereit seien, sich ernsthaft zu engagieren. – Und Engagement heißt für die Beteiligten stets mehr tun, als sich um tarifliche Fragen zu kümmern. Dieses *Mehr* ist es, was nicht nur organisationspolitisch, sondern auch persönlich so große Mühe macht. Verlangt es doch vom einzelnen die Entwicklung einer über materielle Interessen hinausreichenden Position, die die eingewöhnte und anerkannte Berufsidentität überschreitet. Und zugleich sind für diese Position Organisationswiderstände zu überwinden, wie sie in der DAG als Interessenvertretung der Angestellten typisch sind. Das Dilemma des AIN als einer vergleichsweise kleinen gewerkschaftlichen Ingenieurorganisation mit gesellschafts- und technikkritischem Anspruch innerhalb einer Angestelltengewerkschaft mit breit gestreuten Interessen kommt in der folgenden Diskussionspassage zum Ausdruck.

A „Also ich erinnere an eine unserer AIN-Landesvorstandssitzungen, da ist die Frage aufgetaucht, ob sich der AIN in Zukunft mehr mit der Umwelt beschäftigen soll? Da hat sich der ganze Verein also betroffen angeschaut und hat mit den Schultern gezuckt ...

E Also ich habe die Schultern gezuckt, weil ich die Kraft nicht habe, das auch noch zu machen.

A Ja, ja, okay, das kann ein Grund sein. Ein anderer Grund kann sein, daß man sagt: Wir haben so und so viel andere Aufgaben, die wir auch schon nicht schaffen, warum sollen wir uns das auch noch aufladen usw. Es gibt eine Menge, tausend Gründe, warum das die Reaktion sein kann. Aber es ist schon so ... Das ist schon sehr wichtig eigentlich, daß wir uns nicht nur auf die nächste Lohnrunde konzentrieren ... Gerade als Ingenieure in der DAG müssen wir schon ein bißchen was anderes machen." (Ingenieure im AIN 2,11)

Ingenieure aus Arbeitskreisen der IG Metall haben sich mit ganz anderen Problemen auseinanderzusetzen. Wie in den Forschungsgesprächen deutlich wird, ringen diese Ingenieure – im Unterschied zum AIN – überhaupt erst um so etwas wie eine organisationspolitische und gewerkschaftliche Identität, die sie keineswegs durch Gewerkschaftseintritt und die Bekundung persönlicher Bereitschaft schon erlangen können. Was dagegen von diesen gewerkschaftlich aufgeschlossenen Ingenieuren erfahren wird, ist, daß die IG Metall und ihre Funktionsträger offenbar selbst noch nicht geklärt haben, welche Rolle Ingenieure (Ingenieur-Arbeitskreise) zukünftig gewerkschaftlich spielen sollen. Das Verhältnis der IG Metall zu den Ingenieur-Arbeitskreisen wird als doppelbödig und halbherzig erlebt. Einerseits sieht man die Bemühungen der IG Metall, an Ingenieure heranzukommen, andererseits fehlt es an Konsequenz und Ernsthaftigkeit, mit den interessierten Ingenieuren etwas aufzubauen. So entsteht der Verdacht, als 'Alibi' mißbraucht zu werden, was die Motivation zur Mitarbeit nicht gerade fördert. Ziele, wie sie für die Kooperation mit wissenschaftlich-technischen Fachkräften im IG Metall-Aktionsprogramm: Arbeit und Technik – „Der Mensch muß bleiben!" (vom November 1984) stehen, werden von den Beteiligten in den Forschungsdiskussionen als von den Bedingungen vor Ort weit entfernt gesehen.

Dabei kann man sich sehr gut vorstellen, wie die Bedingungen für eine effektivere Arbeit in den Arbeitskreisen zu verbessern wären. Auf Vorschläge für die sogenannten TINA's (Techniker, Ingenieure und Naturwissenschaftler-Arbeitskreise) befragt, wird folgendes in Betracht gezogen.

G „Es müßte in jeder TINA ein Projektleiter sitzen, der die Themen vorbereitet. ... Man muß sich ein Ziel setzen, um an dem zu arbeiten. Wenn man in der Zwischenzeit feststellt, dieses Ziel ist es nicht wert, daß man weiter drüber diskutiert, setzt man ein anderes Ziel. Aber wenn da keine Leitung da ist, die diese Ziele verkündet, die die Einladungen schreibt, fällt dieses in sich zusammen. Dann ist auch das mangelnde Interesse von den Außenstehenden einfach zu begründen ... Weil sie sagen: Da kommt nichts raus, da gehe ich nicht mehr hin; das ist ja kurz vor'm Zusammenbrechen. So eine Gruppe lebt davon, daß immer ein gewisses Thema vorbereitet wird, von dem man ausgehen kann, daß es alle Anwesenden interessiert, daß es sich lohnt, dieses Thema weiterzuverfolgen ... In drei Wochen komme ich wieder ... Ich möchte nicht, daß die TINA so von Zufälligkeiten abhängig ist, sondern daß das wirklich geplant wird, daß das auch wirklich die Gewerkschaft als Träger in die Hand bekommt, ohne die Bedingung zu stellen, daß dort nur gewerkschaftliche Ansichten vertreten werden. Und das ist für mich noch ein bißchen der wunde Punkt an der Gewerkschaft, daß im Gewerkschaftshaus auch gerne die Mitgliederwerbung im Vordergrund steht ...

H Ja, ich find' es irgendwo sehr halbherzig, wie die Gewerkschaft da bis jetzt eingestiegen ist. Da müßten auch Kräfte zur Verfügung gestellt werden, die Schreibarbeiten leisten, die auch Archivierungen und solche Sachen machen und Papiere zusammenstellen und herausbringen können ... letzten Endes hat einer seinen Heimcomputer verwendet, um ein Protokoll abzuziehen ... Selbst die Kopien hat er aus der Firma mitgebracht, wo er arbeitet.

G Sicher, das soll nicht so sein, daß jemand am Sonntag die Sachen schreibt ... und wenn jemand da ist, der in dem Kreis für den Kreis bezahlt wird. Also es muß eine Position da sein." (Ingenieure in der TINA 2, 88 und 125)

Die Vorbereitung auf Themen, die Ingenieure interessieren –unabhängig von ihrer Mitgliedschaft in der IG Metall – und die entsprechende verwaltungsmäßige Unterstützung hierbei, deuten auf Bedürfnisse und Interessen von Ingenieuren hin, die mit gewerkschaftlichen Zielen nicht ohne weiteres deckungsgleich sind. Diese betreffen zum einen die Etablierung von TINA's als eine fachliche Öffentlichkeit, zu der Expertisen erarbeitet und Experten herangezogen werden können sollen, zum anderen betreffen sie Bedürfnisse der politischen Artikulation, die mit dem Organisationsverständnis der Einheitsgewerkschaft nicht vereinbar sind. Diese Bedürfnisse werden in der Diskussion von jenen Ingenieuren geäußert, die sich aus anderen Gründen als denen einer traditionsgebundenen gewerkschaftlichen Beziehung für die Mitarbeit in den TINA's interessieren. Diese Ingenieure möchten weder die parteipolitische Abstinenz noch eine Beschränkung der Behandlung von Technikfolgenproblemen auf den Beschäftigungsbereich akzeptieren. Die folgende Darstellung eines Ingenieurs seiner Beweggründe für gewerkschaftliche Ingenieur-Arbeitskreise mag hier einen Einblick geben.

J „Ich dachte mir, warum nicht? Ich war vorher in vielen anderen Bereichen politisch tätig, in Friedensgruppen und Umweltsachen, und dann dachte ich mir: warum nicht mal was, was mit meinem Beruf zu tun hat. Das wäre ja auch mal interessant, da Erfahrungen zu sammeln, wie andere Kollegen das einschätzen ... Ich habe auch sonst immer ein kleines Vorurteil gegenüber Gewerkschaft gehabt: Das ist so Richtung 'Scheuklappen' ... nicht rechts und links sehen, was des Weges ist und das gleich verurteilen, was gesagt wird, kritisiert wird. – Daß man nicht ausgebuht wird, das fand ich auch ganz gut. Aber ich stellte eben dann auch fest – wo dann diskutiert wurde – daß man sich da wenig einbringen konnte ... Daß dann alles so festgelegt war in Richtung Gewerkschaftssache, daß da wieder irgendwelche Betriebsverfassungsgesetze zitiert werden, und das interessierte mich dann nicht so." (Ingenieure in der TINA 2, 92)

Die von den Beteiligten erlebte und problematisierte umfassende Betroffenheit von Technikfolgen im Arbeits- und Lebensbereich paßt schlecht in die gewachsenen hierarchisch und funktional gegliederten Zuständigkeiten und Themengebiete gewerkschaftspolitischer Arbeit. Hier Grenzen im Denken, Reden und Handeln anzuerkennen, weil nur bestimmte Aspekte gewerkschaftspolitisch institutionalisiert sind, fällt den meisten Ingenieuren unserer Forschungsgespräche, die IG Metall-Ingenieur-Arbeitskreisen zugeneigt sind, schwer. Ihre Heimat in der IG Metall zu finden, können sich (IG Metall-Mitglieder wie Nicht-Mitglieder) nur dann vorstellen, wenn diese Gewerkschaft selbst sich zu verändern beginnen würde. Und das bedeutet, wenn sie das, was von Ingenieurseite eingebracht wird, ernster nehmen würde als bisher. In diesem Zusammenhang werden dann TINA's nicht so sehr als ausführende Arbeitsgruppen gewerkschaftlicher Ziele, sondern umgekehrt als eine Möglichkeit aufgefaßt, *in* die Gewerkschaft selbst hineinzuwirken, um diese für Ansprüche, Ideen und technikpolitische Vorstellungen der Ingenieure aufzuschließen.

Im Vergleich zu den organisationspolitischen Problemen des AIN als einer mit nicht genügend Organisationsmacht ausgestatteten Ingenieurgewerkschaft liegen die Probleme von Ingenieur-Arbeitskreisen in der IG Metall ganz anders. Hier besteht zwar Organisationsmacht, doch ist das Verhältnis zwischen der Organisation und den interessierten Ingenieuren zum Teil so zwiespältig, daß eine Folge – die in den Forschungsgesprächen deutlich wurde – nicht die Gewinnung neuer Mitglieder, sondern die Demotivierung bereits aufgeschlossener Ingenieure ist. Scheinen sich die aktiven Ingenieure im AIN zu übernehmen, so scheinen demgegenüber in der IG Metall die Strukturen zu fehlen, auf denen ingenieurspezifische Aktivitäten zur Technikgestaltung überhaupt aufbauen könnten.[5]

Für AIN- wie für der IG Metall nahestehende Ingenieure ergeben sich – trotz der sehr verschiedenen historisch-institutionellen Ausgangslagen – am Ende ähnliche Folgen, was den politischen Einfluß dieser Ingenieurgruppierungen in der Öffentlichkeit betrifft. Ingenieuren in der IG Metall fehlt es an Gewicht in ihrer eigenen organisationsinternen Öffentlichkeit und darüber auch in der breiteren gesellschaftlichen; Ingenieure im AIN haben zwar ihre eigene gewerkschaftliche Öffentlichkeit, diese hat aber ihrerseits zu wenig Gewicht in den politischen Auseinandersetzungen der Interessengruppen.

In den Forschungsgesprächen kommen daher beide gewerkschaftlichen Ingenieurgruppen zu dem Schluß, daß die diagnostizierte politische Ohn-

---

5 Vgl. dazu das nachfolgende Kapitel.

macht nur dadurch zu beheben wäre, wenn sich die Ingenieure selbst stärker und zahlreicher als bisher für die Bearbeitung der Probleme von Technik und Gesellschaft einsetzen würden.

Interessenambivalenzen in der Berufsgruppe als Problem der Organisierung

Der Blick auf die eigene Berufsgruppe ist jedoch für alle Beteiligten ernüchternd. In den Diskussionen wird festgestellt, daß ein Bewußtsein der Betroffenheit von Technikentwicklungen, die einen selbst aufgerüttelt haben, sei es am Arbeitsplatz, seien es Umweltkatastrophen wie Tschernobyl, seien es Rüstungs- und Gen-Technologie, längst nicht für alle Ingenieure gilt. Dabei sehen sich Ingenieure in IG Metall-Arbeitskreisen selbst als diejenige Gruppe innerhalb der Berufsgruppe, denen die Karriere nicht über alles geht und die demzufolge auch eher durch Technikentwicklungen in der Qualität ihrer Arbeit bedroht sind. Als 'Arbeitnehmer' grenzen sie sich von jenen Kollegen ab, die glauben, die Gewerkschaft nicht nötig zu haben. Auf der Seite der Betroffenen stehend, kann man sich eine Politisierung jener unkritischen Ingenieurkollegen nur vorstellen, wenn diese selbst durch neue Technologien bedroht wären. In dieser Sichtweise liegt es dann nahe, seine Hoffnung auf einen objektiven Prozeß zu bauen, in dessen Verlauf eine zunehmend dequalifizierte Schar von Ingenieuren quasi zwangsläufig ein 'Arbeitnehmerbewußtsein' ausbildet.

Eine zwiespältige Einstellung der Ingenieure zur Technikentwicklung wird auch von AIN-Ingenieuren festgestellt. Es sind besonders junge Kollegen, unmittelbar nach der Ausbildung, denen man einen Mangel an Bewußtheit ihrer gesellschaftlichen Verantwortung als Ingenieur attestiert, daneben sieht man den Typ des 'Machers ohne soziales Gewissen', der nur auf seine Leistung baut und den Typ des 'Konsumenten', der von den Errungenschaften des AIN bloß profitiert.

Das Problem der Motivierung und Gewinnung von Mitstreitern für eine Technik aus sozialer Verantwortung hat tiefere Gründe. Sie sind in elementaren beruflichen Interessen und Wünschen verankert, denen gegenüber außertechnische Regelungen, Normen oder gar Begrenzungen eine Bedrohung darstellen. So ist es – wie berichtet wird – im AIN beispielsweise nicht gelungen, eine einheitliche Position in 'Sachen Wehrtechnik' zu formulieren und genauso wenig für das Problem der 'Kernkraft'. Solche mangelnde Einigkeit selbst innerhalb der Gruppe der gewerkschaftlichen Ingenieure verweist darauf, wie schwierig es ist, einen über das unmittelbare Arbeitsplatzinteresse hinausweisenden technikkritischen Anspruch mit jenen zu verwirklichen, die selbst Akteure der Technikentwicklung sind.

In einer Diskussion mit Ingenieuren des AIN wird das aus diesem Anspruch erwachsende persönliche Dilemma von einem Beteiligten geschildert.

E „Wenn man das jetzt weiter diskutiert, dann möchte ich doch im Auge behalten, wie es an der Basis wirklich läuft. Da ist ja der ... Forscher am Arbeitsplatz, der dann wirklich einmal überrissen hat, an welchem Thema er arbeitet, daß das unter Umständen gesellschaftspolitische, sozialpolitische Wirkungen hat. Wenn es ein Mann ist, der schon in der Firma ist und in so ein Projekt reinkommt – er holt sich's ja nicht, er kriegt ja das Projekt – dann hat er die Möglichkeit, woanders hin zu gehen, vorausgesetzt, er hat sie! Und wenn es ein Neuanfänger ist, dann hat er die Möglichkeit, gar nicht erst einzusteigen. Das schaut in wirtschaftlich guten Zeiten so aus, daß er zu einer anderen Firma geht. Wenn's knapp wird, dann steht er vor dem Problem, daß er unter Umständen gar keinen Job kriegt ... Und das sollten wir mit im Auge behalten auch dann, wenn wir die Ziele für das Kollektiv uns vornehmen: denn irgendwo läuft's dann doch darauf hinaus, daß wir als AIN oder als Gewerkschaft an unseren eigenen Arbeitsplätzen rütteln." (Ingenieure im AIN 2,98)

Das Verhältnis zwischen dem beruflichen Handeln des einzelnen und den sozial wünschenswerten Zielen in der Technikentwicklung, die man als Ingenieur kollektiv vertreten könnte, ist konfliktträchtig. Denn läßt man sich nicht nur auf das Thema 'Qualität am Arbeitsplatz', sondern auch auf die Produkte ein, die dort entwickelt werden, können persönliche und kulturelle Werte und Verantwortungsdimensionen leicht in Widerspruch zueinander geraten. Die Uneinigkeit unter Ingenieuren und ihre geringere Bereitschaft, sich politisch und gewerkschaftlich zu organisieren, wäre dann auch als ein Ausdruck jener Widersprüche im Subjekt zu verstehen, deren Bewußtwerdung, Bearbeitung und Lösung erst Kräfte für ein stärkeres gewerkschaftliches Engagement freisetzen könnte. Welche Wege hier von Ingenieuren selbst eingeschlagen werden können, wurde in den Forschungsgesprächen diskutiert: das sind zuvorderst die Reflexion und Diskussion der eigenen Position zur Technikentwicklung und an zweiter Stelle der kooperative Austausch mit anderen Gruppen im betrieblichen Bereich und im weiteren gesellschaftlichen Umfeld.

Ingenieure in der IG Metall – zwischen gewerkschaftlicher Schutz- und Technikgestaltungspolitik

Birgit Volmerg

Nach der ersten großen Automationsdebatte (Pollock, 1956, 1964), die in der Phase des allgemeinen Wirtschaftswachstums versandete, begann eine neue Diskussion um Werte und Ziele im Zusammenhang mit Technikentwicklung innerhalb der DGB-Gewerkschaften erst wieder in den 80er Jahren. Solange ein stillschweigender gesellschaftlicher Konsens darüber bestand, daß die Errungenschaften des technischen Fortschritts bloß eine Verteilungsfrage aufwerfen, konnten sich die Gewerkschaften auf Lohnkämpfe um die durch den Produktivitätsanstieg erzielten Gewinne konzentrieren. Die schon immer im Zuge technischer und arbeitsorganisatorischer Rationalisierung auftretenden negativen Folgen für die Beschäftigten sollten flankierend mit Hilfe spezifischer Schutzabkommen, Arbeitsregelungen und Maßnahmen zur sozialen Abfederung begrenzt bzw. materiell kompensiert werden. Im traditionellen gewerkschaftlichen Politikverständnis stand dabei die Frage, *zu welchem Lohn wird etwas produziert*, stets an erster Stelle.[1]

Die Organisation der Arbeit und die inhaltliche Gestaltung der Technik im unmittelbaren Produktionsprozeß wurde – so stellen Reinhard Bispinck und Mario Helfert in ihrer Bestandsaufnahme „Technischer Wandel und gewerkschaftliche Arbeitspolitik" (1987) fest – den Unternehmen als deren ureigendstem Verfügungsraum überlassen.

Der „soziale Auftrag" an Ingenieure

Die Beschränkung gewerkschaftlicher Arbeitspolitik auf die sozialen Folgen technischer Entwicklung wird innerhalb der Gewerkschaften jedoch zunehmend als unzureichende Antwort auf den durch neue Technologien bedingten Umbruch der Arbeitsstrukturen problematisiert.[2] Die auf die Phase der Mechanisierung und Taylorisierung der Arbeit zugeschnittenen Gegenstrategien verlieren ihre Wirksamkeit, wenn inhumane Folgen der Arbeit weder

---

[1] Vgl. dazu das Gespräch mit Ulrich Klotz über seine Erfahrungen mit Technologieberatungsstellen, In 'Wechselwirkung', Nr. 24, Februar 1985, S. 26.
[2] Technologiepolitische Konferenz des DGB (1985), Siegfried Bleicher: „Die soziale Bewältigung der technischen Herausforderung – Zukunftsperspektiven von Arbeit, Gesellschaft und Politik" In S. Bleicher (Hrsg.) (1987).

im voraus bestimmt, noch an konkreten Bedingungen des Arbeitsplatzes und des Mensch-Maschine-Verhältnisses ursächlich festgemacht werden können.

Denn die durch die Informatisierung der Steuerungsprozesse und die Automatisierung des Produktionsprozesses eingeleitete neue Stufe der so bezeichneten „systemischen Rationalisierung" greift nicht erst auf der Ebene der Arbeitsausführung, sondern verlagert den Ort der sozialen Bestimmung von Arbeitsqualität in die abstrakte Funktionalität des technischen Systems. Die Auseinandersetzung auf der Ebene der Erscheinungsformen der Arbeit erweist sich hier als hoffnungslos nachträglich, da die in den Systemen angelegte Schaltung und Programmierung im Arbeitsgeschehen selbst nicht mehr zu beeinflussen, geschweige denn zu korrigieren ist (Bispinck, Helfert, 1987, 316). Aus der Erkenntnis, daß die traditionellen Politikformen als Antwort auf die technologisch bedingten Veränderungen der Arbeit nicht ausreichen, haben der DGB und seine Gewerkschaften begonnen, alternative technologiepolitische Konzepte zu entwickeln.[3] Sie sollen programmatisch und organisatorisch aus der „defensiven Lage" der Gewerkschaften herausführen. Programmatisch, indem inhaltliche Ziele und Kriterien für eine sozialverträgliche Gestaltung von Arbeit und Technik definiert werden – organisatorisch, indem Wege aufgezeigt werden, in welcher Weise die Gestaltungsziele in die Praxis umgesetzt werden sollen.

Der gewerkschaftlich formulierte Anspruch, auf die Technikentwicklung selbst Einfluß nehmen zu wollen,[4] setzt nun aber andere Kompetenzen und Kenntnisse voraus, als normalerweise in der Erfahrung betrieblicher Interessenkonflikte angeeignet werden. Die mangelnde gewerkschaftliche Verfügung über technisch-wissenschaftliches Wissen als Instrument von Gegenmacht verweist hier gleich auf ein zweifaches Problem: auf die – innergewerkschaftlich selbstkritisch vermerkte – bisherige Vernachlässigung der Angestellten als in der Zukunft immer bedeutsamere Beschäftigtengruppe (Niebuhr, Schröder, 1984), und auf den Mangel an fachkompetenten Bündnispartnern für eine alternative gewerkschaftliche Technikgestaltungspolitik.

Als eine vordringliche organisationspolitische Aufgabe wird denn auch

---

[3] IG Metall, Aktionsprogramm: Arbeit und Technik – „Der Mensch muß bleiben!", Frankfurt, November 1984. Gewerkschaft ÖTV, Arbeitsprogramm: Neue Techniken/Rationalisierung – Technik sozial entwickeln und anwenden! Gewerkschaft HBV, Zukunft der Arbeit im Dienstleistungssektor – Arbeitsprogramm: Aufgaben und Ziele in der Rationalisierungs- und Technologiepolitik (Diskussionsgrundlage), Düsseldorf, September 1986.

[4] Franz Steinkühler, Referat: Technik – Ingenieure – Gewerkschaften, In Einbahnstraße Technik? Ingenieurkonferenz der IG Metall in Baden-Württemberg am 29. Oktober 1983 in Reutlingen, Tagungsberichte/Dokumente, 8, Hans-Böckler-Stiftung.

im DGB mit der gewerkschaftlichen Angestelltenarbeit[5] die Politisierung der technisch-wissenschaftlichen Fachkräfte benannt.[6] Dieses Ziel liegt besonders im Interesse der IG Metall, deren Initiativen im folgenden im Mittelpunkt stehen.[7] Ein wichtiger Schwerpunkt des Aktionsprogramms „Arbeit und Technik – Der Mensch muß bleiben" (der IG Metall vom November 1984) ist es, Techniker, Ingenieure und Naturwissenschaftler für die Gewerkschaftsarbeit zu gewinnen. In einem begleitenden Positionspapier „Technik und Gewerkschaft" vom August 1985 heißt es dazu: „Den herrschenden kapitalorientierten Technologieprinzipien soll mit Hilfe des technischen Sachverstands und gewerkschaftlicher Durchsetzungskraft entgegengetreten werden." Entsprechend lautet der von den Gewerkschaften formulierte „soziale Auftrag" an Ingenieure, durch Übernahme konkreter Arbeitsaufgaben ihr Wissen in den Dienst der gewerkschaftlichen Politik zu stellen. Ingenieure sollen durch die „rechtzeitige Analyse von neuen Technologielinien" und durch „frühzeitige Folgenabschätzungen" „Technikalternativen erarbeiten" und Betriebsräte bei der Entwicklung interessenbezogener Regelungspositionen für Arbeitssysteme beraten und unterstützen (Technik und Gewerkschaft, Positionspapier, S. 13).

Dabei ist den Verfechtern der neuen Bündnispolitik klar, daß diesen Zielen nicht nur technikzentriertes Denken, das die sozialen Folgen der Technikentwicklung systematisch ausblendet, entgegensteht. Ebenso wird gewerkschaftsintern das Fehlen der nötigen Sensibilität und arbeitspolitischen Infrastruktur beklagt, um die gestaltungsbezogenen Aktions- und Arbeitsprogramme praktisch zu machen (Bispinck, Helfert, 1987, 322). Die IG Metall hat als eine Konsequenz daraus mit dem Aufbau von Arbeitskreisen für Techniker, Ingenieure und Naturwissenschaftler begonnen.[8] Ein erster IG Metall-Arbeitskreis wurde 1980 in Nürnberg gegründet, danach folgten in Mannheim, Stuttgart, Hamburg, Berlin und in anderen IGM-Bezirken ähnliche Initiativen. Inhaltliche Schwerpunkte sind zum einen die Produktkonversion, vornehmlich in Betrieben mit Rüstungsproduktion,

---

5 Vgl. Siegfried Bleicher: Solidarität 2000. Neun Thesen zur selbstkritischen Diskussion der Angestelltenarbeit der IG Metall, Februar 1987. Vgl. „Keine Zukunft ohne organisierte technische Intelligenz", Die Mitbestimmung 10/11, 1984, 30. Jg., Hans-Böckler-Stiftung, Düsseldorf.

6 Beschluß des 14. ordentlichen Gewerkschaftstages der IG Metall im Oktober 1983, „den Aufbau von Arbeitskreisen für Ingenieure, Naturwissenschaftler und Techniker zu fördern", In Einbahnstraße Technik, s.o., S. 7.

7 Die Initiativen des AIN (Arbeitskreis Ingenieure und Naturwissenschaftler in der Industrie, in der DAG) wurden im Vergleich der Ingenieurarbeitskreise von IG Metall und AIN im vorherigen Kapitel behandelt.

8 Diesem Ziel dient auch das vom Projektträger HdA (Humanisierung des Arbeitslebens) geförderte IG Metall Gestaltungsprojekt „Konzipierung und Umsetzung menschengerechter Arbeits- und Technikgestaltung in Fertigung und Verwaltung" (Abteilung Automation/Technologie der IG Metall).

zum anderen die Auseinandersetzung mit Informations- und Kommunikationstechnik in ihren Auswirkungen auf die betrieblichen Arbeitsstrukturen.

Eine Bilanz dieser Bemühungen um die Ingenieure, die Andreas Drinkuth 1987 auf der Tagung „Arbeit und Technik" in Bremen zog[9], unterscheidet sich kaum von der politischen Diagnose, die Franz Steinkühler bereits vier Jahre zuvor auf der Ingenieurkonferenz der IG Metall 1983 in Reutlingen gestellt hatte. Vom „Schulterschluß mit Technikern, Ingenieuren und Naturwissenschaftlern" ist „die IG Metall noch weit entfernt" ... „selbst wenn sie betriebliche und gesellschaftliche Wirklichkeit und Ursachenzusammenhänge erkannt haben, strömen Ingenieure nicht scharenweise zur IG Metall" (1984, 4). Auf dieser Konferenz wurde eingeräumt, daß das Problem mangelnder Politisierung der Ingenieure nicht etwa nur eine Frage des falschen Bewußtseins dieser Gruppe sei, sondern zu einem Gutteil in den traditionellen politischen Strukturen der Gewerkschaften selber liege. – Der Aufbau von Ingenieur-Arbeitskreisen hat indes nicht den Aktivierungserfolg und die Ergebnisse gebracht, die sich die IG Metall von dieser organisationspolitischen Alternative zu den klassischen Vertretungsstrukturen erhofft hatte. Es scheint, als ob das Problem der Organisierung von Ingenieuren tiefer liegt als die neuen Instrumente gewerkschaftlicher Arbeitspolitik reichen.

„Lohnarbeitsbewußtsein" – ein Ansatz für die Organisierung von Ingenieuren?

Dabei hatten die in den 70er Jahren gestellten soziologischen Prognosen zur Lage der technischen Intelligenz allen Anlaß gegeben, von einem quasi naturwüchsig entstehenden gewerkschaftlichen Potential unter Ingenieuren auszugehen. Angesichts einer ökonomisch-technischen Entwicklung, in der sich der Bedarf an qualifizierten Ingenieuren, Technikern und Naturwissenschaftlern enorm vergrößerte und angesichts einer auch für Ingenieure veränderten Arbeitssituation in industriellen und großtechnischen Projekten, schien es theoretisch nur folgerichtig, die Politisierung der Ingenieure an der Bewußtwerdung eigener Abhängigkeit und Entfremdung festzumachen.

Die von Marx ausgehenden klassentheoretischen Untersuchungsansätze wollten daher überprüfen, ob mit zunehmender Restriktivität und Taylorisierung der Ingenieurarbeit die objektive Klassenzugehörigkeit der Ingenieure (als Teil des der Kapitalverwertung unterworfenen *produktiven Gesamtarbeiters*) auch subjektiv zu Buche schlägt. Die empirischen Untersuchungen des Berliner Autorenkollektivs (1973), von Engelhardt und Hoffmann (1974) und von Beckenbach u.a. (1975) bestätigen diese Hypothese jedoch nur

---

9 Podiumsdiskussion: „Die Rolle der 'Arbeit und Technik'-Forschung in der Wissenschafts- und Technologiepolitik", 2. Bremer Forum und Symposium „Arbeit und Technik" vom 10.-13. Juni 1987 und vgl. Gewerkschaftliche Monatshefte 10/1986.

teilweise. Selbst bei den von Restriktivität am stärksten betroffenen unteren Mitarbeitern der Funktions- und Leistungshierarchie ist Lohnarbeitsbewußtsein nicht durchgängig vorhanden. Vielmehr fanden sich auch relevante Tendenzen zur 'Idealisierung' und 'Individualisierung' der Berufssituation (Engelhardt, Hoffmann, 1974, 292ff; Beckenbach u.a., 1975, 219ff).

Der Hypothese von der Angleichung des beruflichen Selbstverständnisses und der Interessenorientierung der Ingenieure an die Lohnarbeiterschaft widersprechen nachdrücklich jene Untersuchungen, die aus den erhobenen Meinungen und Einstellungen eine Eigenständigkeit des Bewußtseins der technisch-wissenschaftlichen Angestellten entnehmen. Untersuchungen von Hartmann u.a. (1973), von Kurucz (1972, 1975), von Hortleder (1974), von Kogon (1976) und von Laatz (1979) stimmen darin überein, daß die typische Orientierung der technisch-wissenschaftlichen Angestellten an Status und Beruf im Bewußtsein zugleich eine Abgrenzung von den Lohnarbeitern als auch von den Unternehmern bedeutet (Laatz, 1979, 320).

Trotz der von allen Untersuchungen – allerdings mit unterschiedlicher Bewertung – festgestellten geringen Realitätshaltigkeit der *Proletarisierungshypothese* schien sie im Zuge der Einführung neuer Technologien und der Computerisierung von Ingenieurarbeit einer erneuten Überprüfung wert. Die von Neef und Rubelt (1986) fertiggestellte und von der Hans-Böckler-Stiftung in Auftrag gegebene Studie zur „Organisierung von Ingenieuren" kommt jedoch in ihren Umfragen bei vorwiegend bereits gewerkschaftlich organisierten Ingenieuren zu keinem anderen Ergebnis: von einer allgemeinen Tendenz zur gewerkschatlichen Organisierung aufgrund von Restriktivitäts- und Abhängigkeitserfahrung kann bei wissenschaftlich-technischen Angestellten (im Einzugsbereich der IG Metall) nicht die Rede sein (Neef, Rubelt, 1986, 272ff). Die These von der Technischen Intelligenz als „Neuer Arbeiterklasse" (Mallet, 1972) hat denn auch als eine aus der Kritik der Politischen Ökonomie abgeleitete gesellschaftstheoretische Zuordnung die Frage nach den inhaltlich-konstitutiven Momenten des vorfindbaren Ingenieurbewußtseins eher verstellt.

Wissenschaftstheoretisch fragwürdig ist aber nicht nur die Ableitung von Bewußtseinsstrukturen aus der objektiven Logik der Kapitalverwertung. Gleichfalls ist zu fragen, ob die in den meisten Untersuchungen angewendeten standardisierten statistischen Verfahren überhaupt geeignet sind, subjektive Strukturen von Bewußtsein zu erfassen. Statistische Häufigkeiten auf der Ebene der Zustimmung bzw. Ablehnung vorformulierter Statements vermitteln nur ein sehr oberflächenhaftes Bild vorhandener Meinungen und Einstellungen: ihre konkrete Bedeutung im erfahrungsgebundenen sozialen Kontext kann ebenso wenig ermittelt werden, wie deren Genese und dynamisches Geflecht. Hierüber mehr zu wissen, wäre jedoch für das anstehende Problem einer Zusammenarbeit von Ingenieuren und Gewerkschaften wesentlich.

Bei der Suche nach den Gründen für den seit den 50er Jahren stagnierenden gewerkschaftlichen Organisationsgrad der technisch-wissenschaftlichen Angestellten (er liegt für Angestellte insgesamt konstant bei nicht einmal 18 %, Imiela, 1984) ist man inzwischen davon abgekommen, sie ausschließlich im „falschen Bewußtsein" zu sehen. Es gewinnt die Erkenntnis Raum, daß es möglicherweise genau diese Unterstellung war, die den gewerkschaftlichen Zugang zu dieser Berufsgruppe verperrte. Denn solange die Frage nach dem Klassenstandpunkt der Technischen Intelligenz alle weiteren inhaltlichen Fragen auf der Ebene von Technikkritik und Technikgestaltung erübrigte, blieben wesentliche Dimensionen kritischen Ingenieurbewußtseins verborgen.

Die erwähnten neueren Untersuchungen von Heisig, Teschner und Hermann (1981, 1985) und von Neef und Rubelt (1986) hatten ihre Fragestellungen und ihren methodischen Zugang schon erweitert (siehe auch Müller, 1985). Für Teschner und Hermann (1981) ist klar, daß Inhalte und Formen von Ingenieurbewußtsein nicht aus politisch-ökonomischen Zuordnungen zu bestimmen sind. Wesentlich ist ihnen die konkrete Arbeitserfahrung der Ingenieure. Für die Ingenieurinnovation war bisher der technisch-wissenschaftliche Gebrauchswertbezug zur Arbeit unerläßlich. Teschner und Hermann sehen daher in dem in ihren Interviews (mit Ingenieuren und Technikern der elektrotechnischen Industrie) zum Ausdruck kommenden besonderen subjektbezogenen Berufsverständnis keine bloß ideologische Verkennung des realen Status der Lohnabhängigkeit. Traditionell autonomes Ingenieurbewußtsein hat ihrer Auffassung zufolge seinen Grund in den Struktureigenschaften des wissenschaftlich-technischen Arbeitsprozesses selbst.

Der Wechsel der Perspektive von der Subsumtionstheorie der Arbeit zur Untersuchung ihrer Aneignungsformen verändert die Fragestellung nach dem Bündnis der Gewerkschaften mit der Technischen Intelligenz: Dreh- und Angelpunkt dieses Bündnisses wäre dann nicht primär die Erkenntnis eigener Ohnmacht und Dequalifizierung als Lohnabhängiger, sondern die Politisierungsmöglichkeiten, die in der Dialektik der Aneignungsformen wissenschaflich-technischer Praxis und ihrer Verwertung durch das Kapitalinteresse liegen.

Psychologisch impliziert die Dialektik von Aneignung und Verwertung ein Bedürfnis nach Identifikation und Selbsterhaltung in der Arbeit. Der Subjektanspruch der Ingenieure – häufig als Individualismus diskreditiert – wäre dann aber ernstzunehmen und ein möglicher Ansatzpunkt für die soziale Verantwortung in der Technikentwicklung. Technikkritik, wie sie – nach unserer Forschungserfahrung – von Ingenieuren geäußert wird, bezieht sich meist auf beide Dimensionen im Verhältnis der Menschen zur Technik: Auf die soziale Nützlichkeit der Produkte und auf die Tauglichkeit als Arbeitsmittel in der Erfüllung gesellschaftlicher Ziele und Aufgaben. Im potentiellen Auseinanderfallen dieser gebrauchswertorientierten Ansprüche an die Arbeit *und* an die Arbeitsprodukte im Verhältnis zu den markt-

und konkurrenzorientierten Zielsetzungen der Unternehmen liegt ein wesentlicher Grund für das unter Ingenieuren vorhandene Unbehagen.

In unseren Forschungsdiskussionen mit Ingenieuren hat sich gezeigt, daß es dieses für die Subjektivität von Ingenieuren zentrale Spannungsverhältnis ist, das eine gesellschaftskritische Reflexion der eigenen wisenschaftlich-technischen Praxis befördern kann. Bezogen auf die Informations- und Kommunikationstechnologien gewinnt diese Spannung jedoch eine besondere Brisanz: Weil hier Arbeitsmittel und Produkt potentiell zusammenfallen, erleben Ingenieure die sozialen Folgen der Informations-und Kommunikationstechnik sowohl außerhalb des Berufs im Reproduktionsbereich, als auch in ihrer Berufsarbeit mit Computern als Arbeitsmittel. Hier wäre zu prüfen, unter welchen Umständen diese spezifische, durch neue Technologien bedingte Ingenieursituation ein gewerkschaftliches Engagement der Ingenieure befördert.

Organisationspsychologische Erfahrungen in einem Ingenieur-Arbeitskreis

Das Beispiel, das hier bei der Beantwortung der Organisationsfrage weiterhelfen soll, entstammt dem Bereich der Planung und Einführung. Die am Forschungsgespräch teilnehmenden Ingenieure kommen aus verschiedenen Fertigungsbetrieben und zählen sich größtenteils zu einem Ingenieur-Arbeitskreis der IG Metall. Von der Zusammensetzung der Gruppe her ist der Forschungsgesprächskreis mit dem gewerkschaftlichen Ingenieur-Arbeitskreis vergleichbar: beteiligt sind kritisch interessierte Ingenieure, aber (Noch)Nicht-Gewerkschafter, Ingenieure als sogenannte einfache Gewerkschaftsmitglieder und Ingenieure als Betriebsräte. Charakteristisch für Ingenieur-Arbeitskreise ist ebenso, daß die versammelten beruflichen Kompetenzen vielfältig sind.

In Vorgesprächen hatten wir uns geeinigt, Möglichkeiten einer sozialverträglichen Technikgestaltung bei der Automatisierung der Produktion auszuloten. Dies wollten wir nicht nur in einem einmaligen Tagestreffen tun, sondern die Diskussion – aufbauend auf den Ergebnissen der ersten Gesprächsrunde – zu einem späteren Zeitpunkt fortsetzen.

Für uns als Forschungsteam war es natürlich sehr erfreulich, bei der Zusammenstellung dieser Ingenieurgruppe viel Unterstützung von gewerkschaftlicher Seite zu erfahren. Nicht nur war es selbstverständlich, sich in den Gewerkschaftsräumen zu treffen, wir hatten auch sonst jede mögliche Hilfe, vom Telefon, über den Versand von Einladungen bis zur Verpflegung für das Tagesseminar. – Mit einem Wort, nicht eigentlich wir planten und organisierten dieses Treffen (wie das mit den anderen Ingenieurgruppen unserer Untersuchung der Fall war), sondern das tat die IG Metall für uns. Daß wir gewissermaßen als Referentinnen für einen IG Metall-Ingenieur-Arbeitskreis engagiert waren, merkten wir spätestens an dem gewerkschaftlich verschickten Einladungsschreiben, an das wir unsere eigene Terminerinnerung und Diskussionseinladung anheften konnten. Das gewerkschaftseigene Schreiben hatte etwa den folgenden Wortlaut: 'Lieber Kollege! Du bist uns vorgeschlagen worden, am Tage X zum Zeitpunkt Z im Gewerkschaftshaus an einer Veranstaltung teilzunehmen, die wir mit dem Projekt P durchführen. Dazu soll unser bisheriger Ingenieur-Arbeitskreis erweitert werden. Unvermeidlichen Verdienstausfall erstattet die IG Metall ...'

Diese Definition der Situation widersprach nun vollständig unseren eigenen Intentionen: Weder wollten wir in einer Veranstaltung der IG Metall auftreten, noch hatten wir den Teilnehmern etwas beizubringen, im Gegenteil. Wir wollten in ein gemeinsames Gespräch kommen, was persönliches Interesse und Freiwilligkeit voraussetzte. Nur so meinten wir, dem Thema der Verantwortlichkeit für eine sozialverträgliche Technikgestaltung auch gerecht werden zu können.

Zu erwähnen sind diese Umstände, weil sie uns symptomatisch für die organisationspsychologische Problematik zwischen Ingenieuren und Gewerkschaften zu sein scheinen. An der eigenen Reaktion auf die – in unserer Vorbereitung der Forschungsgespräche erfahrene – verpflichtende Vereinnahmung einerseits und die fürsorgliche „Entmündigung" andererseits läßt sich die Wirkung dieser Ansprechsituation nachzuvollziehen. Es stellten sich bei uns große Bedenken ein, ob überhaupt jemand zu dem „verordneten" Treffen kommen würde. Diese Befürchtung bestätigte sich dann bei unserem zweiten Treffen. Offenbar war es uns nicht gelungen, im Rahmen der gewerkschaftlichen Definition der Situation: *zu dieser Ingenieur-Arbeitskreis-Veranstaltung haben die Kollegen zu erscheinen*, bei allen Beteiligten genügend persönliche Motivation für das Thema zu wecken. So kam beim zweiten Treffen nur etwa 1/3 der ursprünglichen 12 Teilnehmer zusammen, ohne daß wir irgendeine Absage erhalten hätten. Dies ist insofern erwähnenswert, als uns dies bei allen anderen vollzählig bleibenden oder sogar in ihrer Teilnehmerzahl wachsenden Diskussionsrunden nicht begegnete.

Dabei hatten wir den Teilnehmern mit der 14 Tage vorher zugeschickten Auswertung der ersten Runde ein starkes Interesse an Klärung unterstellt. Denn, was dort in der Auseinandersetzung um die Gestaltungsmöglichkeiten der Technik unter den Ingenieuren aufgebrochen war, hätte – unserer Meinung nach – sehr einer weiteren Bearbeitung bedurft. Die Rückkopplung der Widersprüche an die Ingenieur-Arbeitsgruppe und unsere Einladung, hier fortzusetzen, schien bei einem Großteil der Teilnehmer jedoch eher das Gegenteil bewirkt zu haben.

Nun, wie und worüber war diskutiert worden in den fünf Stunden unseres ersten Treffens? Von Anfang an standen sich verschiedene Einschätzungen über die Chancen einer gewerkschaftlich orientierten sozialen Gestaltung informationstechnischer Systeme in der Produktion diametral entgegen. Ein Teil der Ingenieure sah auf der Basis ihrer Diagnose der ökonomisch-technischen Einführungsbedingungen der Systeme Spielräume für eine soziale Gestaltung, ein anderer Teil sah hingegen diese Spielräume gerade aufgrund der ökonomisch-technischen Ziele der Unternehmen nicht. Für beide Standpunkte wurden in der Diskussion gewichtige Argumente und Erfahrungen ins Feld geführt, um die jeweils andere Seite der Realitätsferne zu überführen.

Für die Vertreter der gestaltungsorientierten Position ist ihre Erfahrung im Betrieb ausschlaggebend. Dort haben sich für sie die Versprechungen der Hersteller, mit den neuen Systemen eine weitgehend automatisierte Produktion fahren zu können, als illusorisch herausgestellt. Ein großer Teil an Kompetenz und Energie muß aufgewendet werden, um die Systeme überhaupt am Laufen zu halten. Die Häufigkeit der Störungen, das Ausmaß der Kosten, um sie technisch zu beheben, die mangelnde Angepaßtheit der Hard- und Software an die konkreten Fertigungsbedingungen, machen die menschliche Kompetenz zu einem unverzichtbaren Faktor der Produktivität. Und weil das so ist, sehen diejenigen Ingenieure, die diese Erfahrungen zugrundelegen, eine Möglichkeit, die an der Steigerung der Produktivität ausgerichteten Rationalisierungsstrategien mit einem sozialen Gestaltungsinteresse an der Förderung und Erhaltung menschlicher Kompetenz zu verbinden. Hinzu kommt eine beträchtliche Unklarheit und Ungewißheit des Managements über die Einsatzbedingungen der neuen Systeme, so daß die Einflußmöglichkeiten derer, die über das technische Wissen im Betrieb verfügen, nicht gering eingeschätzt werden.

Für die in der Diskussion vertretene Gegenposition sieht die Lage ganz anders aus: Die durch den Stand der Systementwicklung bedingte betriebliche Situation bedeutet keine Chance für neue kompetenzorientierte Produktionskonzepte. Das sind Illusionen derer, die nicht sehen wollen, wo die langfristigen Unternehmensstrategien hinauslaufen. Das Kapitalinteresse war in der Vergangenheit und ist auch in Zukunft nicht darauf ausgerichtet, Arbeitskräfte und Kompetenzen zu erhalten. Schon jetzt gibt es genügend Beispiele flexibler Automatisierung, wo keine qualifizierten Kräfte gebraucht werden, ganz zu schweigen von den Ungelernten, um die es eigentlich gehen sollte; deren Arbeitsplätze fallen sowieso weg. Die Konsequenz aus dieser Einschätzung lautet: Weil Vollautomatisierung das Ziel der Unternehmen ist, kann es aus gewerkschaftlicher Sicht keine Anknüpfungspunkte für die Gestaltung der Systeme geben. Der Grundwiderspruch zwischen Kapital und Arbeit bringt solche Ansätze von vornherein in den Geruch, im Grunde doch nur den Rationalisierungsinteressen der Unternehmen zu dienen. Und weil der Einsatz der Technik in der Verfügung der Unternehmen liegt, können wirksam nur die traditionellen Mittel gewerkschaftlicher Gegenmacht greifen; allerdings – dies wird eingeräumt – drohen die gewerkschaftlichen Kampfmittel durch den umfassenden Einsatz der Informations- und Kommunikationstechnologien wirkungslos zu werden. So kann man als Gewerkschafter nur versuchen, über eine Absicherungspolitik das Schlimmste zu verhüten, während man sich als Ingenieur über seine Einflußmöglichkeiten im technischen Innovationsprozeß nichts vormachen darf.

Man kann sich leicht vorstellen, welche der beiden in der Diskussion vertretenen Standpunkte eine moralische Angriffsposition behauptete und welche in eine zwielichtige Verteidigungsposition gedrängt wurde. Der Streit gipfelte in dem Vorwurf, man befände sich hier doch auf einer Veranstaltung der Gewerkschaft und nicht im Unternehmerverband! Das war ein Vorwurf, der auch uns als Forscherinnen, die einen Technikdialog im Gang bringen wollten, berührte. Sahen wir doch in dieser politischen Polarisierung die Chance schwinden, überhaupt über den sozialen Beitrag von Ingenieuren in der Technikgestaltung diskutieren zu können. Und in der Tat ist es subjektiv ja auch wesentlich einfacher, die politische Identität als Gewerkschafter von der beruflichen Identität als Ingenieur zu trennen. Als an Weisungen und Vorgaben gebunden, hat man in der so verstandenen Ingenieurrolle sowieso keinen Einfluß auf die Technikentwicklung und ist daher auch nicht verantwortlich zu machen.

Diejenigen Ingenieure, für die das jedoch gar nicht so klar war, hatten sich gleich mit zwei schwerwiegenden Vorhaltungen auseinanderzusetzen: sie würden die Herrschaftsbestimmtheit der Technik verkennen und durch ihren gestaltungs- und beteiligungsorientierten Ansatz gewerkschaftliche Schutz- und Sicherungsinteressen schwächen. – In der Tat gibt es für die gestaltungsorientierte Ingenieurposition eine Differenz zwischen dem technikimmanenten Wissen und dem ökonomischen Kalkül der Unternehmen. Diese Differenz beinhaltet Spielräume für die Auslegung der Systeme, die Ingenieure planen und realisieren. Und weil das so ist, gibt es stets verschiedene Möglichkeiten, den allgemeinen Vorgaben, die in sich keine sozialen Gestaltungsnormen beinhalten, zu entsprechen. So glaubt man als Ingenieur beim Einsatz der neuen Techniken für die kompetenzorientierte, dezentrale Lösung gute Argumente zu haben, Argumente, die auch dem an der Kostensenkung interessierten Arbeitgeber einleuchten.

Im Rahmen allgemeiner Vorgaben und sozusagen unterhalb der durch das Kapitalinteresse anvisierten globalen Einsatzstrategien von Technik, sichtbar werdende Gestaltungsspielräume zu nutzen, ist für die politische Moral ausgesprochen kompliziert. Ist doch hier der Ausgangspunkt nicht der prinzipielle Interessenkonflikt, sondern eine mögliche Überschneidung von innovativen Aneignungsbedürfnissen der Ingenieure, sozialen und gewerkschaftlichen Gestaltungsinteressen und Modernisierungsinteressen der Unternehmen.

Für die Teilnehmer des Ingenieur-Arbeitskreises war dies keine Frage rationalen Kalküls, sondern eine eminent emotionale und moralische Frage. Sie entzweite die Gruppe in denjenigen Teil, der aus Schutz- und Erhaltungsinteresse eine Gestaltung auf der Ebene technischer Innovation ausschloß und in denjenigen Teil der Ingenieure, die ihre Einflußmöglichkeiten glaubten gerade hier nutzen zu können und zu sollen. Entsprechend polarisiert waren die vorgeschlagenen Wege und Mittel: auf der einen Seite – in einer sozial motivierten Ingenieursicht – Kompetenz und ökonomisch-technische Argumentation ('soziale Gestaltung rechnet sich'), auf der anderen Seite – in der Vertretung bedrohter Arbeitnehmerinteressen – die einstweilige Verfügung und das Arbeitsgericht.

Den gewerkschaftlichen Vertretungsstrukturen gemäß sind die traditionellen Mittel der Interessenauseinandersetzung. Für eine gestaltende Einflußnahme auf der Basis technisch-wissenschaftlichen Sachverstands und kompetenter Unterstützung durch Ingenieure müssen die organisationellen und arbeitspolitischen Infrastrukturen in der Gewerkschaft erst noch geschaffen werden. Gewerkschaftliche Ingenieur-Arbeitskreise, so wurde es in dem erwähnten Positionspapier des IG Metall Aktionsprogramms formuliert, sollen Ingenieure dazu gewinnen, 'Arbeitsaufträge für die Gewerkschaft zu übernehmen' (ebd., 8). Ausdrücklich sind Ingenieur-Arbeitskreise nicht dazu da, sich als Expertenzirkel oder, wie von gewerkschaftlicher Seite kritisch vermerkt wird, 'Denkerclubs' zu etablieren. Es wird für luxuriös gehalten, wenn Ingenieure, wie im Arbeitskreis Nürnberg geschehen, mit *Weizenbaum*, dem Dissidenten unter den Informatikern, nur die eigenen Probleme mit der Technikentwicklung diskutieren.[10] Diese Form der Reflexion – und insofern quer zum Auftrag der Organisation – bestimmte jedoch auch unseren Zugang zu den Ingenieurgruppen. Wir meinen, bevor man etwas für andere tun kann, braucht man ebenso Klarheit über den eigenen gesellschaftlichen Standort als Ingenieur in der Technikentwicklung, wie über den Anteil, den man fachlich und politisch für eine Technikgestaltung beisteuern kann.

Aber nicht nur die Selbstverständigung über das Verhältnis zur Technik war in der Gruppe blockiert, auch die inhaltliche Diskussion, was eigentlich unter 'flexibler Automatisierung' zu verstehen ist, konnte nicht geführt werden, weil betriebliche Erfahrung gegen Strategieanalyse stand. Hinzu kam eine arbeitsteilig bedingte Unwissenheit der Ingenieure, die nicht unmittelbar mit der Planung und Organisation von Fertigungssystemen betraut waren. Diese für Ingenieur-Arbeitskreise typische Heterogenität – sie gehört unseres Erachtens mit zu den organisationspsychologischen Problemen – erschwerte die Verständigung zusätzlich, so daß stellenweise nicht zu entscheiden war, worin das eigentliche Hemmnis lag: im Konflikt der politischen Moral, im Widerstreit der ökonomisch-technischen Perspektiven oder im mangelnden Wissen über den Stand der Produktionsautomation.

---

10 Vgl. Das Gespräch mit Sibylle Stamm in der Zeitschrift 'Wechselwirkung', Nr. 27, November 1985, S. 40 ff. Die Frage, ob 'Weizenbaum lesen' ein gerechtfertigtes Anliegen ist, war in der Tat im IG Metall-Arbeitskreis Nürnberg ein Thema. Vgl. das Gespräch mit Kollegen des Ingenieur-Arbeitskreises Nürnberg, In 'Wechselwirkung', Nr. 24, Februar 1985, S. 12-15 und das Round-Table-Gespräch mit Vertretern der Arbeitskreise Techniker und Ingenieure in der IG Metall, In 'Die Mitbestimmung' 10/11, 1984, 30. Jg., S. 419-427.

Die Unentwirrbarkeit der Perspektiven und Positionen trug kaum zu einer problemlösungsorientierten Argumentation bei, wie sie für die Bearbeitung sozio-technischer Gestaltungsfragen angemessen wäre. Für einen solchen gestaltungsorientierten Diskurs müssen die Kommunikationsregeln wohl erst noch gefunden werden, wenn Ingenieurkompetenz gewerkschaftlich produktiv werden soll. Andernfalls besteht die Gefahr, daß sich in Ingenieur-Arbeitskreisen jene Fronten neu aufbauen, die aufgeschlossene Ingenieure immer schon davon abgehalten haben, sich gewerkschaftlich zu engagieren.

Ingenieurkompetenz in einer gewerkschaftlichen Technikgestaltungspolitik

Die Frage nach dem Stellenwert der Ingenieurkompetenz in einer gewerkschaftlichen Technikgestaltungspolitik ließ sich in der polarisierten Situation, die wir als Forscherinnen in dem IG Metall-Arbeitskreis vorfanden, jedenfalls nicht beantworten. Es schien vielmehr so, daß Polarisierung subjektiv gebraucht wurde, um Bedrohungen und Konflikte zu bearbeiten, die durch die Problematisierung traditioneller gewerkschaftlicher Schutz- und Vertretungspolitik heraufbeschworen wurden. Dies besonders bei jenen Teilnehmern des Ingenieur-Arbeitskreises, die sich primär als Gewerkschafter verstanden, ihre Ingenieurtätigkeit aber als ausschließlich fremdbestimmt definierten.

Mit der Politisierung der Ingenieurkompetenz, wie sie im Anspruch gewerkschaftlicher Ingenieur-Arbeitskreise angelegt ist, wird ein Widerspruch manifest, den man als Ingenieur in der Gewerkschaft traditionell durch Segmentierung und Delegation subjektiv bearbeiten konnte: es ist der Widerspruch einer an fortschreitender Technisierung interessierten Ingenieurmotivation (sie wurde der Verantwortung unternehmerischer Politik unterstellt) zu den sozialen Erhaltungsinteressen als Arbeitnehmer, für die man sich persönlich und politisch in der Gewerkschaft engagierte.

Auf der programmatischen Ebene mag eine gewerkschaftliche Schutzpolitik mit einer Technikgestaltungspolitik gut zu vereinbaren sein und entsprechend wird diese „Doppelstrategie" auch als ein Ansatzpunkt für die Organisation von Ingenieuren empfohlen (Neef, Rubelt, 1987, 275). Auf einer psychologischen und auf einer praktischen Ebene sind sie das jedoch keineswegs. Wie als ein Ergebnis unserer Forschungsgespräche mit gewerkschaftlich orientierten Ingenieurgruppen festzuhalten ist, lassen sich die Strategien nicht einfach addieren. Sind doch mit ihnen sehr verschiedene professionelle Strukturen und Rationalitäten gesetzt, in denen jeweils ein anderes Verhältnis des Individuums zu seiner sozialen Rolle gilt. Organisationspsychologisch bedeutet dies die Gefahr, daß die programmatisch neu definierte Einheit von Schutz- und Technikgestaltungspolitik zu ihrer entscheidenden Barriere wird, nämlich dann, wenn die Widersprüche zwischen der beruflichen und der politischen Identität nicht reflektiert werden, wenn Technikgestaltungspolitik unter die bestehenden Vertretungsstrukturen bloß subsumiert wird. Konkret heißt das, wenn Ingenieure als Dienstleister der Gewerkschaft instrumentalisiert werden und ihr Anspruch auf individuelle Aneignung dieser Widersprüche in einer neu zu entwickelnden beruflichen Kompetenz negiert wird.

Das in den 60er Jahren von Frielinghaus und Hillmann (1963, 1969/70) vertretene Modell der Belegschaftskooperation, das den Selbstbestimmungsanspruch der in einer hochtechnisierten Produktion arbeitenden Fachkräfte zum Ausgangspunkt sozialer Technikgestaltung im Betrieb macht, kann hier als Modell und Vorläufer derjenigen Organisationsüberlegungen verstanden werden, die im Zuge einer gewerkschaftlichen Angestelltenarbeit – und im engeren Sinne der Arbeit mit technisch-wissenschaftlichen Fachkräften – gegenwärtig in Ansätzen begonnen werden. Auf der betrieblichen Ebene scheint die damalige Einschätzung einer durch den ökonomisch-technischen Entwicklungsprozeß voranschreitenden Enthierarchisierung und integrierten funktionalen Kooperation betrieblicher Beschäftigtengruppen mehr denn je eine Chance für Beteiligung an der Gestaltung von Arbeit und Technik im Betrieb (Kern, Schumann, 1984; Brödner, 1985).[11]

Die Entwicklung angemessener überbetrieblicher Organisationsformen setzt, wie es Siegfried Bleicher – zuständig im DGB-Bundesvorstand für Angestellte und Technologiepolitik – in seinen 9 Thesen zur Angestelltenarbeit formuliert, nichts weniger als eine bis in die kulturellen Selbstverständlichkeiten gewerkschaftlicher Tradition reichende Veränderung voraus, in der das Verhältnis von Individuum, Arbeit und Politik neu zu überdenken wäre. In einer solchen Selbstreflexion gewerkschaftlicher Praxis liegen unseres Erachtens auch die Voraussetzungen begründet, die eine produktive Bearbeitung der Organisationsprobleme zwischen Ingenieuren und Gewerkschaften möglich machen.

---

11 Die Diskussion um den Stellenwert von Qualitätszirkeln in der betrieblichen Mitbestimmung greift diesen Ansatz auf. Vgl. Klaus Volkert; Hans-Jürgen Uhl; Werner Widukkel-Mathias: „Qualitätszirkel als Einfallstor für eine Mitbestimmung verstehen", In Frankfurter Rundschau, Dokumentation, 20.03.1987, Nr. 67, S. 10. Und dazu aus der Unternehmensperspektive vgl. Karl-Heinz Briam: „Wenn die Arbeiter mehr und mehr zu Vorgesetzten werden ...", In Frankfurter Rundschau, Dokumentation, 19.12.1986, Nr. 294, S. 14.

Die gesellschaftliche Verantwortung von Ingenieuren – zwischen technisch-ökonomischen Zwängen und politisch-normativen Zielen für den technischen Fortschritt

Eva Senghaas-Knobloch

Die großen politischen Auseinandersetzungen über gesamtgesellschaftliche Einrichtungen zur Technikbewertung als Voraussetzung für verantwortliche Gestaltung begannen in der Bundesrepublik und anderen westeuropäischen Ländern (mit einer fast 10-jährigen Zeitverschiebung gegenüber entsprechenden Debatten in den USA) erst in den 70er Jahren.[1] 1982 wurde im Bundesministerium für Forschung und Technologie eine eigene Arbeitseinheit zum Thema 'Technikfolgenabschätzung' gebildet (Technikfolgenabschätzung, 1987). Ungeklärt blieb jedoch die Frage, welcher Art von Beratungskapazität das Parlament bedarf, um seine Kontrollfunktion gegenüber der Forschungsbürokratie wahrnehmen zu können. Nach der Einsetzung von parlamentarischen Enquête-Kommissionen zu einzelnen technischen Weichenstellungen, den Kommissionen *Zukünftige Kernenergiepolitik* (1979/80; 1981-1983) *Neue Informations- und Kommunikationstechniken* (1981-1983) und *Chancen und Risiken der Gen-Technologie* (1984-1986) begann im März 1986 die Enquête-Kommission *Einschätzung und Bewertung von Technikfolgen – Gestaltung von Rahmenbedingungen der technischen Entwicklung* ihre Arbeit mit einer übergreifenden Fragestellung.[2] Sie hatte den Auftrag, grundsätzliche konkrete Vorschläge zur Institutionalisierung einer Beratungskapazität für Technikfolgenabschätzung und -bewertung beim Deutschen Bundestag sowie exemplarische Technikbewertungsexpertisen zu einzelnen Problemstellungen zu erarbeiten (vgl. Drucksache 10/5844 des Deutschen Bundestages; Böhret, 1987; Ulrich, 1987; Büllingen, 1987).

Ihre einstimmig gefaßten Vorschläge zur Institutionalisierung legte die Enquête-Kommission im Sommer 1986 vor. Im Herbst 1986 wurde darüber ein Symposium durchgeführt.[3] Nach Ablauf der 10. Legislaturperiode des

---

1 Einen Überblick vermitteln Paschen, Gresser, Konrad (1978); Böhret, Franz (1982); Huisinga (1985).
2 Zum Verhältnis von Parlament und technikbezogenen Politikvorstellungen vgl. Dierkes, Petermann, von Thienen (1986); von Thienen (1987).
3 Das Symposium ist in den Materialien dokumentiert, die die Enquête-Kommission als Drucksache 10/6801 des Deutschen Bundestages im März 1987 in drei Bänden vorgelegt hat.

Bundestages und damit auch dem Ende des Mandats der Enquête-Kommission war jedoch das Schicksal der Empfehlungen[4] immer noch ungeklärt. Während des genannten Symposiums hatten sich zwar die Vertreter der Gewerkschaften, der Verein Deutscher Ingenieure (VDI) durch den Vorsitzenden seines berufspolitischen Beirats, sowie die Vertreter der evangelischen und der katholischen Kirche und der Arbeitsgemeinschaft Ökologischer Forschungsinstitute grundsätzlich befürwortend ausgesprochen. Bekannt war aber die Kritik der Deutschen Forschungsgemeinschaft und der Arbeitsgemeinschaft der Großforschungsinstitute, die während des Symposiums vom Vertreter der Max-Planck-Gesellschaft mit der Sorge erklärt wurde, „daß Entwicklungen unmöglich gemacht werden könnten, über deren Schaden oder Nutzen man in dem jeweiligen Zeitpunkt ex ante nicht ausreichend orientiert sein kann" (Mestmäcker, 1987, 304). Auch der Vertreter des Bundesverbandes der Deutschen Industrie (BDI) meldete mehr oder weniger deutlich Nachbesserungswünsche an. In seinem Votum wurde deutlich, daß sich der Verband gegen den Ausbau einer selbst auch wissenschaftlich arbeitenden Beratungsinstanz wandte, weil er darin längerfristig eine „Überinstanz" für Technikfolgenabschätzung befürchtete (Drucksache 10/6801, Bd. 2, 265).

In den beiden Einwendungen werden zwei Argumente sichtbar: Die Betonung möglichst ungehinderter Forschung im Interesse nicht direkt angebbarer, aber für denkbar gehaltener wünschenswerter Anwendungen in der Zukunft; die Abwehr staatlich getragener, zentraler wissenschaftlicher Politikberatung im Interesse einer weitgehenden Selbstregulierung der gesellschaftlichen, vor allem wirtschaftlichen Kräfte. Beide Argumente haben auch in der professionspolitischen Geschichte von Ingenieuren eine alte Tradition. Der VDI hatte in seiner ersten Verlautbarung zur Technikbewertung (VDI, 1983a) noch ähnlich argumentiert. Im Jahre 1988 veröffentlichte er jedoch durch seinen Ausschuß *Grundlagen der Technikbewertung* einen eigenen Richtlinienvorentwurf *Empfehlungen zur Technikbewertung*. Darin sind die Akzente neu gesetzt (VDI, 1988), weg von einer bloßen Kritik an einer „zentralistischen" Lösung, hin zu einem Plädoyer für eine planmäßige systematische Technikbewertung, allerdings unter Einbeziehung der bestehenden Einrichtungen im staatlichen, öffentlichen, wissenschaftlichen, technischen und wirtschaftlichen Bereich. Vielleicht werden in dieser Neuakzentuierung Anzeichen für einen Paradigmawechsel der Ingenieurverantwortung sichtbar, der bis in die standespolitische Interessenvertretung reicht. In der Debatte über eine angemessene Institutionalisierung einer an gesamtgesellschaftlichen Zielen ausgerichteten Technikbewertung geht es ja um zwei lösungsbedürftige Problemkreise, die für Ingenieure von hoher Brisanz sind:

---

4 Das Manuskript wurde 1988 abgeschlossen. Am 16. November 1990 wurde ein aufgrund der vielfältigen Kritik grundlegend veränderter Institutionalisierungsvorschlag vom 11. Bundestag mehrheitlich angenommen.

Woher gewinnt man richtungsweisende *Zielsetzungen* für eine wünschenswerte technisch-gesellschaftliche Entwicklung?

Hier geht es um die Bedeutung *politischer Willensbildung* im Kontext einer technisch-wissenschaftlichen Entwicklung, die als eigendynamisch und subjektlos erscheint.

Welche Art von *Wissen* und *Kompetenzen* wird angesichts dieser Entwicklungsdynamik für eine erfolgreiche politisch-demokratische Lenkung gebraucht?

Hier geht es um das Verhältnis von speziellem technisch-wissenschaftlichem *Sachverstand* zum allgemein-praktischen *Erfahrungswissen* als Basis politischer Willensbildung.

Beide Problemkreise rühren an das berufliche Selbstverständnis und die historisch herausgebildeten Formen, in denen Ingenieure bisher ihre „besondere Verantwortung" (Marnet, VDE-Vorstand) wahrgenommen haben. Seit mehr als einem Jahrzehnt setzen sich die Berufsverbände verstärkt mit dieser Herausforderung auseinander. Während einer von der Evangelischen Akademie Arnoldshain und dem Verband Deutscher Elektrotechniker (VDE) getragenen Tagung *Der Ingenieur in einer sich wandelnden Gesellschaft* im Jahre 1986 formulierte beispielsweise Chrysanth Marnet von seiten des VDE-Vorstands:

> „Wir Ingenieure und Naturwissenschaftler wissen – und haben es in der Vergangenheit bewiesen, daß wir im Bereich der Technik auch eine besondere Verantwortung tragen und letztlich eine Dienstleistung gegenüber der Gesellschaft zu erbringen haben in der Form, wie wir materielle Werte schaffen, die ihrerseits ideelle Werte und Wertvorstellungen beeinflussen. Besonders die Auswirkungen moderner Technik bestimmen in zunehmendem Maße Lebenseinstellung, Konsumverhalten und Freizeitgestaltung, kurzum unser Denken, von den Veränderungen in unserer Arbeitswelt ganz abgesehen. ... Unverkennbar ist inzwischen das öffentliche Interesse an dem Zusammenspiel von Technik und Gesellschaft aus vielerlei Gründen gewachsen. Wir sind der Meinung, daß diese Problematik gerade in der heutigen Zeit zwischen Technikern und Naturwissenschaftlern einerseits, Nicht-Technikern und Politikern andererseits in sachlicher Offenheit diskutiert werden muß, um Vorurteile abzubauen und gemeinsame Initiativen zu begünstigen." (Verband Deutscher Elektrotechniker, o.J.)

Verbandspolitische Reden und Verlautbarungen sind gewiß nicht mit verbandsalltäglichem Handeln gleichzusetzen. Zu beachten ist auch die Differenz zwischen Verbandspolitik und den in der Berufsgruppe der Ingenieure insgesamt vertretenen Positionen und Haltungen. Auf diese Differenzen soll aber hier nicht eingegangen werden. Vielmehr geht es um eine Spurensuche von Vorstellungen und praktischen Ansätzen, die ingenieurseitig zur Bearbeitung der beiden genannten Problemkreise beigetragen werden können. Dazu werden im folgenden historische Diskussionsstränge, auch Seitenstränge, in den standespolitischen Organisationen wie dem VDI herangezogen; es werden historische und aktuelle Themen der Technikbewertung und -lenkung beleuchtet und mit den Ideen verglichen, die in unseren Forschungsgesprächen mit den verschiedenen Ingenieurgruppen erörtert wurden.

Technikbewertung in historischen Kontext*

Die Tatsache, daß heute durch Neue Technologien – wie Kernenergie, Biotechnologie, Mikroelektronik – spezifisch neue Probleme in die öffentliche Debatte gekommen sind, hat eine Weile verdeckt, daß das Verhältnis von Technik und gesellschaftlicher Entwicklung von Beginn der Industrialisierung an zu einem problematischen Verhältnis wurde, das steuernder Eingriffe bedarf. Immer ging es dabei um die Beziehung von beabsichtigten zu nicht-beabsichtigten, aber in Kauf genommenen Folgen und zu gar nicht vorhersehbaren (vorhergesehenen) Folgen von technisch-ökonomischen und politisch-sozialen Innovationen.

In den kontinentaleuropäischen Ländern, die der wirtschaftlichen Entwicklung Englands nachzueifern trachteten, stand die technische Entwicklung zunächst unter staatlicher Initiative und Direktive. Erst in der zweiten Hälfte des 19. Jahrhunderts kam es parallel zum Vordringen des wirtschaftlichen und politischen Liberalismus und des industriellen Unternehmertums zu eigenständigen Professionalisierungsbestrebungen (Conze/ Kocka, 1985) von Technikern und Ingenieuren (Hortleder, 1974[3]; 1973; Rammert, 1983; Späth, 1985). Aus der Vielfalt der sich bildenden Verbände und technisch-wissenschaftlichen Vereinigungen (dazu Ludwig, 1974, 22ff) ragt der Verein Deutscher Ingenieure (VDI, gegründet 1856) als der Verband hervor, der seine Politik in besonderer Weise an dem Ziel der professionellen Gemeinsamkeit von Ingenieuren in den verschiedenen Praxiszusammenhängen ausrichtete, sei es an leitender Stelle in Unternehmen, sei es an anderer Stelle in Industrie und öffentlichem Dienst. Durch alle Verwerfungen des Ingenieurberufs hindurch bildete sich durch die Ausrichtung an *Technik* ein gemeinsames homogenes Leitbild.[5] Mit der Geschichte dieser Verbandspolitik ist daher auch die Herausbildung der Strukturen verbunden, durch die sich staatlich-*rechtliches* Handeln und *technische* Kompetenz zu einem bestimmten „Regulierungsmodus" (Dierkes u.a., 1988, 3) zusammenfügten.

Gestaltung von Rahmenbedingungen der technischen Entwicklung, wie Titel und Aufgabengebiet der erwähnten Enquête-Kommission des Bundestages lauten, ist ein klassisches staatliches Aufgabenfeld, das auch in vorindustriellen Zeiten als Gewerbepolitik wahrgenommen wurde. Dazu gehören

---

* Für die kritische Durchsicht dieses Abschnitts danke ich Hans-Dieter Hellige.
5 Hortleder (1974[3], 103) hat dafür den Begriff des *Leitbildzentrums* entwickelt.

zum einen freisetzende und fördernde, zum anderen schützende und kompensierende Funktionen. Die Freisetzung der neuen sozioökonomischen und soziotechnischen Entwicklungsdynamik des Industriekapitalismus bedurfte zunächst der Auflösung alter Dienst- und Gewaltverhältnisse der feudalen Ordnung, sowie der Trennung von öffentlicher und privater Sphäre als einer „objektiven Kulturbedingung" (Hinze, 1964[2], 431).

Klassische Folgeprobleme dieser neuen sozialen Verhältnisse und ihrer Entwicklungsdynamik waren elende Arbeits- und Lohnbedingungen einerseits, massive Arbeitslosigkeit im Sinn von Subsistenzlosigkeit andererseits – nicht nur aufgrund der aufgekündigten Fürsorgepflicht aus den alten Dienstverhältnissen, sondern auch aufgrund der schlagartigen Entwertung handwerklicher Fähigkeiten, die vielen Menschen bis dahin ein Ein- und Auskommen gesichert hatten. Schon aus Gründen der Staatsraison kam es daher parallel zu den freisetzenden und fördernden staatlichen Aktivitäten, vor allen in Ländern Kontinentaleuropas, zu Gesetzgebungen mit schützender, mildernder Funktion.[6]

Die Ausgestaltung dieser sozialen Gesetzgebung ist allerdings ohne die heftigen Kämpfe der neu entstehenden Klassen nicht denkbar. Dabei wird in der neueren historischen Forschung die *Maschinenstürmerei* sehr viel differenzierter beurteilt als in der üblicherweise herabsetzend gemeinten Verwendung in der gegenwärtigen politischen Auseinandersetzung (vgl. dazu Henkel, Taubert, 1979). Der gewöhnlich negativ akzentuierte Sprachgebrauch verweist andererseits darauf, daß es im Verlauf der Klassenkämpfe und der Herausbildung der Arbeiterbewegung zu einer allseits getragenen Auffassung über Maschinen gekommen ist, derzufolge diese zum falschen Objekt für Kampfmaßnahmen gegen verschlechterte Lebensbedingungen erklärt wurden. Als Teil der gesellschaftlichen Produktivkräfte galten sie fortan – über Klassengrenzen und politische Konfliktlinien hinweg – als neutrale Kräfte des potentiellen gesellschaftlichen Fortschritts, eine Gleichsetzung, die erst in jüngster Zeit problematisiert wurde[7] (z.B. Ullrich, 1981; Gorz, 1983).

In der deutschen Geschichte konnten sich auf Basis solcher allgemeinen Grundüberzeugungen[8] bestimmte Strukturen von Regulierungskompeten-

---

6 Dabei ging es um Probleme, die die Generativität der jeweiligen Landesbevölkerung beeinträchtigten: industrielle Arbeitsbedingungen, Normalarbeitszeit und Beachtung von natürlichen Merkmalen wie Alter und Geschlecht. Mit obligatorischen Versicherungen sollten Mindeststandards der Versorgung in Krankheits-, Invaliditäts-, Unfall- und Altersfall erreicht werden (Senghaas-Knobloch, 1979, 12ff).

7 Das sich wandelnde gewerkschaftliche Technikverständnis ist neuerdings Ausgangspunkt gewerkschaftlicher Ingenieurinitiativen, vgl. dazu das vorhergehende Kapitel „Ingenieure in der IG Metall – zwischen gewerkschaftlicher Schutz- und Technikgestaltungspolitik".

8 Es ist wohl kein Zufall, daß auf den Unterschied und die eigenständige

zen zwischen staatlichen Organen, Wirtschaft und ingenieurberuflichen Vereinen und Verbänden, herausbilden (Lundgreen, 1979; 1981). Dabei kam der staatlichen Politik die Aufgabe zu, sich um die Freisetzung der Dynamik technischer Entwicklung zu bemühen, sie dann aber fallweise und reaktiv hinsichtlich absehbarer Gefahren an bestimmte Auflagen und Normierungen zu binden.

In diesem Zusammenhang entwickelte sich die objektiv zugeschriebene und subjektiv beanspruchte Funktion der Techniker und Ingenieure als *Mittler* (vgl. Rammert, 1983, 61 spricht von „Vermittlern"). Mittler wurden Ingenieure in dem Maße, wie Ingenieurtechnik einer eigenen Logik zu folgen begann. Der historisch orientierte Ökonom Werner Sombart beschrieb schon in den 20er Jahren das technisch-fachliche Wissen als „objektiviertes Wissen" und das technisch-fachliche Handeln als „Handeln nach Gesetzen, die man kennt, nicht nach Regeln, die man beachtet"; mit der „Entgöttlichung im Naturdenken" war nach Sombarts Ansicht die Konsequenz einer „Entmenschlichung im technischen Denken" verbunden (Sombart, 1928, Bd. III, Reprint 1987, 81). Im Ergebnis, so hat Rammert gezeigt, „ist die technische Entwicklung aus ihrer Einbindung in die Wertordnungen der gesellschaftlichen Handlungsbereiche herausgelöst und als eigenständige instrumentelle Handlungsform institutionalisiert worden. Die Professionalisierung des Erfindens und der Konstruktion im Ingenieurberuf ist ein Indiz hierfür" (Rammert, a.a.O., 52). Die aus der Auflösung der Wertordnung resultierende immanente „Maßlosigkeit" ist 1970 auch von einer Kommission am Massachusetts Institute of Technology (MIT) in den USA als Grund für die sich damals abzeichnende allgemeine Krise der Hochschulbildung angesprochen worden (Kogon, 1972, 54).

Eine historische Untersuchung der *Mittlertätigkeit* bedürfte ausführlicher Darlegungen, um sie im historischen Wandel technisch-gesellschaftlicher Zukunftsentwürfe zu beschreiben. An dieser Stelle muß der Hinweis genügen, daß mit der Professionalisierung der Zivilingenieure und der Gründung von Interessenvereinigungen der Techniker und Ingenieure die ingenieurmäßige Technologieberatung allmählich aus dem unmittelbaren staatlichen Aufgabenbereich (z.B. in der Preußischen Technischen Deputation für Gewerbe) herausgelöst und mit der Betonung der technischen Kompetenz eine Eigenständigkeit gegenüber dem Staat aufgebaut wurde (Burchardt, 1981). Mit *technischer* Kompetenz wurde die Dominanz der *juristischen* Kompetenz in der öffentlichen Verwaltung angefochten. Im Ergebnis verzichtete der

---

Geltung von kollektiven Überzeugungskonflikten gegenüber Interessenkonflikten während des erwähnten Symposiums der Enquête-Kommission des Bundestages gerade von Vertretern der katholischen Kirche hingewiesen wurde. Die eigenständige Bedeutung von Wertvorstellungen gegenüber Interessen wird in Fragen der Technikbewertung auf neue Weise aktuell. Vgl. dazu das Kapitel „Die berufliche Verantwortungssituation von Ingenieuren in der Entwicklung", in Teil I.

(preußische) Staat darauf, selbst den technischen Sachverstand zu verkörpern und überließ es der „wissenschaftlich-technischen Gemeinschaftsarbeit" der Anerkennung suchenden Technikerverbände, die schwer zu vereinbarenden Ziele des technischen Fortschritts und der Sicherheit bzw. des Schutzes in Übereinstimmung zu bringen (Lundgreen, 1981, 85). Dierkes u.a. (1988, 8) sehen hierin die historischen Grundlagen für die aktuelle Problematik der Kluft zwischen politischer Verantwortung und tatsächlicher Interventionsfähigkeit staatlicher Instanzen.

Mittler wollten die Ingenieure ihrem eigenen Selbstverständnis nach auch im gesellschaftlichen Konfliktfeld zwischen Unternehmern und Arbeiterklasse sein. Der Begriff der wissenschaftlich-technischen Gemeinschaftsarbeit verweist auf die berufliche Idealvorstellung der neuen Profession, Technik in den Dienst der Gemeinschaft zum Nutzen aller zu stellen – in bewußter Abgrenzung von einseitiger ökonomischer oder machtpolitischer Nutzung.[9]

Diese Idealvorstellung stand gleichwohl von Beginn an in einem Spannungsverhältnis zur beruflichen Praxis. Das wird besonders deutlich in dem Einfluß, den der VDI auf die konkrete Ausgestaltung der wissenschaftlich-technischen Gemeinschaftsaufgaben nahm. Gerade bei den zukunftsweisenden Aufgabenfeldern der Sicherheitskontrolle technischer Anlagen (Prüfverfahren) und der technischen Normung gingen technische Expertise und wirtschaftspolitische Interessen enge Verbindungen ein, wie Lundgreen (1981) in seiner historisch-ideologiekritischen Untersuchung nachweist. Aus einer am beruflichen Selbstverständnis orientierten Perspektive kann man aber die Aufgeschlossenheit für die Interessen der Industrie und die Skepsis gegenüber allen *gesetzlichen* Festschreibungen des *Stands der Technik* als zwei Seiten eines zugrundeliegenden professionellen Interesses an beruflichen Freiräumen deuten.

Die ursprünglich auf einen entsprechenden Zusammenschluß von Unternehmen zurückgehenden Gründungen von Dampfkesselüberwachungsvereinen[10], später technischen Überwachungsvereinen (TÜV), wurden zum Hauptfeld, auf dem es zur Ausarbeitung technischer Normen oder der *Regeln der Technik* kam.[11] Seit 1875 hatte sich der VDI für die Forschung über Ursachen der Dampfkesselexplosionen und eine entsprechende technisch-wissenschaftliche Beratung des Gesetzgebers eingesetzt (Sonnenberg, 1968). Im Bereich der *Sicherheit* für die Anwender und Nutzer technischer

---

9 Darauf verweisen Hortleder (1974, 103), Ludwig (1974, 29) und durchgängig die Aufsätze in der Festschrift zum 125-jährigen Bestehen des VDI, hrsg. von Ludwig unter Mitwirkung von König (1981).
10 Vgl. dazu Burke (1975, 314ff), der die erfolgreichen Aktivitäten amerikanischer Ingenieure für eine Bundesgesetzgebung zur Verhütung von Dampfkesselexplosionen beschreibt.
11 Vgl. für die Zeit von 1856-1890 Lundgreen (1981), für die Zeit von 1890-1918 Burchardt (1981).

Geräte liegt seitdem ein Schwerpunkt des beruflichen Verantwortungsbewußtseins von Technikern und Ingenieuren. Begriff und Politik der technischen Normung enthielten von Anfang an noch eine zweite Dimension: die wirtschaftliche Bedeutung *vereinheitlichter Maße*. Vereinheitlichte Maße bestimmen seit altersher das Ausmaß des Wirtschaftsraums (Böttger, 1986). Mit der Idee wirtschaftsgemäßer Vereinheitlichung als Bestandteil der Gemeinschaftsaufgaben der *Technik* waren nationalstaatliche Vorstellungen, aber auch gesellschaftspolitische verbunden. Der Begriff der „Gemeinschaft", den der Soziologe Ferdinand Tönnies in den 80er Jahren des 19. Jahrhunderts erstmals als Gegenbegriff zu der sich herausbildenden neuzeitlichen Gesellschaft verwendete, bringt eine stark verbreitete politische Grundhaltung zum Ausdruck, die sich mit der Zunahme partikulärer Interessen und kollektiven Interessenkonflikten nicht abfinden wollte. Die technische Kompetenz zu sachverständiger Organisation und Planung sollte stattdessen dem Gemeinwohl dienen, ohne sich zunächst einmal auf politische und soziale Rahmenbedingungen einzulassen[12] oder eigene Zielvorstellungen zu formulieren. Dem Bestreben nach Einheitlichkeit und Ebenmaß stand entsprechend das nach Zähmung der „Verwilderung" aufgrund von „technischer und wirtschaftlicher Willkür" zur Seite.[13] Wenn Technik dem Allgemeinwohl dienstbar gemacht werden sollte, dies war der Gedanke, so mußte sie in die richtige Regie übernommen werden. Hier sind auch die Ideen des technischen Direktors (und späteren Unterstaatssekretärs im Reichswirtschaftministerium Wichard von Moellendorff) hinsichtlich einer „Deutschen Gemeinschaft" zu verorten, aber auch die Überlegungen zu einem Technikministerium, die von einem Teil der Ingenieure öffentlich debattiert wurden (Ludwig, 1974, 40f).

Eine Art technisch begründeter Antikapitalismus hatte sich schon vor dem Ersten Weltkrieg unter Ingenieurwissenschaftlern bemerkbar gemacht. Nach dem Weltkrieg verstärkte sich diese Haltung, ganz besonders wieder in den 30er Jahren, auf dem Höhepunkt der Wirtschaftskrise. Eine besondere Teilgruppierung unter Ingenieuren schloß sich der von den USA ausgehenden *Technokratiebewegung* mit dem Weltbund der *guten Techniker* an. Deren antimilitaristische, internationale und antikapitalistische Ausrichtung war von der Überzeugung durchdrungen, statt politischer Willensbildung bedürfte es allein der sachgerechten Rationalität. Ein weit größerer Einfluß ging von Ingenieuren im Umkreis der nationalkonservativen Zeitschrift Tat

---

12 So kam es auf Initiative einer bestimmten Richtung unter den Ingenieuren nicht zufällig gerade in den Kriegsjahren zur Gründung des *Normalienausschuß für den allgemeinen Maschinenbau*, später *Normenausschuß der Deutschen Industrie*, seit 1926 *Deutscher Normenausschuß (DNA)*, seit 1975 *Deutsches Institut für Normung (DIN)*.
13 So drückte sich der Ingenieur Waldemar Hellmich (1927) im Rückblick auf 10 Jahre deutsche Normung aus; Hellmich hatte den DNA besonders befördert (Ludwig, 1974, 32).

aus, die die kapitalistische Technik scharf kritisierten. Der ehemalige Leiter der Abteilung *Marktbeobachtung* des VDI, Josef Bader, schlug hier 1932 unter Pseudonym die Einrichtung einer *Kammer der Technik* vor, deren Mitglieder vom Reichskanzler berufen werden sollten.

Die Bedeutung dieser verschiedenen kritischen Stömungen lag darin, daß sie programmatisch forderten, zur Verwirklichung des Berufsideals der „guten Technik" angemessene soziale Organisationsformen zu institutionalisieren. Dabei überwogen konservative und antirepublikanische Vorstellungen. Sie waren eingebettet in einer allgemeinen konservativen intellektuellen Kulturkritik, in der ein Zuviel an Innovationen beklagt wurde, insbesondere die Verbindung von technischer Erfindung mit kapitalistischem Unternehmertum. Problembeschreibungen wie die *Ersetzung der Qualität durch Quantität* und der *Verlust von sozialer Verantwortung*, die These, daß *zunehmend die Mittel über den eigentlichen Zweck menschlichen Handelns dominierten,* wurden – wie erwähnt – schon in den 20er und 30er Jahren von dem Ökonomen Werner Sombart in die öffentliche Debatte gebracht (dazu Dierkes u.a., 1986). Technikentwicklung sollte durch Einzelregulierungen in Form von Geboten und Verboten (z.B. *Nachtflugverbot*) und durch einen *Primat der Staatsleitung* bei der Technikforschung, sowie durch Entscheidungen *eines obersten Kulturrats* über die Zulassung von Erfindungen *gezähmt* werden (Sombart, nach Dierkes u.a., 1988, 14).

Solche Gedankengänge als Problemdiagnosen sind einerseits durch die Heraufkunft autoritärer Bewegungen, die Machtergreifung des Nationalsozialismus und durch den Zweiten Weltkrieg abgeschnitten worden.[14] Andererseits sind sie, soweit sie in Richtung auf einen 'starken Staat' drängten, durch diese historische Entwicklung auch grundlegend desavouiert worden. Alle gegenwärtigen Ideen und Vorschläge für einen umfassenden neuen Regulationsmodus stehen daher aufgrund der traumatischen Zeit des Nationalsozialismus heute auf dem Prüfstand der Demokratieverträglichkeit.

---

14 Die Jahrzehnte nach dem Zweiten Weltkrieg mit ihrer kollektiven Betäubung des Bewußtseins über beispiellose Vernichtung und Zerstörung in den Bemühungen um materiellen Wiederaufbau hatten für frühe ökologisch-kulturelle Einsichten, wie sie beispielsweise Georg Friedrich Jünger in den 30er Jahren entwickelt, aber erst nach dem Zweiten Weltkrieg publiziert hatte, keine Resonanz: „Der Mensch, der vergessen und verlernt hat, die Erde wie eine Mutter zu behandeln, ist kein Sohn der Erde mehr. Er befindet sich auf dem cartesianischen Globus, der tot ist und als tote Kugel rücksichtslos vernutzt wird. Sein Verhältnis zur Geschichte schließt die wehrlos gedachte Natur ein" (Jünger, 1953^4, 362f).

Technikbewertung in der aktuellen Diskussion

Im Hintergrund der gegenwärtigen neuen Anstrengungen und Überlegungen für Institutionen zur Technikbewertung in gesamtgesellschaftlicher Verantwortung stehen nur zum Teil die altbekannten Probleme, für die bis jetzt keine zufriedenstellende Lösung gefunden wurde. Zum anderen Teil sind völlig neue Probleme sichtbar geworden (dazu Böhret, 1987). *Arbeitslosigkeit* (oder Vorenthaltung von Erwerbsarbeit), sowie die ökonomische *Entwertung erlernter Qualifikationen* im Zusammenhang mit der Einführung neuer Produktionstechniken haben – wie erwähnt – seit Beginn der Industrialisierung die Arbeitsbevölkerung in Nöte gestürzt und Anpassungszwängen ausgesetzt. Die Berufs- und Qualifikationsprofile wurden in allen Industriegesellschaften abhängig von Sprüngen oder langsameren Veränderungen in der techno-ökonomischen Struktur – ständig umgewälzt. Diese beiden klassischen Themen haben auch in der gegenwärtigen politischen Auseinandersetzung – vor allem gewerkschaftspolitisch – ein hohes Gewicht. Gleichwohl werden sie in getrennten 'Arenen' im Hinblick auf Lösungsansätze diskutiert.

Die Probleme der beruflichen Qualifikation sind direkt mit den ingenieurwissenschaftlich beschriebenen Weichenstellungen der technischen Entwicklung verbunden und werden daher auch von Betriebswirtschaftlern und Produktionstechnikern diskutiert (Martin, Rauner, 1983; Seliger, 1983; Spur, Seliger, Eggers, 1983). Das gilt besonders für das Anwendungsfeld der Mikroelektronik in ihrer Verbindung mit Informationstechnik und Fertigungstechnik. Hier geht es einerseits um Systemlösungen, die auf menschliche Kompetenz weitgehend verzichten, andererseits um soziotechnische Systeme, die gerade auf die Produktivität menschlicher Kompetenz setzen.

Für die makroökonomische Frage nach dem Zusammenhang von technischem Fortschritt und Arbeitslosigkeit, die Emil Lederer für das internationale Arbeitsamt schon 1938 untersuchte (Lederer, 1981^2) finden sich demgegenüber in der engeren ingenieurwissenschaftlichen Debatte über Technikgestaltung kaum Ansätze; dies Problemfeld wird dafür von der staatlichen Technologiepolitik der Innovationsförderung bestimmt. Deren Begründung ist in der klassischen These verankert, daß nur durch die Erhaltung und den Ausbau der Wettbewerbsfähigkeit auf internationalen Märkten auch Arbeitsplätze im Inland erhalten werden können (Erdmann, 1984; Riesenhuber, 1984).

Innovationsförderung als *angebotsorientierte* Technikpolitik (Bräunling, 1986) wird auf Bundesebene seit Jahrzehnten betrieben; seit einigen Jahren auch auf Länderebene. Die Modernisierungsprogramme der sozial-liberalen Koalition hatten auf eine Parallelität sogenannter direkter Förderung bestimmter 'Techniklinien' (wie z.B. Kernenergie, elektronische Datenverarbeitung, Mikroelektronik) und – wo denkbar und möglich – auf deren Einpassung an die Bedürfnisse arbeitender Menschen (Programm Humanisierung des Arbeitslebens) gesetzt. Die christlich-liberale Regierungskoalition hat einerseits jene Technologien, die als Zukunftstechnologien im internationalen Wettbewerb identifiziert wurden, weiter gefördert, daneben aber die indirekte Technologieförderung (durch Personalkostenzuschüsse und Forschungsinvestitionen) bevorzugt.[15] Gefördert werden frühzeitige Entwicklung und marktgerechte Anwendung. Innovationen sollen da angeregt und gefördert werden, wo „der Marktmechanismus nicht mehr funktioniert" (so der Sprecher des BMFT gemäß Frankfurter Rundschau am 2.4.88). Weitere Instrumente der staatlichen Technologiepolitik beziehen sich auf die Beeinflussung der *Nachfrage* durch Finanzhilfen für Käufer (z.B. Katalysatoren), Demonstrationsprojekte, Beschaffungsaufträge und auch Normen und technische Vorschriften (Bräunling, 1986). Von diesen Instrumenten ist die Beschaffungspolitik am umstrittensten. Am Beispiel der Forschungs- und Beschaffungsaufträge für das geplante ISDN wurde der undemokratische Charakter dieser staatlichen Technikpolitik besonders heftig kritisiert (Kubicek, Rolf, 1985).

Auch die Vertreter der Max-Planck-Gesellschaft und des Deutschen Gewerkschaftsbundes (DGB) hatten ja während des erwähnten Symposiums der Enquête-Kommission des Bundestages darauf verwiesen, daß es sich bei den Märkten für Telekommunikation, Rüstungsgüter, Flugzeuge usw. nicht um sogenannte Käufermärkte handelt, sondern um politische Märkte. Bei diesen stellt sich die Frage, wie die staatliche Aktivität kontrolliert, bzw. wie entsprechende Entscheidungen auf demokratische Weise beeinflußt werden können. Von seiten der Max-Planck-Gesellschaft ist dabei auf der Unterscheidung zwischen *Wissensgenerierung* und *Wissensnutzung* bestanden worden. Während die Wissens*nutzung* dem vorausschauenden Bewertungsprozeß unterworfen werden soll und kann, wird dies für den wissenschaftlichen Erkenntnisprozeß und die Grundlagenforschung abgelehnt. Unthematisiert blieben die Fragen, wie hier in der Praxis die Grenzen zu ziehen sind, und wie verhindert werden kann, daß öffentliche Beträge in eine Forschung fließen, deren Ergebnisse später vor allem partikulären Interessen dienen.

Tatsächlich bekommt das Thema 'Technikbewertung' gerade durch die staatlich geförderte Großtechnik einen großen Teil seiner gegenwärtigen Brisanz. Ohne den ständigen Zufluß öffentlicher Mittel hätten manche Projekte wahrscheinlich nie privatwirtschaftliche Interessen auf sich gezogen, die dann einen Ausstieg politisch schwieriger machen. Ob allerdings die

---

15 Allerdings zeichnen sich derzeit erhebliche Einsparungen gerade auf dem letztgenannten Bereich ab, die vor allem vom Maschinenbauverband (VDMA) scharf kritisiert wurden (Frankfurter Rundschau vom 2.4.88). Man spricht von Einsparungen über 1,3 Milliarden DM. Eine solche Änderung würde wiederum die wenigen Großkonzerne, an die zwischen 1973 und 1983 schon die Hälfte der bis dahin gezahlten Gelder des Bundesministeriums für Forschung und Technologie ging, bevorzugen.

Verfilzung von privatwirtschaftlichen, professionellen und politischen Interessen bei großtechnischen Projekten (Traube, 1978) schon dadurch gelöst werden kann, daß sich die staatlichen Instanzen bewußt als Käufer verstehen und entsprechende Forderungen an die Firmen und ihre Forschungsabteilungen stellen (Keck, 1984), ist eine noch nicht geklärte politische Bewertungsfrage. Die politische Bedeutung von Enquête-Kommissionen, die z.B. Optionen für verschiedene Energie- und Entwicklungspfade erarbeiten, hängt jedenfalls davon ab, daß die entsprechenden Weichen tatsächlich *umgestellt* werden können.

Aber selbst, wenn unter ökonomischen Gesichtspunkten Projekte, wie der Schnelle Brüter, nicht soviel Mittel auf sich gezogen hätten und abgebrochen worden wären, so steht in Frage, ob und inwieweit eine weniger großzügige staatliche finanzielle Förderung und eine entsprechende höhere privatwirtschaftliche Beteiligung von Anfang an zu einer besseren Berücksichtigung jener neuen Gefährdungsdimensionen geführt hätte, die ökonomisch nicht leicht handhabbar sind: Gefährdungsdimensionen, die allererst im Protest der Bürgerinnen und Bürger gegen neue Technologien zum Ausdruck kommen.

Im Hintergrund stehen hier jene neuen Gefährdungserfahrungen, die auf einer objektiven Entwicklung in Richtung hochkomplexer, verwissenschaftlichter Technik beruhen. Deren Wirkungen erfassen immer größere Räume und immer mehr Lebensbereiche. Die gestiegene Sensibilität für Gefährdungen muß also im Zusammenhang mit der immer intensiveren Verbreitung von Techniken nicht nur als Produktionsmittel im Erwerbsleben und als Infrastruktur in der Alltagswelt, sondern auch als Gebrauchsgut in Freizeit und Privatleben gesehen werden.

Neben die klassischen, nach wie vor ungelösten Probleme gesellschaftlicher und technischer Entwicklung – *Arbeitslosigkeit, Entwertung des erworbenen beruflichen Wissens, Verlust entsprechender Erfahrung* – sind also neue Probleme für die Technikbewertung und -gestaltung getreten: die *irreversible Vernutzung und Schädigung der natürlichen Umwelt* (Wechsel auf die Zukunft), *das wachsende Machtpotential für bürokratische Herrschaft* und die *Eingriffe in die kulturell-personale Identität* der Menschen. Das Verwirrende und Widersprüchliche der gegenwärtigen Technikbewertungsdiskussionen hängt auch damit zusammen, daß sich die angesprochenen Probleme auf verschiedenen Ebenen befinden. Die Probleme der Arbeitslosigkeit und der beruflichen Qualifikation beziehen sich vor allem auf die Ebene *gesamtgesellschaftlicher Arbeitsteilung*. Hier geht es um die Vereinbarkeit der Ziele einer sowohl *effizienten* wie *sozial gerechten soziotechnischen Entwicklung*. Wachsende Machtpotentiale für Bürokratien werfen Fragen auf der Ebene politischer Organisation auf. Inwiefern widersprechen technische Struktureigenschaften grundlegenden demokratischen Regeln? (Vgl. die Expertise von Hammer und Roßnagel in diesem Band) Die Probleme der unwiderruflichen Umweltverseuchung und Veränderung des Selbstbildes von Menschen beziehen sich dagegen auf die Ebene des tatsächlich noch verantwortbaren *Ausgriffs auf die Zukunft*. Hier geht es um Abschätzung und Bewertung der „Eingriffstiefe", ein Begriff, den die Projektgruppe *Regionale Technikpolitik* in die Debatte eingeführt hat (von Gleich, 1987). Welche Technik hält künftigen Generationen tatsächlich die Zukunft für Korrekturen und eigene Ziele offen?

Der VDI hat Anfang der 80er Jahre angesichts der zunehmenden Vielschichtigkeit der Problemlagen eine Untersuchung zu der Frage vorgelegt, ob und wie das technische Regelwerk auf diese Vielschichtigkeit antwortet (vgl. Ropohl, Schuchardt, Lauruschkat, 1984). Welche Probleme werden durch das Instrument der technischen Normen geregelt? Zunächst einmal ist festzustellen, daß gemäß dem Kooperationsvertrag zwischen dem Bundesministerium für Wirtschaft und dem Deutschen Institut für Normung vom Juli 1975 das DIN verpflichtet ist, bei seinen Normungsarbeiten das öffentliche Interesse zu berücksichtigen. Dabei wird das öffentliche Interesse nicht nur im Sinne der Beseitigung von Handelshemmnissen gefaßt, sondern explizit als Beherrschung der Technik im Hinblick auf Sicherheitstechnik, Gesundheitsschutz, Umweltschutz und Verbraucherschutz (Böttger, 1986).[16] Joachim Böttger, bis 1985 zuständiger Unterabteilungsleiter im Bundesministerium für Wirtschaft und langjähriges Mitglied des Präsidiums des DIN, sieht darin die unabweislich gegebene Verknüpfung von technischen Regeln mit sogenannten außertechnischen Werten. Eine analytische Unterscheidung von technischen und außertechnischen Werten[17] scheint ihm deshalb am empirischen Kern des Regelwerks vorbeizugehen. Aber da – von niemandem bestritten – ökonomische Gesichtspunkte unter allen Umständen präsent sind, muß die Frage gestellt werden, welche Wertgrößen in die Wirtschaftlichkeitsberechnungen einfließen, bzw. welche Werte und Normen dabei als Randgrößen fungieren. In dieser Hinsicht ist es durchaus aufschlußreich, daß sich bis in die Mitte der 60er Jahre hinein die Aufmerksamkeit bei der Normengebung vor allem auf die klassischen Problembereiche Sicherheit, Gesundheit, Arbeitsschutz und Unfallverhütung konzentrierte, während seitdem die Probleme des Umweltschutzes, der persönlichen Entfaltung und der Entwicklung des Verbraucherschutzes deutlich an Gewicht gewannen, ohne daß damit schon etwas über den faktischen Beitrag dieser Normen zur Lösung der Probleme ausgesagt wäre.

In neueren Bestrebungen von Ingenieurverbänden und -vereinen im deutschen und im internationalen Kontext gibt es den Versuch, den Pro-

---

16 Eine ökologische Umorientierung der Produktionsprozesse und der Wirtschaftsrechnungen wird seit Jahren in der Vereinigung für ökologische Wirtschaftsforschung und entsprechenden Instituten erkundet. Vgl. Öko-Institut (1985); Leipert, Simonis (1985).
17 Wie sie der Untersuchung von Ropohl, Schuchardt & Lauruschkat (1984) zugrundeliegt.

blemen auf den verschiedenen Ebenen gerecht zu werden. Auf diese Weise soll das gestörte Verhältnis zwischen Öffentlichkeit, technischem Sachverstand und Politik in eine neue Balance gebracht werden. Neben sogenannten Ethik-Kodices oder den – dem Hippokratischen Eid nachempfundenen – Selbstverpflichtungen geht es neuerdings vor allem um Vorschläge zu einer Technikbewertung in gesamtgesellschaftlicher Verantwortung und um Überlegungen, auf welche Weise Ingenieurverbände Verantwortung in der Gesellschaftspolitik wahrnehmen könnten.[18] Dabei steht nun auch das überkommene Muster der Zusammenarbeit von staatlicher Politik und Ingenieurkompetenz zur Debatte. Diesem zufolge beteiligten sich – wie skizziert – Ingenieure seit je an der inhaltlich-konkreten Ausgestaltung dessen, was als *Regeln* oder *Stand der Technik* neben der politisch-rechtsförmigen Techniksteuerung eine zweite Ebene der Normierung bildet (Wolf, 1980; 1987).

Als unbestimmter Rechtsbegriff drückt der *Stand der Technik* den Sachverhalt aus, daß „im Recht der Technik zwei Paradigmen der Normensetzung und zwei Methoden der Norminterpretation miteinander konkurrieren: die juristische Normexegese und der naturwissenschaftliche Sachverstand" (Wolf, 1987, 368). Das Recht der Technik ist auf diese Weise ein mehrstufiges Gebilde geworden, das vom Gesetz über Verordnungen, Verwaltungsvorschriften, technische Regeln öffentlicher Ausschüsse und Empfehlungen von Beratungsgremien bis hin zur privatwirtschaftlich organisierten, überbetrieblichen technischen Normung reicht (Wolf, 1987, 367f), wobei die „unterstaatlichen Normen" gerade in juristischen Konfliktfällen immer gewichtiger werden. Dadurch werden aber auch die in Ethik, Recht und Politik verankerten „Widerstandslinien" gegen Gefahren neuer Technologien unterhöhlt. Denn, wenn nicht mehr sinnliche Erfahrungsbezüge, sondern quantifizierende, wissenschaftliche Risikoabschätzungen zur Rechtsprechung herangezogen werden bzw. Grundlage für die Opposition sind, begibt sich auch die kritische Bewertung auf die Ebene der natur- und ingenieurwissenschaftlichen Logik.

Ohne eigene inhaltliche Zielsetzung für die Richtung des technischen Fortschritts ist das Recht der Technik – wie Wolf nachgewiesen hat – von einer Konzentration auf Sicherheit geprägt, die ihrerseits auf die alten polizeirechtlichen Postulate *Sicherheit und Ordnung* zurückgeht. Im Polizeirecht endet der staatliche Eingriff mit der Abwehr von Gefahren, im Sinne der Wiederherstellung der öffentlichen Sicherheit. Dieser Begriff der *öffentlichen Sicherheit* widerspricht nun aber den neuen Gefährdungsdimensionen und den objektiven Gegebenheiten einer Gesellschaft, in der allein schon durch den *Gebrauch* der modernen Techniken Unfälle, Mißbrauch und Nebenfolgen

---

18 Die Arbeitsgruppe *Ingenieurethik* des VDE-Ausschusses *Berufsfragen* änderte ihren Namen in Arbeitsgruppe *Technik und Gesellschaft*. Vgl. zum Problem der Moral im Beruf das obige Kapitel „Die Moral von Ingenieuren und die Ethik technischen Handelns – Sozialpsychologische Überlegungen zur Gestaltbarkeit der Technik durch den Wandel kultureller Werte".

prinzipiell nicht mehr ausgeschlossen werden können (Guggenberger, 1986; Beck, 1986). Mit der faktischen Erosion von Sicherheit als Grundkategorie des Rechts der Technik kommen auch die traditionellen „Muster der Zuschreibung von persönlicher Verantwortung" im Recht ins Rutschen. Stattdessen bestimmen „ingenieurwissenschaftliche Risikostudien und die Versicherungsmathematik die Distributionslogik gesellschaftlicher Risikobelastung durch Grenzwerte und die Kompensationsmuster der neuen Schadensausgleichsfonds" (Wolf, 1987, 388).

Diese Situation *faktischer* Delegation politischer Verantwortung an technische Experten hat nun aber nicht nur den legitimierten Organen politischer Willensbildung, vor allem dem Parlament, Gestaltungsmacht entzogen, sondern bringt auch Ingenieure als technische Experten gegenwärtig in völlig neue Rechtfertigungsnöte. Aus Tagungsberichten, formellen und informellen Diskussionen wird deutlich, daß sich Ingenieure (und Naturwissenschaftler) von ungerechten Schuldvorwürfen überhäuft erleben. In der Erkenntnis, daß der Gesetzgeber offenbar die Verantwortung für neuartige Technikfolgen – auch bei gegenteiliger Beteuerung – vielfach gar nicht übernehmen kann, sehen sich gerade die problembewußten Ingenieure dazu herausgefordert, darüber nachzudenken, auf welche neue Weise Ingenieurwissen zusammen mit anderem Wissen in der kollektiv-gesellschaftlichen *Zielfindung* für die technische Entwicklung fruchtbar gemacht werden kann. In den Forschungsgesprächen, die wir mit Ingenieuren führten, werden dazu einige Ansätze auf dem Hintergrund ihrer Wirkungsanalysen der Technik sichtbar.

Gefahren der Technikentwicklung und Probleme staatlicher Techniksteuerung

Im ersten Teil dieses Bandes haben wir die Wirkungsanalysen aus der Sicht von Ingenieuren in verschiedenen Bereichen der Informationstechnik dargestellt. Dabei hatte sich gezeigt, daß in allen Gruppen Vor- und Nachteile informationstechnischer Entwicklung abgewogen wurden. Diese Abwägung war jeweils durch eine spezifische Ambivalenz, bzw. eine unaufgelöste Bewertungsspannung gekennzeichnet.

Bezogen auf die Möglichkeiten und Risiken, die aufgrund der immanenten Struktureigenschaften von Informationstechnik vorhanden sind, wurde die Spannung zwischen dem *Hilfsmittelcharakter* informationstechnischer Systeme und dem *Herrschaftscharakter* diskutiert. Als Herrschaftsmittel wurden informationstechnische Systeme typischerweise vor dem Erfahrungshintergrund stark eingeengter Handlungsspielräume in großtechnischen Entwicklungsvorhaben thematisiert, oder auch vor dem Hintergrund, daß sich die eigene technische Qualifikation als veraltet erwies. Unter allen Umständen bestand aber ein Interesse daran, der Informationstechnik den Charakter als Herrschaftsmittel im Hinblick auf Mißbrauchsmöglichkeiten zu nehmen. Die ansonsten gewünschte Zweckoffenheit der technischen Funktionalitäten soll nicht gelten, wenn es um die Möglichkeiten zur computerisierten Personalkontrolle oder generell um einen möglichen Machtzuwachs für bürokratische Institutionen innerhalb und außerhalb des Betriebes geht.

Auch in der Dimension soziotechnischer Arbeitsorganisation kamen die Ingenieure zu einem in sich widerspruchsvollen Befund. Die grundlegende Spannung bestand hier zwischen den diagnostizierten Möglichkeiten zu einer *dezentralen und an menschlicher Kompetenz orientierten Systemauslegung* und deren absehbaren Verwendung in einem langfristigen Prozeß, der schließlich doch zu *zentralisierten, weitgehend automatisierten technischen Lösungen* tendiert.

Dies deutet schon darauf hin, daß die zwiespältigen Wirkungsanalysen mit einer zwiespältigen Diagnose der gesellschaftlichen Regulierungskräfte zu tun haben. Sie drückte sich als unaufgelöste Spannung aus zwischen einem Vertrauen auf marktförmig organisierte Selbsthilfekräfte und dem Gefühl der Bedrohung durch eine prinzipielle Unkontrollierbarkeit der Richtung, die der technische Fortschritt einschlägt. Diese grundlegende Spannung wurde in drei Problembereichen thematisiert: in dem Bereich der Arbeitslosigkeit, in dem Bereich des Machtzuwachses für bürokratische Institutionen und in dem Bereich der prinzipiellen Mißbrauchsmöglichkeiten für die Zweckoffenheit der informationstechnischen Funktionalitäten.

Ebenso wurde über die Bedeutung der Informations- und Kommunikationstechnik für die Lebenswelt in Betrieb und Gesellschaft sehr ambivalent diskutiert. Auf der einen Seite wurde die Möglichkeit der *Erweiterung* von Kommunikationsmöglichkeiten und des *Wissenshorizontes* betont. Auf der anderen Seite wurde jedoch auch die Furcht geäußert, die Ersetzung der persönlichen Kommunikation durch Kommunikationstechnik könnte zu einer *Verarmung sozialer Beziehungen und Fähigkeiten* führen.

In den Risiko- und Wirkungsanalysen der Ingenieure im Bereich der verschiedenen Praxisfelder sind, wie wir sahen, die allgemein gesellschaftlich diskutierten Gefährdungen thematisiert: Arbeitslosigkeit, Entwertung beruflicher Fähigkeiten, Umweltzerstörung, Machtzuwachs von Bürokratien, Eingriffe in die personale Identität durch Mißbrauch, aber auch durch den einfachen Gebrauch der Informationstechnik. Über zwei Problemstellungen, die sich daraus ergeben, wurden vertiefende Überlegungen angestellt: die Frage, wie man zur *sozialen Zweckbestimmtheit* der technischen, insbesondere der informationstechnischen, Produkte gelangen kann, und die Frage, wie der *Hilfsmittel- oder Werkzeugcharakter* der Technik zur Leitlinie in der Entwicklungs- und Gestaltungspraxis gemacht werden könnte.

Wie ausgeprägt auch immer die Risikoanalysen in den an der Untersuchung beteiligten Ingenieurgruppen ausfielen und wie dringlich auch der Wunsch nach einer Bändigung der technischen Entwicklung ausgesprochen wurde (vgl. Teil I dieses Bandes), es schien in den Diskussionen unvorstellbar, daß man die Entwicklungsdynamik an sich anhalten, oder doch stark bremsen könnte. Ingenieure im Bereich der Entwicklung, der Beratung oder Einführung und Anwendung neuer Technologien betrachteten gleichermaßen diese Dynamik als unvermeidlich vorgegeben. Zum einen wurde dafür selbstkritisch der *Entwicklungsdrang* auf seiten der Ingenieure verantwortlich gemacht, zum anderen aber eine *allgemeine Haltung in der Gesellschaft*, derzufolge jede Technik, die die Bequemlichkeit verstärkt oder im persönlichen Nutzenkalkül positiv ausfällt, breite Zustimmung findet (vom Auto, über die umweltfeindliche Quarzuhr bis zum Telefon). Oft, so wurde betont, ist es gerade der massenhafte Gebrauch, der bei der Nutzung einer Technik erst massive Probleme schafft.

Die Absicht, die technische Entwicklung bremsen zu wollen, würde dieser Einschätzung gemäß an den menschlichen Eigenschaften des Erkenntnis- und Entwicklungsdrangs sowie an der fortwährenden Suche nach mehr Bequemlichkeit vorbeizielen und insofern ergebnislos bleiben.[19] Das Ineinander- und Zusammenwirken solcher Haltungen von Entwicklern und Konsumenten ist aber in der Diagnose der Ingenieure nur die eine Seite jenes systemischen Zusammenhangs, dessen Eigendynamik kaum beherrschbar erscheint. Die andere Seite dieser Dynamik bildet sich aus der engen Verzahnung zwischen der *Innovationslust* der Ingenieure und den privatwirtschaftlichen *Kalkulationen der Kaufleute* in den Unternehmen und Betrieben.

Irrationale Motive, der *Rausch am Neuen*, wie es in der dritten Diskussionsrunde hieß, verbinden sich mit den *rationalen Kalkülen* auf eine solche Weise miteinander, daß sie im Ergebnis untrennbar erscheinen. Die Universitäten und Forschungsinstitute haben in diesem Zusammenhang die Funktion, ständig neue Ideen und Aufgabenstellungen zu produzieren, durch Diplomarbeiten und Doktorarbeiten zu befördern und schließlich durch Beziehungen zur Industrie den Weg zu kommerziellen Anwendungen zu ebnen.[20] Mit Bezug auf diese Ebene der Ideenkreation wurde der gesamte Prozeß der Technikentwicklung eher als 'inkrementalistisch', anstatt strategisch geplant dargestellt. Die Ergebnisse des inkrementalistischen Prozesses werden allerdings – das war allen an der Diskussion Beteiligten klar – ab einem bestimmten Reifestadium in die Produktstrategien der Unternehmen integriert. Das Wesen dieses Prozesses scheint daher eine verantwortliche Techniklenkung obsolet zu machen. Aus der Perspektive des einzelnen Entwicklers verwies man darauf, daß einzelne aufgrund großtechnischer

---

19 Böhret (1987, 6ff) kommt zu einer ähnlichen Bewertung. Das industriegesellschaftlich eingeübte *Nutzenkalkül* widerspricht *Askeseforderungen*.
20 Diese Problematik wird von Anatol Rapoport (1984) mit dem Begriff *Technologischer Imperativ* bezeichnet. Gar nicht unähnlich sprach Sombart (1927, Wiederabdruck 1987, 93) von den Motiven: „Lust am Erfinden", bzw. „rein technischer Betätigungsdrang"; „an den Erfolg geknüpften Interessen" und dem „Erwerbstrieb".

Komplexität ohnehin keine Kenntnis und keine Entscheidungskompetenz über die Anwendung ihrer Ideen und Produkte mehr haben könnten. Aus der am Management orientierten Perspektive der an den Forschungsgesprächen beteiligten Ingenieure wiederum wurde die Problemträchtigkeit jedweder antizipativen Technikbewertung herausgestellt, die nicht auf Erfahrung beruht.

Dabei verwies man auf die Kernenergie, deren Gefahren auch von den heutigen Kritikern unter den Ingenieuren nicht rechtzeitig gesehen wurde. Gerade weil man die Faktoren, die in der Technikdynamik wirksam sind, nicht kenne, laufe man bei allen direkt-steuernden Eingriffen Gefahr, zu anderen als den beabsichtigten Ergebnissen zu kommen. In den Bildern der evolutionären *Entwicklungsspirale* und der *Schleife ohne Ende* kam zum Ausdruck, wie hoffnungslos überfordert man sich sieht, mit Hilfe eines archimedischen Punkts *außerhalb* der bestehenden gesellschaftlichen Kräftewirkungen über die richtige Weichenstellung entscheiden zu sollen. In einer Diskussion von Entwicklungsingenieuren wurde dieses Dilemma auf den Punkt gebracht.

„Woher nimmt man die Kriterien, heute zu entscheiden, das ist die richtige Richtung? ... Da ist wohl jeder von uns überfordert. Und das wird immer Gremien geben, die sagen, den Weg müssen wir langgehen, der führt in die richtige Richtung. Und 20 Jahre später stellt man fest, es war doch nicht der richtige Weg." (Entwickler von Werkstattprogrammierung 2, 82)

Übereinstimmung war nur darüber zu erzielen, daß auf jeden Fall die einseitige Förderung einer bestimmten Technologie zu Lasten ihrer Alternativen zu vermeiden ist. Hier war die staatliche Technikförderung angesprochen. Dabei standen zwei Probleme in Vordergrund: die Rolle des Staates bei der Erhaltung der Wettbewerbsfähigkeit und die Großtechnik bzw. ihre Alternativen.

Es wurde als Aufgabe des Staates betrachtet, den richtigen Mittelweg zu gehen zwischen zu einseitigen Geldzuwendungen für bestimmte Entwicklungszweige, die sich dann vielleicht als falsche herausstellen, und zu weit gestreuten, und dadurch zu geringfügigen Zuwendungen, mit denen man Entwicklungstrends dann gar nicht mehr verfolgen kann. Keinesfalls aber – so äußerte sich ein Teil der Ingenieure im Berufsfeld Forschung und Entwicklung – könne man im Feld der Computertechnik einfach auf ein 'Mitmachen' verzichten. Entsprechend scharf wurde z.B. in einer gewerkschaftlich orientierten Ingenieurrunde formuliert:

„Ich halte es für eine ganz gefährliche Illusion zu glauben, man könnte die Beschäftigung mit einem Thema dadurch beenden, daß man's selber nicht mehr macht." (Ingenieure im AIN 1, 137)

Von einer kleinen Gruppe von Ingenieuren wird allerdings die gegenwärtige Organisationsstruktur von Forschung und Entwicklung grundsätzlich in

Frage gestellt. Sollte man nicht, so wird zu bedenken gegeben, eine Forschungsstruktur bevorzugen, in der viele kleine einzelne Vorhaben parallel entwickelt werden, die sich erst nach entsprechenden Erfahrungen sich zu einem gemeinsamen Ziel bündeln? Für die meisten Entwicklungsingenieure ist ein solcher Weg allerdings nicht denkbar. Ohne eine große Idee und eine große Aufgabe (wie sie z.B. in der Mega-Chip-Entwicklung gesehen wird) werden sich nachträglich – so meint man – nicht viele kleine Einzelteile zu einem Gemeinsamen zusammenfügen lassen.

Technische Normen und Ingenieurkompetenz für eine normative Technikgestaltung

Wenn nun Großforschung und Großtechnik bis zu einem gewissen Grade als unvermeidlich angesehen werden, wie kann man sich eine modifizierende Regulierung der Technik, vor allem der Informationstechnik, vorstellen – sei es im Sinne der *sozialen Zweckbestimmtheit,* für *wünschenswerte Anwendungen,* sei es im Hinblick auf den *Hilfsmittelcharakter,* für einen *werkzeuggemäßen Gebrauch?* Gibt es nach Ansicht der an unseren Forschungsgesprächen beteiligten Ingenieure auf der Ebene des technischen Regelwerks hier Ansatzpunkte?

Zunächst einmal wurde herausgestellt, daß technische Normierung die Funktion einer ingenieurmäßigen Beschreibung hat. Es geht dabei um eine exakte Spezifizierung, oder um *normierte Werte,* Vereinheitlichungen, die sich jeweils erst auf dem Markt herausbilden müssen. Von solchen normierten Werten unterschied man in der Diskussion einen anderen Typ von Normen, wie er sich beispielsweise in der DIN-Norm zur Dialoggestaltung an Bildschirmgeräten findet. Hier sah man hinsichtlich des Hilfsmittelcharakters informationstechnischer Systeme einen Katalog von Anforderungen, denen jedoch keine technischen Daten zugeordnet sind. Als *Zielkatalog,* so hieß es, mögen diese Anforderungen für Hersteller und Anwender durchaus hilfreich sein. Da aber entsprechende Prüfverfahren fehlen, ja nach Ansicht der Entwickler immer dort fehlen müssen, wo noch keine technischen Ergebnisse vorliegen, die man miteinander in Vergleich bringen kann, sollte man nicht von Norm sprechen. Da der Begriff der 'technischen Norm' mit der Idee der Beständigkeit und Eindeutigkeit verbunden ist, fiel es Ingenieuren in den Gesprächsrunden schwer, sich Normen im technischen Regelwerk als *Zielkataloge* für eine sozial verantwortliche Entwicklung vorzustellen. Denn in der Ingenieurperspektive erscheint Norm immer als etwas Starres, als etwas, was auch neue wünschenswerte Möglichkeiten einschränken kann:

I „Also ich würde sagen, das schlechteste System ist das, was starr ist, und der Mensch muß sich auf Deubel-komm-raus, muß sich mit seinem Verhalten diesem System anpassen.

K Läßt sich aber am besten beschreiben, nicht?
I Läßt sich am besten beschreiben. Ist ja auch am weitesten verbreitet. Wenn ich mir angucke, hier in diesem Hause, daß 'ne Nummer existiert auf der Gehaltsabrechnung, auf'm Wochenbogen, wo ich sage... Ich weigere mich in Zahlen zu denken, weil ich 'n Mensch bin, der eigentlich mit Buchstaben groß geworden ist, und nicht mit Zahlen. Das System müßte eigentlich so flexibel sein, mir Buchstaben anzubieten. Aber das ist nicht möglich.
K Das ist möglich. (Durcheinanderreden) Es ist möglich, nur die Frage, wer setzt es um und wann? Und zu welchem Preis ...?
I Machbar ist das alles.
M Unter Berücksichtigung aller Umstände scheint es nicht möglich zu sein, nicht.
Forschungsteam:
Was für mich interessant ist in der Diskussion, ist, daß Sie ganz stark die individuelle Freiheit im Umgang mit dem System beanspruchen ... Ist es nicht unter Umständen sinnvoll, dies in einer allgemeinen Richtlinie unterzubringen?
I Also ich würde als 'allgemeine Richtlinie' unterschreiben oder allgemein sagen, es ist besser, daß ein System sich der menschlichen Umgebung anpaßt als daß der Mensch sich der Maschine anpaßt.
M Damit ist aber nicht gelöst, daß es verschiedene Menschen gibt. Wenn ich eine Maschine habe, wo alle zwei Stunden ein anderer rangeht, dann würde ich sagen, eine starre Maschine ist am besten. Die kann ich ja vielleicht generell so umformen, daß ich für diese Masse Mensch irgendwann mal ein Optimum finde." (Ingenieure in der indirekt-spezifischen Technologieförderung, 2, 67f)

Aus dem eigenen Erleben heraus wünschte man, daß sich Technik ganz klar dem Menschen anpassen soll. Unter dem Gesichtspunkt aber, daß Technik als Arbeitsmittel in einem bestimmten, nach Wirtschaftlichkeitserwägungen organisierten Betrieb nicht nur einem einzelnen, sondern vielleicht vielen Menschen zur Verfügung steht, sah man organisatorische und ökonomische Probleme, wenn man es jedem recht machen wollte. Technische Normungen, auch technische Richtlinien – so zeigt die hier wiedergegebene Diskussion – lassen sich nicht von der Sphäre der Wirtschaftlichkeitsberechnung trennen.

Über die Instanz des technischen Regelwerks die wünschenswerte Richtung des technischen Forschritts ansteuern zu wollen, so stellte sich heraus, wird von den Ingenieuren in unseren Forschungsgesprächen nur sehr eingeschränkt für möglich und sinnvoll gehalten. Wie wird nun die Möglichkeit eingeschätzt, die Entwicklung der Technik auf andere Weise zu lenken?

Die Notwendigkeit einer gesellschaftlichen Regelung aufgrund der unvergleichlich höheren Komplexität heutiger Systeme gegenüber älteren technischen Systemen wurde von den beteiligten Ingenieuren generell bestätigt. Damit nicht alles, was machbar ist, gemacht wird (hierfür wurde ein vom eigenen Feld weit entferntes Beispiel, Forschung an Embryos, herangezogen), brauchen wir, so hieß es, Gesetze oder Regeln. Allerdings, dies wurde schon benannt, wird damit das Problem aufgeworfen, wie man zu diesen neuen Regeln oder Gesetzen kommen kann. Aufgrund der Säkularisierung gebe es ja keine unangefochtenen Autoritäten mehr. Man sieht sich prinzipiell auf den demokratisch entwickelten Sozialkonsens angewiesen, um Regulierungen zu treffen – ob es sich um Festlegung der Grenzen informationstechnischer Vernetzung handelt, oder um Forschung und Entwicklung in anderen Technikbereichen. Für unabdingbar wird also ein technologiepolitischer Dialog gehalten. In welcher Weise kann nun aber ein solcher öffentlicher technologiepolitischer Dialog durch Ingenieure und ihre spezifische Kompetenz gefördert werden?

Als ein erster, wenn gleich umstrittener, Ansatzpunkt wurde hier die kritische Mitwirkung an der Zielbestimmung von konkreten Entwicklungsvorhaben diskutiert. Jede Entwicklung stehe unter bestimmten Zielvorgaben. Wenn man auch die technische Durchführbarkeit und Lösung für das Neue nicht von vornherein kenne und bewerten könne, so könne man doch eine Folgeabschätzung aufgrund der Zielvorgaben machen. Darüber gab es in einer Gruppe von Ingenieuren in leitender Position eine heftige Auseinandersetzung:

A „Sie müssen zunächst ... Erfahrungswerte haben mit neuen Dingen. Wie z.B. so ein Satz 'Expertensysteme bergen Sprengstoff' ... Solange ich kein Expertensystem habe, es gibt noch keins, kann ich so einen Satz nicht hinschreiben ...

B Das kann ich aber auch nicht so stehenlassen. Ich kann doch abschätzen, was ein Expertensystem, wenn's wirklich da ist, eben für Auswirkungen haben wird; also einen Wissensentzug glaube ich z.B. schon ...

C Also ich kann nicht mal abschätzen, was ein 'Expertensystem' ist.

Forschungsteam:
Gut, das liegt vielleicht daran, daß man schon so sehr drin ist in der Materie, daß man genau weiß, was alles noch nicht ... (lautes Durcheinanderreden)

A Was vielleicht in 20 Jahren mal da sein wird, solange kann ich nicht ...

D Eine Zielvorgabe hat man doch. Wenn ich dann vom Erreichen des Ziels ausgehe, dann kann ich doch auch schon abschätzen, wohin das führt ... Also diese Ziele vergleichbar mit anderen ...

A Ob man das zu dem Zeitpunkt schon kann? Genau das, glaube ich, ist ...

D Das kommt darauf an, wie man das bewertet.

E Man kann es sicher nicht eindeutig, aber man kann die Möglichkeiten doch wohl sehr gut ...

A Andeutungsweise aufzeigen, gut; wobei man aber noch nicht sagen kann, wie sich diese Möglichkeiten dann wirklich auswirken, was positiv und negativ ist, und was für ein Aspekt überwiegt. Es sind immer beide drin." (Entwickler von Werkstattprogrammierung, 2, 97f)

Eine antizipierende Technikbewertung ist eben nicht ganz unmöglich, so lautet das Fazit dieser Diskussion, allerdings verlangt sie Offenheit und Öffentlichkeit. Aber daran, dies wird besonders von den gewerkschaftlich engagierten Ingenieurgruppen beklagt, mangelt es. Intern, so wurde z.B. betont, weiß man, daß aufgrund militärisch-rüstungspolitischer Anforderungen bestimmte Technikwege bevorzugt werden, z.B. die Glasfaserverkabelung. Dies werde aber weder vom Staat, noch von der Industrie, noch den beteiligten Instituten öffentlich und offen gesagt; vielmehr, so wurde kritisch konstatiert, werden andere Eigenschaften benannt, die die Glasfaser für den Verbraucher schmackhaft machen sollen.

Neben der an die Adresse der Politiker und Unternehmer gerichteten Kritik war solche Kritik auch mit der berufsspezifischen Selbstkritik verbunden, daß man sich im Ingenieurberuf daran gewöhnt habe, mit der 'halben Wahrheit zu leben'. Aus der selbstkritischen Diagnose (insbesondere der im AIN gewerkschaftlich engagierten Ingenieure), daß Wissenschaft und Technik viel zu stark mit den Problemen, die sie zu lösen vorgeben, verzahnt sind, ergibt sich unter den besonders problembewußten Ingenieuren als zentrale These, daß die notwendige technologiepolitische Umkehr vor allem von den Laien kommen muß. Entsprechend hieß es, daß kritische Ingenieure mit kritischen Technik-Laien ein Bündnis eingehen müßten.

Die an der Diskussion Beteiligten hatten ja selbst die Erfahrung gemacht, daß sie aus der Position des Privatmenschen und des Auch-Laien ein anderes Verhältnis zu bestimmten technischen Entwicklungen einnehmen, als wenn sie aus der Position des mit bestimmten Entwicklungen direkt Beschäftigten dazu Stellung nehmen. In mehreren Gruppen wurde hier das Kernkraftunglück in Tschernobyl angeführt, um einen entsprechenden eigenen Lernprozeß zu beschreiben. Hatte man zuvor eher dahin tendiert, der Ingenieurkompetenz die Lösung aller anfallenden Probleme mit Kernenergie zuzutrauen, zog man nach dem Unglück die Schlußfolgerung, daß das ganze Ausmaß potentieller Gefahren viel angemessener von außen, also von Laien wahrgenommen worden war. Aber man hatte noch eine weitere Erfahrung gemacht, nämlich die, daß der Dialog zwischen Laien und Fachleuten, Besorgten und Wissenden, auf außerordentliche Kommunikationsbarrieren stößt. Diese Einschätzung kommt in der folgenden Gesprächssequenz beispielsweise zum Ausdruck.

Q „Wir hatten jetzt Tschernobyl, wo ich mich wirklich gewundert habe, daß über Gesundheitsschäden geredet wurde und Physiker gefragt wurden, eine völlig falsche Gruppe an sich..., und man hat festgestellt, die Physiker haben zwar einen Haufen Meßwerte gegeben, aber die waren alle unterschiedlich... Ich meine, daß die meisten Physiker völlig Richtiges gesagt haben, nur sind die Leute mit den falschen Fragen zu ihnen gekommen ...

R Die Leute sind nicht mit falschen Fragen gekommen. Die Leute können nur das fragen, was sie überhaupt vertreten. Die Physiker haben falsche Antworten gegeben ...

Q Das Thema 'Dolmetscher' ist schon das Wichtigste ...

S Die Physiker waren genau in der gleichen Lage, wie die Leute, die die Fragen stellen. Die Leute, die die Fragen stellen, wissen nicht genau, was sie fragen ...

Forschungsteam:
Und die Physiker wissen auch nicht genau, was sie beantworten?

S Und darin liegt nämlich die Diskrepanz. Wenn die Physiker das gewußt hätten, wären sie nämlich in der Lage gewesen zu sagen: geht mal zu der Berufsgruppe ...

T Das ist halt die Trennung. Die Physiker können sagen: Die Strahlung ist so und so groß und stark. Aber was das jetzt bewirkt, das weiß der Physiker nicht, und der Arzt weiß wieder nichts von der Strahlung ...

U Es fehlen einfach auf beiden Seiten entsprechende Grundvoraussetzungen, um ein Problem zu erfassen. Die Leute möchten etwas wissen. Und von ihrem Wissensbedürfnis her haben die Fragen einen Sinn. Aber für den, der die Fragen beantworten soll, haben sie keinen Sinn ..." (Entwickler von Vermittlungstechnik 2, 13 ff)

Einer der Diskutierenden hat es deutlich gesagt: Es bedarf 'eines Dolmetschers', einer besonderen Übersetzung und besonderer Übersetzungsregeln, um den angestrebten technologiepolitischen Dialog führen zu können. Dort, wo es darum geht, einen neuen Grundkonsens über die Richtung der technischen Entwicklung zu finden, bedarf es einer grundsätzlichen kommunikativen Offenheit. Anders als in einem rein technischen Dialog oder in einer Alltagsdebatte, in der die grundlegenden Überzeugungen und Ziele unbestritten sind, geht es in der hier zur Disposition stehenden Debatte darum, immer auch die Motive (und Absichten) mitzuverstehen, die in einer bestimmten Frage oder aber in einer Sachäußerung enthalten sind, und die eine Antwort erheischen oder herausfordern. Die Fachkompetenz allein ist nicht ausreichend. Besonders die gewerkschaftlich engagierten Ingenieure hatten das schon bei sich selbst erkannt. Sie hatten entdeckt, daß sie 'zwei Seelen' in der Brust spüren, neben der 'des Ingenieurs' auch die 'des Menschen' mit ganz anders gerichteten Wünschen; so z.B. Entwickler des dienstintegrierten Vermittlungsnetzes: Als *Ingenieur* können sie sich mit den Herausforderungen des ISDN-Projekts identifizieren, auch wünschenswerte Anwendungen dafür überlegen. Als *Mensch* fürchten sie durch den Einsatz dieser Technik weitere negative Veränderungen der sozialen und kulturellen Lebensqualität.

Foren für einen technologiepolitischen Dialog

Wo sind nun aber die sozialen Orte, an denen sich Ingenieure mit technischen Laien zusammen gemeinsame Auffassungen über bestimmte Technikentwicklungen bilden könnten? In unserem abschließenden Workshop der dritten Gesprächsrunde[21] wurden Vorschläge für *Foren zur Technikgestaltung* auf betrieblicher und überbetrieblicher Ebene gemacht. Unter Foren verstand man stabile Arbeitszusammenhänge, die eine vorausschauende kollektive Technikbewertung möglich machen sollten. Laien, das wußte man auch aus eigener Erfahrung, melden sich in der Regel zu spät zu Wort, weil sie erst durch eigene Erfahrung oder Betroffenheit aktiv werden. Für die Gestaltung einer wünschenswerten Zukunft brauchen sich daher die vorausschauende Ingenieurkompetenz für technisch bedingte Risiken und die an der bestehenden Lebensweise orientierte Laienperspektive gegenseitig.

Ein schon benanntes, grundsätzliches Problem stellte sich auch in der Debatte über die Ausgestaltung möglicher technologiepolitischer Foren: Wo immer es darum geht, eine technische Richtung insgesamt für überflüssig zu erklären, wird die Veränderungsphantasie betroffener Ingenieure durch die Verzahnung ökonomischer und technischer Interessen blockiert. Eine Entwicklungsrichtung tatsächlich nicht weiterzuverfolgen, erscheint zumindest im eigenen Technikbereich nahezu unvorstellbar. Erst wenn man sich im eigenen Verständnis auf die Ebene der spezifischen Modifikation, der einzelnen Ausgestaltung begibt, wird die Phantasie für eine Reihe von Einflußmöglichkeiten geweckt: Im Fall des ISDN z.B. sollen immanente Alternativen im Gespräch zwischen den Systementwicklern, der Bundespost und der Fernmeldedienstzentrale aufgedeckt werden, um die technischen Risiken eines Netzausfalls im Rahmen einer hochintegrierten Netzlösung abzuschätzen. Darüber hinaus sollen Sicherheitsprobleme der hochintegrierten Netzlösung auf ihre Verträglichkeit mit Grundgesetz und Fernmeldegesetz diskutiert werden. In Bürgerforen soll die Gefahr bzw. Verhinderung eines Zwangsanschlusses der privaten Haushalte an ISDN erörtert werden.

Darin waren sich Ingenieure im Praxisfeld Forschung und Entwicklung während des abschließenden Workshops unserer Projektgespräche einig: Für *Modifikationen* kann man sich innerhalb des Betriebs und auch in überbetrieblichen Zusammenhängen stark machen. Schon diese Aufgabe würde jedoch ihrer Ansicht nach ganz *neue* Anforderungen an Ingenieure stellen: Sie wären jetzt nicht mehr nur gehalten, darzulegen, was machbar ist, sondern auch darzulegen, welche Probleme, Risiken und möglichen Langzeitwirkungen mit einer Lösung verbunden sein könnten. Diese neue Kompetenz müßte schon in der Ausbildung erworben und durch die Institutionalisierung veränderter Anforderungen an Ingenieure gestützt werden.

Diese Einsicht in die erforderliche Veränderung der eigenen Kompetenzen läßt die Diagnose der unauflöslichen Verflechtung 'irrationaler' (Innovationslust) mit 'zweckrationalen' (Unternehmensstrategien) Kräften in einer von wirtschaftlicher Konkurrenz geprägten Umwelt in einem etwas

---

21 Eine ausführliche Analyse hierzu findet sich in B. Volmerg und E. Senghaas-Knobloch (1990, i.E.), Kapitel „Ingenieurkompetenz für eine gesellschaftliche Technikbewertung".

anderen Licht erscheinen. Sie enthält bei genauerem Zuhören neben der nüchternen Analyse zugleich auch ein emotionales Element der Selbstbindung durch blockierte Vorstellungskraft. Diese Problematik wurde in der dritten Gesprächsrunde von den beteiligten Ingenieuren selbstkritisch thematisiert:

O „Ich habe jetzt eine Stunde lang gedacht, also, das bringt alles nichts. Ich glaube also, das ist also ein Traumschloß, was wir aufbauen ... Es könnte zwar etwas bringen, aber es kommt nie zustande und zwar, weil die wirtschaftlichen Faktoren, also die sind so stark. Also bei mir ist da bestimmte Hoffnungslosigkeit.
(...)

W ... Ich habe festgestellt, daß wir doch wohl alle sehr viel Schwierigkeiten hatten und Anlaufschwierigkeiten, nämlich überhaupt uns mal darauf einzulassen, mal darüber nachzudenken, was die Einführung von irgendwelchen Dingen mit sich bringen kann. ... Und da müßten wir noch eine Menge lernen, meiner Meinung nach (...)

Q Ja, also ich teil' die Auffassung von Herrn O nicht. Wenn wir gleich die Flinte ins Korn werfen, haben wir auch den Schrott in der Umwelt (Lachen) ... Es ist halt so, wir können halt das Rad der Geschichte nicht zurückdrehen, um jetzt ISDN völlig zu verhindern, das steht sicherlich nicht in unserer Macht. Da haben sicher viele Leute rein wirtschaftliche Interessen, das durchzusetzen. Aber es ist sicherlich schon einiges gewonnen, wenn wir das soweit ändern, modifizieren und abmildern können, daß es letztlich sozialverträglich wird. Da können wir sicherlich damit besser leben, als wenn wir jetzt große Klimmzüge machen, versuchen, das total abzuwürgen. Dann kommt's durch die Hintertür mit was anderem wieder rein." (3, Plenum, 2ff)

In den Möglichkeitsanalysen der problembewußten Ingenieure wurde deutlich, daß die bestehenden Mechanismen und Institutionen der technischen Entwicklung offenbar mit einer gesamtgesellschaftlich getragenen Haltung verbunden sind: der Haltung, die naturgegebenen Grenzen immer weiter hinauszuschieben und entsprechend auch keine von oben gesetzten Grenzen und Normen zu respektieren. Diese Haltung ist im Berufsideal der Ingenieure formuliert und wird in der Praxis von Entwicklern realisiert. Sie wird aber auch durch die Phantasien von der Allmacht des Menschen (Richter, 1979) genährt, die für die neuzeitlich-industriegesellschaftliche Art des Zusammenlebens von Menschen typisch sind. Die Stärke dieser Phantasien trägt offenbar zu den Schwierigkeiten bei, das Berufsideal von Naturwissenschaftlern und Ingenieuren zu verändern.

Unsere Untersuchungsergebnisse legen nahe, daß die Leidenschaft, die bisher im Ideal des Hinausschiebens der Grenzen lag, auf die Ausgestaltung der Räume innerhalb vereinbarter Grenzen gelegt werden müßte. Innerhalb solcher Räume könnte man das große ökonomisch-technische Voraussetzungsgefüge (Wiesenthal, 1982) auf seine Ziel- und Mittelbeziehungen hin befragen. Man könnte einerseits Schadensabschätzungen der eingesetzten und geplanten technischen Mittel vornehmen; man könnte andererseits den Dialog über die wünschenswerte Zukunft führen. Dabei lenken die Analysen der Ingenieure die Aufmerksamkeit nicht nur auf ökonomische und politische Machtverhältnisse. Sie öffnen den Blick auch auf die politisch-psychologische Dimension der Technologiepolitik und auf die kulturellen Verhältnisse. Da sich in der gesellschaftlichen Voraussetzungsstruktur bewußte Zielsetzungen und vermeintlich unabweisbare technische und ökonomische Mittel bis zur Unkenntlichkeit miteinander verschränkt haben, kann eine neue Beweglichkeit nur über das öffentliche Eintreten für die primären und lebenspraktischen Ziele gelingen, für die die Technik nützliches Mittel sein kann und soll. Diese Aufgabe bedarf anderer Formen als die nach wie vor unvermeidlichen und unabdingbaren Auseinandersetzungen im Rahmen von Interessenkonflikten.

Eine gewünschte Neubestimmung der Richtung, in die die technische Entwicklung gehen soll, und die von Ingenieuren auch beruflich mitgetragen werden kann, wird nur auf Basis einer alle gesellschaftlichen Gruppierungen umfassenden Anstrengung möglich sein. Die bisher geübte gesellschaftliche und politische Delegation von Verantwortung an Ingenieure ist durch die hohe Spezialisierung technischer Expertise und deren Verbindung mit partikulären ökonomischen Interessen und persönlichen Motiven längst obsolet geworden. Die umfassende Anstrengung ist daher in ihrem Kern eine kulturelle Aufgabe, die eine Veränderungsbereitschaft auf seiten aller Beteiligten verlangt.

Teil 3

Der kommunikative Forschungsansatz

Mögliche Ideen und Ansätze für eine humane Gestaltung der Technik bedürfen zu ihrer Entwicklung eines kommunikativen Vorgehens, in dem sie konkretisiert werden können. Unseren Forschungsprozeß haben wir dementsprechend organisiert und beschreiben ihn unter den folgenden Fragestellungen:

- *Wie haben wir Kontakt zu Ingenieuren gefunden?*
- *Wie haben wir unsere Forschungsgespräche angelegt?*
- *Wie haben wir die Gespräche ausgewertet und in die Gruppen zurückgetragen?*
- *Wie kamen wir zu übergreifenden Schlußfolgerungen und Zukunftsüberlegungen?*

Die methodische Anlage der Untersuchung

Der Zugang ins Feld

Zu den Untersuchungsgruppen nahmen wir über verschiedene Wege Verbindung auf:

- über den direkten Kontakt mit Ingenieuren und Beratern in staatlichen Technologieentwicklungs- und -beratungsobjekten,
- über Vorgespräche mit dem betrieblichen Management,
- über betriebliche Interessenvertreter und gewerkschaftliche Stellen.

Auf diese Weise bildeten sich die Untersuchungsgruppen jeweils im Bezugsfeld der staatlichen, der unternehmerischen und der gewerkschaftlichen Technologiepolitik.

Allen interessierten und potentiellen Teilnehmern der Untersuchung wurden zunächst in schriftlicher Form das Forschungsvorhaben, die Ziele und Vorgehensweisen verbunden mit der Einladung zur Mitarbeit erläutert. In den dann folgenden Klärungsgesprächen über eine mögliche Beteiligung war der zeitliche Aufwand ein zentraler Punkt. Es stellte sich heraus, daß die geplanten, über einen längeren Zeitraum verteilten mehrstündigen Gesprächsrunden eine für alle Gruppen arbeitsökonomisch akzeptable Lösung darstellten.

Über die Vermittlung und Einladung der oben genannten Stellen kamen erste Diskussionen mit interessierten Ingenieuren zustande. Diese Diskussionen hatten das Ziel,

- das Projekt vorzustellen und zur Teilnahme zu motivieren,
- den Arbeitshintergrund der teilnehmenden Ingenieure zu erhellen,
- die Interessen und den möglichen wechselseitigen „Gewinn" für Ingenieure im Falle einer Beteiligung zu klären,
- das technische Problemfeld abzustecken, in dem in exemplarischer Weise Fragen der Technikgestaltung und Technikverantwortung bearbeitet werden sollten,
- Termine für das erste Erhebungsseminar zu vereinbaren.

In der Begründung unserer Projektziele bezogen wir uns auf unsere Forschungserfahrungen in einer vorangegangen Betriebsuntersuchung, in der wir neben anderen Berufsgruppen auch mit Ingenieuren Fragen der Humanisierung der Arbeit erörtert hatten.[1] In dieser Untersuchung stellte sich

---

1 Die Ergebnisse dieser Studie sind in zwei Bänden veröffentlicht, Birgit Vol-

als ein Ergebnis heraus, daß der berufspraktische Umgang von Ingenieuren mit Fragen der Technikgestaltung und Humanisierung (hier im Bereich der Fertigungstechnologie und der Produktentwicklung) sich in der Regel auf
- technische Erleichterungen des Arbeitsablaufs
- die Minderung von Belastungen
- die Sicherheit der Maschinen und Anlagen
- die Vollautomatisierung allzu belastender Arbeiten bezog, dagegen sehr selten auf
- befriedigende Arbeitsinhalte
- Qualifizierung in der Arbeit
- Kooperationsmöglichkeiten
- Persönlichkeitsschutz bei technischen Kontrollsystemen.

Die in der Ingenieurpraxis traditionell vernachlässigten Dimensionen sind jedoch gerade bei der Gestaltung der Informations- und Kommunikationstechniken zu beachten. Von daher ergab sich aus dem Forschungsinteresse die Frage nach den Erweiterungsmöglichkeiten beruflicher und gesellschaftlicher Ingenieurverantwortlichkeit.

Wir erläuterten die von der Entwicklung und dem Einsatz der Informations- und Kommunikationstechnologien betroffenen Bereiche anhand eines *Schaubilds* (siehe Schaubild (1) auf der nächsten Seite). In der Diskussion mit den Ingenieurgruppen der Untersuchung sollte das Schaubild helfen,
- den allgemeinen gesellschaftlichen Gestaltungsbedarf
- bezogen auf soziale Problemsituationen anzuzeigen,
- den Ort des Forschungsanliegens zu bestimmen,
- mit den Beteiligten die Relevanz des eigenen Technikbezugs und darauf aufbauend
- einen gemeinsamen thematischen Rahmen für die weitere Bearbeitung der Technikgestaltungsfrage
zu entwickeln.

Erläuterung des Schaubildes (1)

Unterschieden werden hier vier Ebenen, die in hierarchischer Weise aufeinander bezogen sind und unterschiedliche Konkretisierungsstufen für Gestaltungsziele darstellen. Jede Konkretisierungsstufe hat wiederum ihre je eigenen, aus allgemeinen gesellschaftlichen Gestaltungszielen abgeleiteten Gestaltungsziele und -kriterien. Das gilt für die Gestaltung der von Technik betroffenen *natürlichen Lebenssituation*, für die *(Erwerbs-)Arbeitssituation*, für

---

merg, Eva Senghaas-Knobloch, Thomas Leithäuser (1985): Erlebnisperspektiven und Humanisierungsbarrieren im Industriebetrieb. Empfehlungen und Anleitungen für die Praxis (HdA-Schriftenreihe, Bd. 63) und dieselben (1986): Betriebliche Lebenswelt. Eine Sozialpsychologie industrieller Arbeitsverhältnisse.

Schaubild (1) *Dimensionen, Ziele und Kriterien der Technikgestaltung*

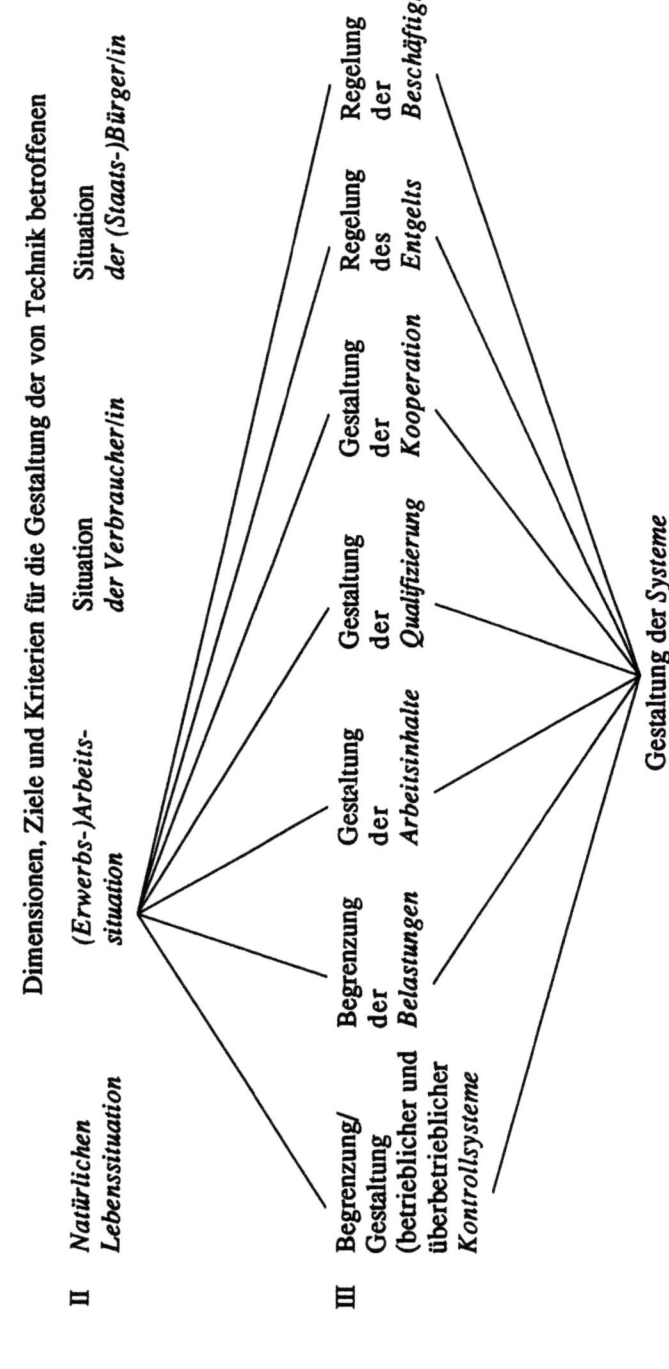

die *Situation der Verbraucher/in* und für die *Situation der (Staats-)Bürger/in*. Im Schema ist jedoch – weil sich das Forschungsanliegen auf die Gestaltung der von Technik betroffenen *Arbeitssituation* konzentrierte, – nur dieser Problembereich weiter aufgefächert. Im engeren Sinne werden die ersten fünf Aspekte der Arbeitssituation von der Gestaltung technischer Systeme direkt bestimmt: Die Dimensionen von *Kontrolle, Belastung, Arbeitsinhalten, Qualifizierungsmöglichkeiten* und *Kooperation* werden durch die konkrete Systemgestaltung in Produktion, Verwaltung und Dienstleistung unmittelbar berührt.

Mit den an der Untersuchung teilnehmenden Ingenieurgruppen vereinbarten wir, die Bedeutung dieser Dimensionen der Technikgestaltung in bezug auf konkrete Anwendungsfälle zu diskutieren. Der folgende Abschnitt gibt Aufschluß über die einzelnen Gruppen und vereinbarten Problembereiche.

Bildung der Ingenieurgruppen für die Erhebung

Neun Ingenieurgruppen (7-15 Personen) wurden für eine kontinuierliche Zusammenarbeit mit dem Forschungsprojekt gewonnen.

In ihrer beruflichen Praxis verteilen sich diese neun Gruppen auf verschiedene Anwendungsbereiche der Informations- und Kommunikationstechniken:

Anwendungsbereiche der Informations- und Kommunikationstechniken	Untersuchungsgruppen
Kommunikations- und informationstechnische Systeme in Dienstleistung und Verwaltung	3 Gruppen
Forschung und Entwicklung sowie Konstruktion (CAD)	3 Gruppen
Computergestützte Fertigung	3 Gruppen

Die *funktionalen* und *beruflichen Aufgaben*-Bezüge der Ingenieurgruppen innerhalb dieser Anwendungsbereiche zeigt das folgende Schaubild (2) (siehe nächste Seite).

Schaubild (2) *Bezugsebenen zur Bildung von Ingenieurgruppen im Forschungsprojekt*

Funktionaler Bezug der Ingenieurgruppen \ *Aufgabenbezug hinsichtlich neuer Technologien*	Entwicklung	Beratung	Planung Einführung Anwendung
im Betrieb	– Entwickler von Betriebssystemen – Entwickler von Vermittlungstechnik	– Ingenieure in der Kundenberatung	
in der Gewerkschaft	– Ingenieure im AIN	(Expertengespräche mit Ingenieuren in der gewerkschaftlichen Technologieberatung)	– Ingenieure in der TINA/I (als Betroffene der Einführung informationstechnischer Systeme) – Ingenieure in der TINA/I (in der Situation der Planung und Einführung informationstechnischer Systeme)
in der staatlichen Technikförderung	– Entwicklung von Werkstattprogrammierung	– Ingenieure in der indirekt spezifischen Technologieförderung – Ingenieure in einem HdA-Beratungsprojekt	

Erläuterung des Schaubildes (2)

Die *funktionalen Bezüge der Ingenieurgruppen* sind aus der Selbstdefinition der Gruppe abgeleitet. So verstehen sich etwa die Ingenieurgruppen, die sich innerhalb des Betriebs gebildet haben, – auch wenn sie gewerkschaftlich engagiert sind – in der Regel als Gruppen im Betrieb. Daraus ergibt sich eine Selbstzuordnung der Ingenieurgruppen auf die im Schaubild aufgeführten Felder.

Bei den *Ingenieurgruppen im Betrieb* hängt es von ihrem Aufgabenbezug ab, ob sie sich als betriebliche Projektgruppe in der *Entwicklung*, als eine für *Kundenberatung* zuständige Gruppe oder eine von der *Einführung* neuer Technologien betroffene Gruppe verstehen.

Ingenieurgruppen *in der Gewerkschaft* sind sowohl in der *Beratung* tätig als auch mit der *Einführungs*situation befaßt bzw. von ihr betroffen. (Mit Projekten und Einrichtungen *gewerkschaftlicher Technologieberatung* kooperierten wir in Form von *Expertengesprächen*.)

Ingenieurgruppen, die im Rahmen *staatlicher Technikförderung* tätig sind, wurden als Ingenieure in *Entwicklungs-* und *Beratungsprojekten* gewonnen.

Entwicklung des Erhebungsinstruments

Das Design für die Haupterhebung wurde in ausführlichen Vorgesprächen und Expertengesprächen in der Phase der Kontaktaufnahmen mit den Ingenieurgruppen der Untersuchung entwickelt. Hierbei kam es darauf an, die berufsspezifischen Aufgabenfelder der an der Untersuchung beteiligten Ingenieure zu berücksichtigen. Denn in diesen Feldern sollten Fragen einer sozial verantwortlichen Technikgestaltung und Fragen der Umsetzung von Humankriterien in Technikkriterien diskutiert werden.

Die ersten Forschungsgespräche machten deutlich, daß eine Kriteriendiskussion „auf technischem Terrain" besondere Regeln für eine produktive Kommunikation zwischen der sozialwissenschaftlichen Forschungsgruppe und den Ingenieuren voraussetzt. Dieses Ziel ließ sich am besten dadurch erreichen, daß nahe am beruflichen Erfahrungshorizont der Ingenieurgruppen diskutiert wurde. Uns als sozialwissenschaftlicher Forschungsgruppe fiel dabei eine Moderationsrolle zu. In unserer Diskussionsleitung bemühten wir uns um die Herstellung von Transparenz, damit die verschiedenen sachlichen, wertbezogenen und interessenbezogenen Positionen in der Diskussion sichtbar werden konnten.

Für die Herstellung eines transparenzfördernden Diskussionsklimas sind die Regeln der Themenzentrierten Interaktion (Cohn, 1978) und ein systematisch angeleiteter Perspektivenwechsel hilfreich. Der Perspektivenwechsel soll Sichtweisen in die Diskussion bringen, die Ingenieure einerseits in ihrem Beruf als Akteure und Betroffene der technischen Entwicklung einnehmen, andererseits sollen Sichtweisen zum Tragen kommen, die außerhalb des Berufs liegen: z.B. Sichtweisen als Verbraucher oder als Staatsbürger.[2]

Die erste Gesprächsrunde

In der *ersten Gesprächsrunde* ging es darum, mit Ingenieuren als Akteuren und Betroffenen der technischen Entwicklung die eigenen Erfahrungs- und Handlungsfelder zu bestimmen und auf diesem Hintergrund möglichst fallbezogen soziale Implikationen der neuen Technologien zu diskutieren. Zudem wurden Gestaltungskriterien ausgewählt und im einzelnen erörtert. Zur Unterstützung dieser Schritte dienten ein Schaubild (3): *Problem- und Handlungsrahmen technischer Entwicklung* sowie ein Heft mit allgemeinen *Gestaltungskriterien*.

Folgende Schritte wurden in allen ersten Gesprächsrunden bearbeitet

- Bestimmung der eigenen berufsbezogenen Erfahrungs- und Handlungsfelder unter der Akteurs- und der Betroffenenperspektive

  Dazu hieß die Leitfrage der Diskussion: Wo habe ich Einfluß als Ingenieur auf die technische Entwicklung und wo bin ich von ihr betroffen?

  Mit Hilfe des Schaubilds (3) „Problem- und Handlungsrahmen Technischer Entwicklung" (siehe Seite 172) ließen sich Einflußmöglichkeiten auf die Gestaltung der Technik (siehe linke Seite des Schaubildes) und Erfahrungen als Betroffene (siehe rechte Seite des Schaubildes) auf den verschiedenen Ebenen (am Arbeitsplatz, in und zwischen Abteilungen etc.) verorten und beschreiben.

- Soziale Implikationen der Informations- und Kommunikationstechniken

  Hier ging es um die Abwägung von Vor- und Nachteilen informationstechnischer Produkte für die Qualität der Arbeit und hinsichtlich ihrer Auswirkungen auf andere Lebensbereiche.

- Auswahl und Diskussion von sozialen Gestaltungskriterien für kommunikations- und informationstechnische Entwicklungsprodukte

  Als Grundlage für die Auswahl diente ein von der Forschungsgruppe zusammengestelltes Kriterienheft, das wesentliche Gestaltungskriterien (wie sie etwa durch das HdA-Programm, durch die Gewerkschaften, durch die Software-Ergonomie oder in der allgemeinen Technikdebatte über die Sozialverträglichkeit der Informations- und Kommunikationstechnologien entwickelt wurden) aufli-

---

[2] In den verabredeten Gesprächsrunden wurden auf diese Weise verschiedene thematische Schwerpunkte behandelt. Die Themen der ersten beiden Gesprächsrunden bezogen sich eng auf die jeweiligen beruflichen Aufgabenfelder der beteiligten Ingenieurgruppen. Die dritte Gesprächsrunde, die als ein gemeinsamer Workshop organisiert war, bezog übergreifende technologiepolitische und politisch-organisatorische Perspektiven mit ein.

stet. Die Kriterienlisten (siehe die folgenden Seiten) knüpfen an das Gliederungsprinzip des Schaubildes an. Sie gruppieren sich um die „Mensch-Terminal-Schnittstelle" und betreffen

- die Gestaltung der Arbeitsaufgabe
- die Gestaltung der Qualifizierung
- die Begrenzung der Belastung
- die Gestaltung der Kooperation
- die Begrenzung und Gestaltung betrieblicher Kontrollsysteme und
- technologiepolitische Gestaltungsziele auf Unternehmensebene.

Unser Vorschlag zur Kriteriendiskussion bestand zunächst in der Bitte an die einzelnen, für jede Dimension drei Kriterien auszuwählen, dann in der Gruppe die eigene Vorstellung zu dem Kriterium zu erläutern und seine Wichtigkeit zu begründen. In der Diskussion wurden dann die Einschätzungen verglichen und abgeklärt bzw. ergänzt. Da jeweils sehr verschiedene informationstechnische Produkte und Anwendungsbereiche zur Diskussion standen, je nachdem in welchem beruflichen Praxisfeld die Beteiligten angesiedelt waren, wurden die Kriterien vielfältig und sehr spezifisch ausgedeutet.

Im Oktober 1985 wurde das erste Erhebungsseminar durchgeführt (Voruntersuchung) und in Design und Ergebnissen überprüft. In der Folge entschlossen wir uns zu einer ständigen reflexiven Forschungsbegleitung in Gestalt einer

- *Prozeßanalyse unserer interdisziplinären Kooperation*[3]
- und einer *Sachanalyse der sich in den Gesprächen ergebenen technischen Problemstellungen.*[4]

---

3 Siehe dazu beispielsweise die Interaktionsanalysen im Kapitel "Die Moral von Ingenieuren und die Ethik technischen Handelns", in Teil II, sowie den Exkurs von Thomas Leithäuser.
4 Die unterstützende Sachanalyse technischer Problemstellungen erfolgte in Verbindung mit den Fachbereichen Informatik, Produktionstechnik und dem CAD-CAM-Labor der Universität Bremen und im Rahmen des Forschungsverbunds 'Arbeit und Technik' an der Universität Bremen.

Schaubild (3) *Problem- und Handlungsrahmen technischer Entwicklung*

Erfahrungen der Betroffenen und mitverantwortlichen Ingenieure
am Arbeitsplatz
mit computerisierten Informationen (EDV)
in und zwischen Abteilungen
in einem Beschäftigungsverhältnis
mit der unternehmerischen Politik
mit den gesamtgesellschaftlichen Auswirkungen der Technik

Handlungsfelder für die Gestaltung der Technik
technisch-arbeitswissenschaftlich
technisch-organisatorisch
tarifrechtlich/gesetzlich
unternehmens-politisch staatlich-steuernd
gesellschaftspolitisch

172

Liste allgemeiner Kriterien für die Gestaltung informationstechnischer Systeme

Gestaltung der Arbeitsaufgabe

Die Arbeitsaufgabe soll nicht ausschließlich vom Computereinsatz abhängig sein

Das System soll traditionellen Praktiken aus der Sicht der Nutzer mindestens ebenbürtig, wenn nicht überlegen sein

Das System soll werkzeuggemäß sein

Das System soll die geistige Autonomie der Benutzer erhalten/unterstützen

Das System soll den Menschen nicht zu festgelegten Verhaltensweisen/ Vorgehensweisen zwingen

Das System soll über seine Wirkungsweise dem Benutzer Rechenschaft ablegen

Das System soll auch noch im Nachhinein durch die Benutzer/innen veränderbar sein

Zur Weiterentwicklung des Systems sollen Projektgruppen mit Benutzern gebildet werden

An die Arbeitsstation soll möglichst viel Rechnerintelligenz und Rechnerkapazität verlegt werden

Verantwortungsbereiche sollen dezentral gestaltet werden

Nicht fertiggestellte Entwicklungs- und Konstruktionsarbeiten sollen vor dem Zugriff durch andere Personen geschützt werden.

Gestaltung der Qualifizierung

Das System soll planende, dispositive und prozeßübergreifende Qualifizierung ermöglichen

Qualifizierung/Weiterbildung sollte technikvorausplanend und systemübergreifend sein

Betriebliche Qualifizierungsmaßnahmen sollen der Belegschaft allgemein zugänglich sein

Qualifizierung soll über angelerntes Oberflächenwissen hinausgehen

Die Eigenschaften des „Mensch-Rechner-Dialogsystems" sollen Lernen unterstützen

Computergestützte Qualifizierung darf materialbezogene (unmittelbare) Qualifizierung nicht ausschließen

Das System soll Fachkompetenzen fördern

Das System soll durch Erfahrungslernen erworbene Fachkompetenz erhalten

Das System sollte die kommunikativen Kompetenzen zwischen Menschen nicht einschränken

Das Arbeiten mit dem System soll der speziellen Aufgabenstruktur und dem persönlichen Arbeitsstil angepaßt sein.

Begrenzung der Belastung

Abbau gesundheitlicher Gefährdungen

Vermeidung von Schichtarbeit

Weniger Arbeitsdichte und Streß

Vermeidung von Langeweile und Streß

Bestimmung des Arbeitstempos durch den Benutzer, nicht durch das System

Erholungsmöglichkeiten bei nervlich-geistiger Überanstrengung

Beschränkung der Arbeitszeit am Terminal

Angemessene Reaktionszeiten des Systems

Transparenz durch Dokumentation der Abläufe

Verläßlichkeit durch sichere Datenorganisation

Benutzersprache möglichst in Gestalt bekannter Abläufe, Zusammenhänge, Begriffe, Abkürzungen

Uniforme Gestaltung der Benutzungsschnittstelle durch standardisiertes Layout

Leichte Erlernbarkeit durch einfache Struktur.

Gestaltung der Kooperation

Integration des technischen Systems in das arbeitsorganisatorische System

Aufhebung bzw. Vermeidung extremer Arbeitsteilung und Qualifikationshierarchie

Vermeidung technikbedingter Isolation am Arbeitsplatz

Vermeidung des Verlusts sozialer Fähigkeiten

Weitgehende Selbststeuerung der Arbeits- und Kooperationsprozesse in der Gruppe

Arbeitsplatzübergreifende Verantwortlichkeit der Gruppe

Produktbezogene Kooperation mit ganzheitlichem Arbeitszuschnitt.

Begrenzung und Gestaltung betrieblicher Kontrollsysteme

Festlegung von Geltungsbereichen für jedes EDV-Kontrollsystem

Verhinderung computerisierter Personalkontrollen

Verhinderung computerisierter Leistungskontrollen (Betriebsdatenerfassung)

Regelung der Zugriffsberechtigung auf Daten und Programme

Begrenzung der Verknüpfung zu anderen EDV-Systemen

Mitbestimmungspflichtigkeit der Einführung von EDV-Kontrollsystemen

Mitbestimmungsrechte des Betriebsrates bei Änderungen und Erweiterungen des Systems.

Technologiepolitische Gestaltungsziele auf Unternehmensebene

Umfassende Informierung der Beschäftigten über neue Technologien

Interessenbezogene Unterrichtung bereits in der Planungsphase

Festlegung von Automatisierungs- und Formalisierungsgrenzen

Information über alternative Systemlösungen

Verstärkte Zusammenarbeit von Gewerkschaften, Anwendern und Herstellern von neuen Technologien

Sicherstellung aktiver Systemgestaltung auch im Nachhinein durch die Betroffenen.

Im Zeitraum von August 1985 bis Januar 1986 wurden die mit den neun Ingenieurgruppen vereinbarten Diskussionen der ersten Gesprächsrunde durchgeführt. Dies geschah gemäß den vereinbarten spezifischen technischen Problemstellungen auf dem Hintergrund eines einheitlichen Forschungsdesigns. Die Gesprächsrunden erstreckten sich über eine Zeitdauer von 4-6 Stunden. Wesentliche Teile der Diskussion wurden auf Tonband aufgenommen. Ingenieurgruppen im Betrieb und in den staatlichen Technologie-Förderungsprojekten betrachteten die von der Forschungsgruppe eingebrachte Thematik durchaus im Rahmen ihrer beruflichen Praxis liegend. Dementsprechend fanden einige Gesprächsrunden im Betrieb statt.

Die gewerkschaftlichen Ingenieurgruppen der IG Metall und des AIN trafen sich mit der Forschungsgruppe in Räumen ihrer Gewerkschaft bzw. an einem besonders vereinbarten Tagungsort. Die Ingenieure dieser Gruppen nahmen hierzu teils die Möglichkeit der Freistellung in Anspruch, teils stellten sie ihre Wochenendfreizeit zur Verfügung.

Mit den Diskussionen wollten wir über einen längeren Zeitraum einen Prozeß in Gang setzen, in dessen Verlauf wir durch Rückkopplung von Ergebnissen uns eine kontinuierliche Vertiefung und Konkretisierung der Problemstellung erhofften. Entsprechend wurden mit den Gesprächsteilnehmern bereits in der ersten Erhebungsphase die Termine für die zweite Phase der Erhebung abgesprochen. Zwischen der ersten und der zweiten Gesprächsrunde lag etwa ein halbes Jahr Auswertungszeit.

Die Auswertung der ersten Gesprächsrunde

Die auf Tonband aufgenommenen Diskussionen wurden zunächst transkribiert. Die Transkriptionen bildeten dann die Basis für eine systematische Auswertung mit dem Verfahren der *Kernsatzfindung.* Dieses in dem vorangegangenen HdA-Forschungsprojekt über *Erlebnisperspektiven und Humanisierungsbarrieren* im Betrieb bereits erfolgreich durchgeführte Verfahren kommt auf induktive Weise zu Verallgemeinerungen. Die konkreten Erfahrungsbezüge der Äußerungen bleiben erhalten (Volmerg, Senghaas-Knobloch, 1986; Leithäuser & Volmerg, 1988).

Ein *Kernsatz* ist ein signifikanter Satz eines Textes, in dem

- die Perspektive des oder der Sprecher
- der Sachverhalt, über den gesprochen wird
- der oder die Angesprochenen, an die sich die Äußerung richtet und
- die Intentionen der Sprecher

sprachlich zum Ausdruck kommen. In solchen *Kernsätzen,* die teils im Text selbst bereits vorhanden sind, teils in der Auswertung gebildet werden, verdichten sich die in dem Verständigungsprozeß ausgetauschten Erfahrungen zu einer lebens- und praxisnahen Begrifflichkeit. Es sind die Erfahrungs- und Konfliktanalysen der Ingenieure selbst, die in den Kernsätzen formuliert werden. Ein solches induktives Verfahren folgt den natürlichen Verallgemeinerungen, die im Fluß der Diskussion gebildet werden.

Mit dem induktiven Verfahren der Kernsatzfindung kann das durch den Gesprächsleitfaden und das Erhebungsdesign bereits vorstrukturierte Material noch einmal *quer* gelesen werden. Die durch das Forschungsteam vorgegebene Grobstrukturierung des Diskussionsverlaufs wird mit Hilfe solcher Kernsätze ausgefüllt und abgebildet. Darüber hinaus ermöglicht jedoch eine solche hermeneutisch orientierte Auswertung, der immanenten Dynamik der Diskussion und den verschwiegenen Themen nachzugehen,

Schaubild (4) *Vorstellungen der Ingenieurgruppe zur Gestaltung von Arbeit und Technik*

Akteurbewußtsein		Betroffenenbewußtsein
Berufliche Situation	Erfahrungen mit I. u. K.-Technik	Zielvorstellungen und Ansprüche an die Gestaltung	Erfahrungen mit I. u. K.-Technik

Systemübergreifend/ soziotechnisch

systemspezifisch

Haltungen/Perspektiven zur Technikentwicklung

die nicht ohne weiteres im manifesten Gehalt der Protokolle aufzufinden sind.

Die induktive Vorgehensweise bei der Kernsatzfindung kann insbesondere jene Haltungen, Denkmuster und Problemlösungsstrategien einer systematisierenden Auswertung zugänglich machen, die durch eine Diskussionsvorgabe nicht unmittelbar abgefragt werden können.

Die über das induktive Verfahren der Kernsatzfindung gesammelten Anschauungen, Haltungen und Gestaltungsvorstellungen einer Gruppe werden gebündelt und den verschiedenen Bezugsebenen zugeordnet. Das folgende Schaubild (4) stellt den für alle Gruppen gleichen Auswertungsrahmen der ersten Gesprächsrunde dar, in den die in der Diskussion geäußerten spezifischen Erfahrungen, Haltungen und Vorstellungen eingetragen werden.

Erläuterung des Schaubildes (4)

In der obersten Zeile wird die jeweilige Ingenieurgruppe aufgeführt. Die zweite Zeile deutet die allgemeine Auswertungsperspektive an, nämlich die bei allen Untersuchungsgruppen vorfindliche Spannung zwischen dem Akteursbewußtsein (linke Seite des Bildes) und dem Betroffenenbewußtsein (rechte Seite des Bildes). In der dritten Zeile sind die dem Spannungsverhältnis zwischen Akteur und Betroffener zuzuordnenden Felder abzulesen.

In die Spalte *Berufliche Situation* werden die in der jeweiligen Ingenieurgruppe versammelten beruflichen Aufgaben, Verantwortlichkeiten und die etwaige Betriebsratsarbeit eingetragen.

In die Spalte *Erfahrungen mit Informations- und Kommunikationstechnik* werden auf der linken Seite des Schaubildes vornehmlich die Positionen eingetragen, die sich im engeren Sinn in der beruflichen Arbeit mit den Systemen gebildet haben und die Aufgaben des Ingenieurs in ihren innovativen und qualitativen Anteilen beschreiben. Die gleiche Spalte taucht aber noch einmal rechts im Schaubild unter dem Vorzeichen *Betroffenenbewußtsein* auf.

Aus der Spannung zwischen Innovationsanspruch und der Reflexion möglicher Gefährdungen durch neue Technologien erwachsen jene *Haltungen, Denkmuster* und *Perspektiven zur Technikentwicklung,* die den Motivations- und Begründungszusammenhang abgeben für die Beantwortung der Frage nach den Möglichkeiten des Ingenieurs für eine sozialverträgliche Technikgestaltung (vgl. den unteren Halbkreis im Schaubild).

Die *Zielvorstellungen und Ansprüche an die Gestaltung der Systeme* werden in den Kasten in der Mitte des Schaubildes eingetragen. In diesem Kasten sind die Diskusssionsergebnisse zusammengefaßt, die mit Hilfe der Kriterienlisten zur Gestaltung informationstechnischer Systeme gewonnen wurden. Sie spiegeln infolgedessen nicht die Machbarkeit der Technikgestaltung im Rahmen der beruflichen Aufgaben der Ingenieure, sondern vielmehr die

Wünschbarkeit einer menschengerechteren Auslegung der Systeme wider. Unterteilt sind die Zielvorstellungen und Ansprüche an die Gestaltung in *systemübergreifende soziotechnische Gestaltungsziele,* die die Einbettung der Systeme in den umfassenden arbeitsorganisatorischen Zusammenhang betreffen, und in *systemspezifische Gestaltungsziele,* die Kriterien für die Auslegung und Entwicklung der Systeme im engeren Sinne angeben.

Jeder Ingenieurgruppe schickten wir – von einem Kommentar begleitet – das Auswertungsbild ihrer Diskussion zu. So konnten sich die Gruppen mit ihren Diskussionsergebnissen produktiv auseinandersetzen. Auswertungsschaubild und Kommentierung bildeten die Grundlage zur Vorbereitung der zweiten Gesprächsrunde. Im folgenden ist das Auswertungsbild einer Ingenieurgruppe (in der Kundenberatung) zur beispielhaften Veranschaulichung des Verfahrens wiedergegeben (vgl. Schaubild (5)).

Entwicklung von Themen für die zweite Gesprächsrunde

Die zweite Gesprächsrunde hatte zwei allgemeine Zielsetzungen:

Zum einen ging es um eine *kommunikative Validierung* der Auswertungsergebnisse der ersten Gesprächsrunde.
Zum anderen sollte – auf diesen Ergebnissen aufbauend – eine *thematische Vertiefung* jener Problemstellungen erreicht werden, die sich als wesentlich für eine sozialverträgliche Technikgestaltung erwiesen hatten.

Diesen Zielsetzungen entsprechend wurden den Gesprächsteilnehmern für die zweite Runde zusammen mit den Auswertungsergebnissen (Schaubild, Kommentierung) unsere Themenvorschläge sowie ausgewählte Materialien zur weiteren Diskussion zugeschickt.

Den Ausgangspunkt für die Fortsetzung der Diskussion bildete jeweils das Spannungsfeld von Haltungen und Perspektiven zur Technikentwicklung, das den Verlauf der ersten Gesprächsrunde gekennzeichnet hatte. Uns kam es dabei darauf an, eine weitere Diskussion darüber zu befördern, wie Ansätze für eine sozialverträgliche Technikgestaltung

- innerhalb der beruflichen Ingenieurarbeit selbst und
- bei der Gestaltung der Rahmenbedingungen und Vorgaben für die berufliche Ingenieurarbeit

erkannt und gestützt werden können. Standen also im Mittelpunkt der ersten Gesprächsrunde die Analyse und Bewertung der Vor- und Nachteile informations- und kommunikationstechnischer Entwicklung, so konzentrierte sich die zweite Gesprächsrunde auf die Analyse von Möglichkeiten der Umsetzung für eine Gestaltung informationstechnischer Systeme.

Zur Veranschaulichung wird nachfolgend (siehe nächste Seite) unsere Themenvorbereitung für das zweite Treffen mit einer Ingenieurgruppe (Kundenberater) dokumentiert.

Schaubild (5) *Ingenieurarbeit und Kriterien für Technikgestaltung aus der Sicht von Kundenberatern für informationsverarbeitende Systeme*

Gestaltungsbewußtsein			
Berufliche Situation	*Erfahrungen in der Systemberatung*		*Erfahrungen mit den Systemen*
	Hinsichtlich der		
Verantwortliche Funktionen in:	*Forderung der Kunden*	*Anforderungen an den Berater (SE)*	Systeme sind Hilfsmittel zur Bewältigung komplexer Beratungsaufgaben
Management	unternehmensspezifische Anpassung	Verkauf von Systemen	
Systemberatung für Großsysteme	Personaleinsparung	Vertrauens-Würdigkeit	Der Umgang mit dem Computer ist selbstbestimmt
Technischem Außendienst	Transparenz und Kontrolle über das Betriebsgeschehen	Sachkompetenz	Die Systeme erlauben eine effektive Angebotserstellung
Sachbearbeitung		Vorausschauende Berücksichtigung von Akzeptanzproblemen	Datenbanksysteme verschaffen umfassenden Überblick
Betriebsrat			Das interne Kommunikationssystem erlaubt weltweite Kontakte
	Beratungspraxis		
	Die Beratung steht unter Konkurrenzdruck durch andere Hersteller		
	Die Beratungsspielräume sind abhängig von der Marktposition der Kunden und deren EDV-Ausstattung		
	Die Kunden wollen Systeme investieren, haben aber kaum Sachverstand		
	Die Kundenvorgaben gehen selten ins Detail; da hat der Systemberater Einfluß auf das Pflichtenheft		

	Gefährdungsbewußtsein
Zielvorstellung und Ansprüche an die Gestaltung	*Gefährdungen durch die Arbeit mit Systemen*

Systemübergreifend/ Soziotechnisch	*Systemspezifisch*	
optimale Nutzung menschlicher und technischer Potenzen	Autonome Verfügung über Rechnerintelligenz	Sachbearbeitung und technischer Außendienst sind vom Computer völlig abhängig
Anpassung der Software-Entwicklung an die Benutzeranforderungen	Zugriff auf Datenbanken	In der rechnerunterstützten Wartung ist meine eigentliche Aufgabe weggefallen
Soziotechnische Schulung der Systemberater	aufgabenangemessene, individuelle Benutzung bei standardisierten Prozeduren	In der Sachbearbeitung stellt der Computer die Anforderungen an den Menschen
Partizipative Rückkopplung von Benutzeranforderungen in die Systementwicklungen (Software-Labor)	Anpassung an den fachlichen Sprachgebrauch	Mit elektronischer Post werden Termine fremdbestimmt
	Zweckbindung der Datenerhebung	Der PC verstärkt elektronische Einsiedelei und Suchttendenzen
Komplexe Arbeitsaufgabe bei dezentraler Auslegung mit Computer als Hilfsmittel	Schutz personenbezogener und anderer sensitiver Daten	
EDV-Qualifizierung	Schutz von Datenträgern vor mißbräuchlicher Verwendung	Im Umgang mit Informations- und Kommunikationssystemen verarmt die Kommunikation
Einbeziehung und Anhören der Betroffenen	automatische Datensicherung auch beim PC	Elektronische Heimarbeit verhindert Kollegialität
Begrenzung der Vernetzung privater und öffentlicher Bereiche	verläßliche Datenorganisation	Vernetzung von Daten bedroht Persönlichkeitsrechte
	Durchschaubarkeit der Bearbeitungsvorgänge	
	keine Wartezeiten	

Zielvorstellungen als BR

Kenntnis der Unternehmensziele

Verläßliche Absprachen und Vereinbarungen auf Basis von Zielkonflikten und -überschneidungen

Als SE kann ich in anderen Betrieben mitgestalten, nicht aber im eigenen Betrieb

Nur als BR kann der SE in der eigenen Firma mitgestalten

Der SE macht bei Firmen Umsatz, nicht beim Endbenutzer

Vom Bewußtsein hängt es ab, ob der Systemberater soziale Gestaltungsspielräume nutzt

Kundenanforderungen übersetzt der SE in Requirements an das Labor

In der Konzeptionierungsphase kann der SE den Menschen berücksichtigen

Was der Kunde will, muß der SE umsetzen

181

Vorschläge der Projektgruppe für die 2. Gesprächsrunde mit Ingenieuren in der Kundenberatung

1. *Vorstellungen der Ingenieurgruppe zur Gestaltung von Arbeit und Technik*

   Diskussion der Auswertungsergebnisse im Spannungsfeld zwischen Verkaufsinteresse, Kundenanforderungen und sozialem Verantwortungsbewußtsein der Systemberater

   (Materialien: zusammenfassender Bericht der 1. Diskussionsrunde und Schaubild)

2. *Informationstechnische Entwicklungstrends und Trends der Kundenziele für informationstechnische Systeme – Spielräume für Systemberater*

   Welches sind die Verkaufs- und Argumentationslinien in der Beratungspraxis?

   Was sind typische Kundenwünsche?

   An welchem Ort haben Systemberater Chancen, auf der Basis von Zielüberschneidungen sozialverträgliche Gestaltungsvorstellungen einzubringen?

   Welche Rolle spielen software-ergonomische Kriterien der Dialoggestaltung, wie sie für den DIN-Normentwurf 66 234 Teil 8 verhandelt werden, in der Beratung?

   (Materialien: G. *Hellbardt*: „Über die Schwierigkeit ..."
     B. *Löfflath*: „Bürokommunikation ..." (Auszug)
     E. *Becker-Töpfer*: „Software-Ergonomie")

3. *Kundenanforderungen und das Modell einer partizipativen Systementwicklung*

   Welches sind die üblichen Phasen von der Anforderungsspezifikation bis zur Einführung der Systeme?

   Wo sind Ansatzpunkte für Systemberater in einem prozeßorientierten Modell der partizipativen Systementwicklung (Prototyping)?

   (Materialien: L.P. *Schardt*: „Integrierte Softwaregestaltung" (Auszug)
     Ch. *Floyd*
     R. *Keil*: „Softwaretechnik ..." (Auszug))

4. *Wie können Systemberater die Mitbestimmung des Betriebsrats bei der menschengerechten Gestaltung der Arbeit unterstützen?*

   In welcher Weise kann der BR Einfluß auf die soziotechnische Qualifikation der Systemberater nehmen?

   (Materialien: H. *Diefenbacher*: „Betriebsverfassung ..." (Auszug)
     E. *Becker-Töpfer*: „Software-Ergonomie" (s.o.))

Erläuterung des Themenblattes „Vorschläge der Projektgruppe für die 2. Gesprächsrunde mit Ingenieuren in der Systemberatung"

Im *ersten* Schritt stand das Auswertungsergebnis der ersten Runde zur Diskussion an. Hierzu gab es einen Vorschlag. In der Gruppe, um die es beispielhaft geht, lautete dieser Vorschlag, sich das Spannungsfeld zwischen Verkaufsinteresse, Kundenanforderungen und sozialem Verantwortungsbewußtsein als Kundenberater für informationsverarbeitende Systeme näher zu betrachten. Denn dieses Spannungsfeld hatte sich als das für diese Gruppe situationstypische herausgestellt. Es findet sich in dem dokumentierten Schaubild (5) als Dreieck abgebildet. (Entsprechend wurden Spannungsfelder vom Forschungsteam für alle Diskussionsgruppen analysiert und aufgezeigt.)

Die Vorschläge für den Fortgang der Diskussion sollten jeweils an den Polen des aufgezeigten Spannungsfeldes mögliche Handlungsspielräume für die technische Umsetzung sozialer Gestaltungsziele ausloten helfen. In unserem Beispiel ging es darum, ob Systemberater (Kundenberater) Chancen haben, angesichts der an sie herangetragenen Kundenwünsche sozialverträgliche Gestaltungsvorstellungen für Systeme in ihre Beratungspraxis einzubringen, und welche Rolle dabei die software-ergonomischen Kriterien der Dialoggestaltung – wie sie im DIN-Normenentwurf 66 234, Teil 8 niedergelegt sind – spielen. Dazu gab es Materialien (vgl. das Themenblatt).

Als *dritter* Schritt stand das Modell einer partizipativen Systemgestaltung zur Diskussion. Hierzu gab es Materialien zur phasen- oder prozeßorientierten Systementwicklung.

Als *vierten* Punkt schlugen wir vor, in Anknüpfung an die vorhandenen betriebsrätlichen Interessen, die Kooperationsmöglichkeiten zwischen Systemberatern und Betriebsräten zu erörtern.

Die *zweite* Gesprächsrunde wurde bis Mitte 1987 durchgeführt. Dabei erwies sich, daß das gewählte Rückkopplungsverfahren von hohem Wert für die Motivation der Gesprächsteilnehmer war. In der Regel fanden sich Gruppen in gleicher oder gar zusätzlicher Besetzung zum zweiten Gesprächstermin ein. Die Auswertungsergebnisse der ersten Gesprächsrunden wurden weitgehend bestätigt und die herausgearbeiteten Problemstellungen mit hohem Engagement aufgegriffen. Das Interesse an gemeinsamer Weiterarbeit vertiefte sich.

Aus teils sachlichen, teils organisatorischen Gründen haben wir nur mit 7 der 9 Ingenieurgruppen in einer zweiten Runde diskutiert. Darüber hinaus gab es weitere Aktivitäten des Forschungsteams, um den mit Ingenieuren systematisch begonnenen Technikdialog zur sozialverträglichen Gestaltung der Informations- und Kommunikationstechnik institutionell zu erweitern.

Ausgewertet wurde die zweite Runde ebenfalls nach dem induktiven Verfahren der *Kernsatzfindung*. Zur Rückkopplung und Veranschaulichung wurde auch hier ein *Auswertungsrahmen* erarbeitet. Während sich der Auswertungsrahmen der ersten Gesprächsrunden auf *Ingenieurarbeit und Krite-*

rien für Technikgestaltung aus der jeweiligen Sicht der Ingenieurgruppen in bestimmten Aufgabenfeldern bezieht, konzentriert sich der Auswertungsrahmen der zweiten Gesprächsrunden auf *Handlungsmöglichkeiten von Ingenieuren und technologiepolitische Perspektiven für die Gestaltung*. Wir erläutern im folgenden den allgemeinen Auswertungsrahmen (Schaubild 6) und dokumentieren ein konkretes Beispiel (Schaubild 7) auf den beiden nächsten Seiten.

Erläuterung der Auswertungsbilder (6 und 7)

Im Mittelpunkt der Bilder für die zweite Gesprächsrunde ist jeweils in einem Kreis das *Spannungsfeld* symbolisiert, in dem die Ingenieurverantwortung – die sich in der ersten Runde ergeben hatte – steht. In der beispielhaft herangezogenen Gruppe der Kundenberater bestehen drei Pole der Verantwortlichkeit, sie sind als Dreieck gekennzeichnet. Die Pole verbildlichen die für diese Kundenberater vorhandenen widersprüchlichen *Haltungen* und *Perspektiven zur Technikgestaltung*. Der Kreis um das Spannungsfeld umreißt die *berufliche Situation*, in der die Idee einer sozialverträglichen Technikgestaltung zum Tragen kommen müßte.

Um diesen Kreis wölbt sich ein halbkreisförmiger Bogen als Sinnbild des gesellschaftlichen Kontextes für die jeweilige berufliche Situation. Die Diagonale soll *Handlungsmöglichkeiten* veranschaulichen, die die Ingenieurgruppen in ihrer beruflichen Situation als Ansätze zu verantwortlicher Technikgestaltung für denkbar halten.

Die Überlegungen zu dem gesellschaftlichen Kontext, in dem sich Ingenieurhandeln bewegt, sind in drei Spalten aufgeführt. Die erste Spalte enthält Überlegungen, die in den Gruppen über die *industriegesellschaftlichen Bedingungen* angestellt werden. Hier geht es um die übergreifenden und durchgreifenden gesellschaftlichen Gesetz- und Regelmäßigkeiten, denen sich die Diskutierenden als Akteure in ihrem Handeln untergeordnet sehen. Eine besondere Bedeutung für die Technikentwicklung hat dabei die wirtschaftliche Konkurrenz der Unternehmen.

Die zweite Spalte enthält Einschätzungen der Gruppen über die *technischen Entwicklungstrends*, und hier sind die eher technikimmanenten Entwicklungen beschrieben, von denen sich die Ingenieure auf verschiedene Weise persönlich gefordert sehen.

Je nachdem, ob solche Anforderungen nur als Ergebnis der technischen Trends oder auch aus der Sicht einer bewußt verantwortlichen Haltung der Technikgestaltung beschrieben werden, finden sie sich links oder rechts von der Diagonale. Rechts der Diagonale werden jene Überlegungen eingetragen, die sich als Ausweis von *Handlungsmöglichkeiten* für eine bewußte, sozial verantwortliche Technikgestaltung verstehen lassen (siehe unten im Schaubild).

In der dritten Spalte (rechter Rand des Schaubildes) sind Überlegungen

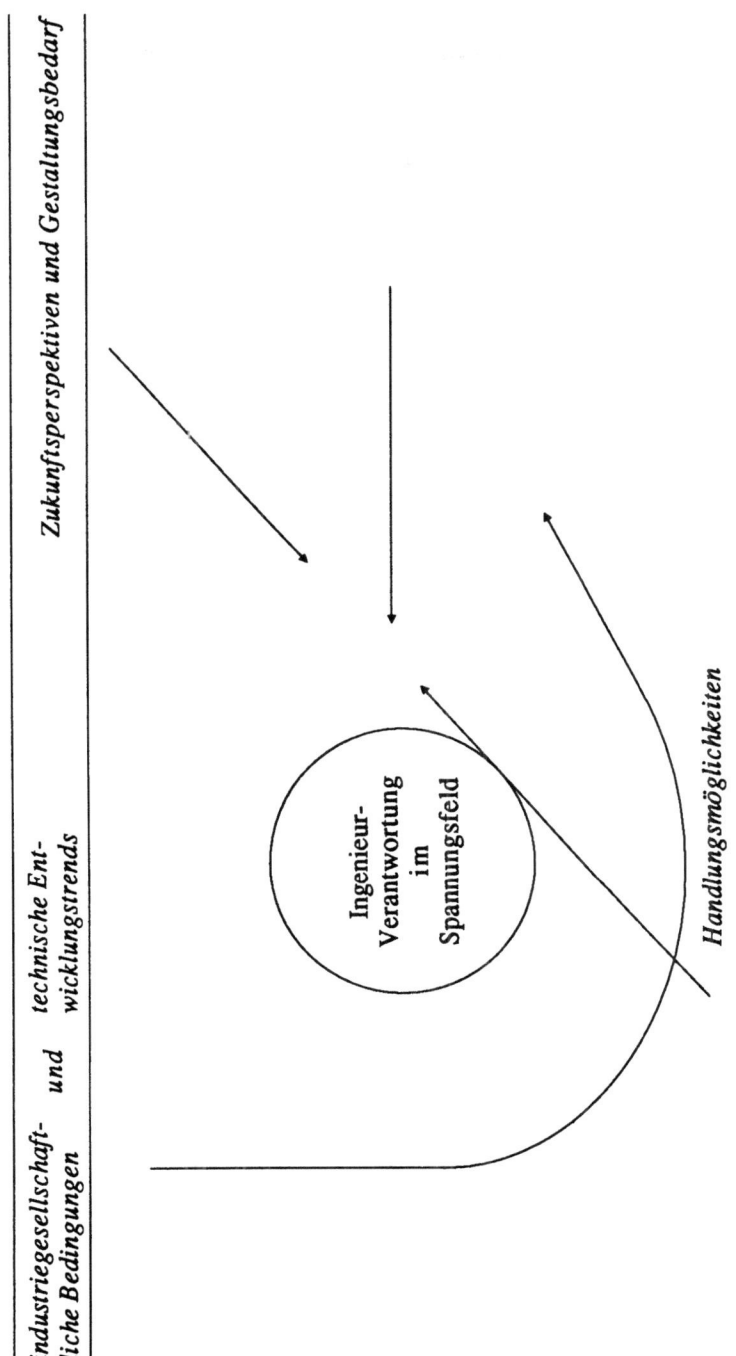

Schaubild (7) *Handlungsmöglichkeiten von Ingenieuren und technologiepolitische Perspektiven für die Gestaltung von informationsverarbeitenden Systemen*

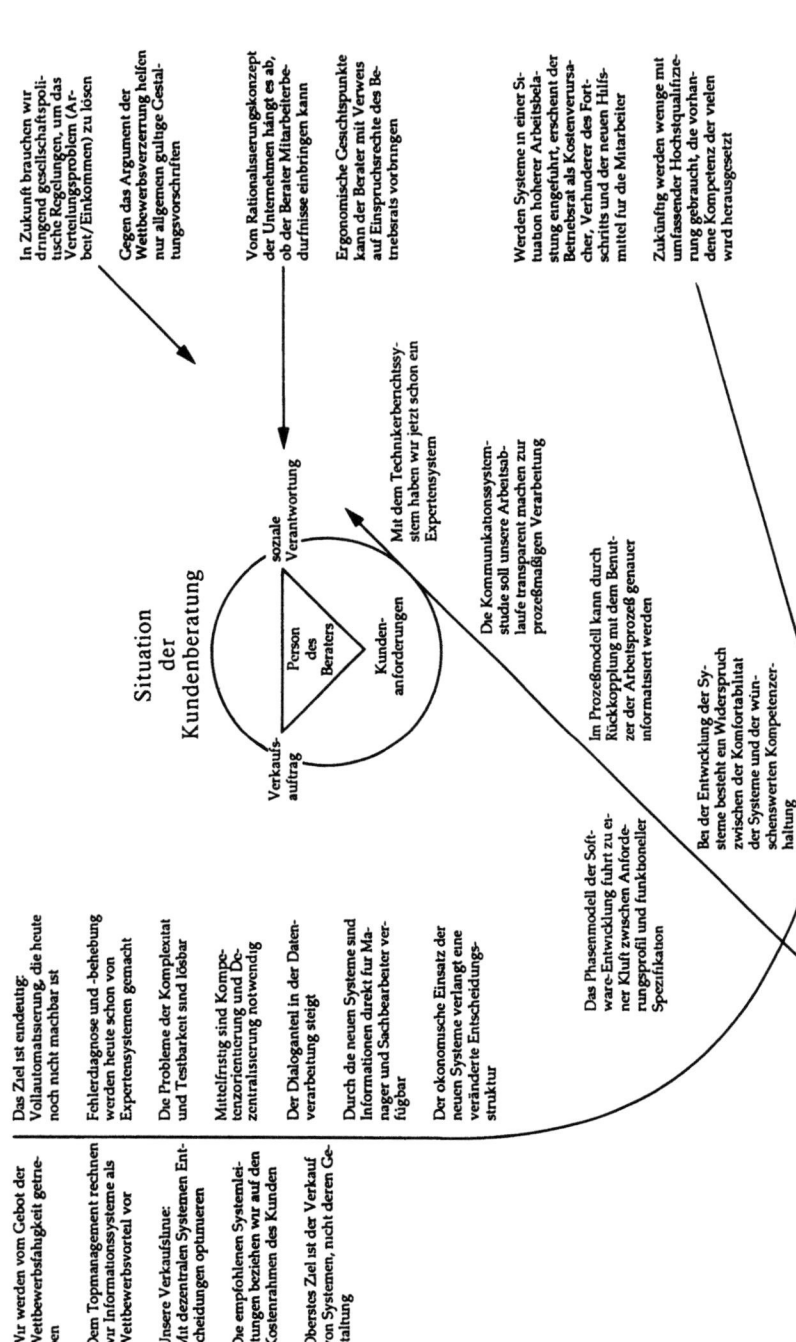

186

und Vorschläge der Ingenieurgruppen eingetragen, die sich auf die gesellschaftlichen, politischen und institutionellen Rahmenbedingungen beziehen, die berufliche Technikgestaltungsansätze stützen und fördern könnten. Unter der Überschrift *Zukunftsperspektiven und Handlungsbedarf* finden sich hier auch Einschätzungen und Prognosen der durch neue Technologien induzierten Veränderungen im Berufsleben und in der Lebenswelt, die neue Regelungsformen notwendig machen.

Direkte Bezüge zu berufspraktischen Handlungsmöglichkeiten werden durch einen Querpfeil angezeigt. Zwischen den Ideen zu allgemeinen Rahmenregelungen für Technik auf der politisch-gesellschaftlichen Ebene und den erkannten Handlungsmöglichkeiten in der eigenen beruflichen Situation gibt es meist keinen direkten Bezug. Dies wird im Schaubild als Lücke zwischen den beiden aufeinander gerichteten Pfeilen der Diagonale sichtbar.

Die Auswertung typisch-allgemeiner Ergebnisse und die dritte Gesprächsrunde

Das Interesse des Forschungsteams und auch der Ingenieurgruppen ging über das Begreifen gruppentypischer Problemeinschätzungen hinaus. Die *übergreifende und vergleichende Auswertung* der Ingenieurgesprächsrunden hatte zum Ziel, typische Muster der Ingenieurverantwortlichkeit in den verschiedenen beruflichen Verantwortungsfeldern herauszuarbeiten. Sie sollte zudem nachvollziehbar machen, aufgrund welcher Wirkungsanalysen neuer Technologien die beteiligten Ingenieurgruppen zu Technikgestaltungsvorstellungen kommen.

Eine dritte Dimension der Auswertung konzentrierte sich auf die in den Gruppen benannten Wege, wie Technikgestaltungsvorstellungen in Praxis umgesetzt werden können. Diese Wege beziehen sich auf den kulturellen Bereich, auf Formen der gewerkschaftlichen Interessenvertretung der Ingenieure und auf den Bereich normativ-politischer Regelungen.

Die Ergebnisse der vergleichenden Auswertung diskutierten wir auf einem *zweitägigen Workshop* mit den an der Untersuchung beteiligten Ingenieurgruppen. Die als Workshop organisierte dritte Gesprächsrunde sollte dabei mehrere Funktionen erfüllen.

- Die bisher getrennt an der Untersuchung beteiligten Ingenieurgruppen sollten Gelegenheit zu einem gemeinsamen Austausch erhalten.
- Die Projektergebnisse sollten in der Öffentlichkeit der beteiligten Ingenieurgruppen auf ihre Gültigkeit überprüft werden.
- Durch Hinzuziehung von Experten, Vertretern mit Multiplikationsfunktionen in Bereichen des Managements, der Berufsverbände, der staatlichen Technologieförderung, sowie der Gewerkschaften sollten Möglichkeiten der Institutionalisierung von Technikfolgenabschätzung, -Bewertung und -Gestaltung diskutiert werden.

Das Schwergewicht lag hierbei auf der Rolle, die Ingenieuren in einem solchen Prozeß zukommt. Durch die Einbeziehung von zwei Expertisen

„Informationstechnische Vernetzung, Techniksicherheit und Demokratieverträglichkeit – ein lösbarer oder unlösbarer Widerspruch?"
von Alexander Roßnagel und Volker Hammer

und

„Wissens- und Organisationsanforderungen für die Parlamentarische Technikbewertung"
von Otto Ullrich

bereicherten Wissen und Erfahrungen aus anderen Disziplinen die Diskussion und erweiterten so den Horizont der Verständigung über mögliche Chancen und Risiken in der Technikentwicklung.

An dem Workshop nahmen insgesamt 30 Personen Teil. Durch den Tagungsort im süddeutschen Raum ergab sich ein gewisses Übergewicht von Teilnehmern der Ingenieurgruppen aus dieser Region.

Die Rückkopplung der Forschungsergebnisse im Vergleich der verschiedenen Gruppen ergab einen hohen Grad an Übereinstimmung hinsichtlich der Gültigkeit der kommunikativ gewonnenen Ergebnisse. Dabei bemißt sich Übereinstimmung nicht an einer bloß zahlenmäßigen Größe der Zustimmung oder Ablehnung (was dieses Meßkriterium betrifft, gab es unter den Teilnehmern keine Infragestellung der Gültigkeit der Ergebnisse); wesentlicher noch ist jedoch, wie die Ergebnisse aufgenommen und diskutiert werden und ob aus ihnen auch Schritte zur Bewältigung der diagnostizierten Probleme folgen können. Die besonders aus dieser dritten Gesprächsrunde gewonnenen praktischen Empfehlungen sind in den zweiten Teil dieses Bandes eingeflossen; zusätzlich wurden für die Teilnehmer eine Kurzfassung der Ergebnisse sowie Praxis-Bausteine[5] formuliert, die in ihrem jeweiligen beruflichen und politischen Handlungsfeld als Anregungen für eine Fortsetzung des begonnenen Technikdialogs dienen können.

---

5 Vgl. Birgit Volmerg und Eva Senghaas-Knobloch: Technikgestaltung und Verantwortung. Bausteine für eine neue Praxis, Opladen 1990, i.E.

Das Vorhaben und die Ergebnisse kurzgefaßt

Anlage der Untersuchung

Problemstellung

Das Projekt hatte zum Ziel, Strukturvoraussetzungen und Handlungsregeln für die Entwicklung von Kriterien der Sozialverträglichkeit von Technik (am Beispiel der Informations- und Kommunikationstechnik) im interdisziplinären Technikdialog zwischen Human- und Ingenieurwissenschaften zu klären. Dabei sollten bestehende Muster in der technischen Entwicklungsarbeit erkundet werden, die eine sozialverantwortliche Technikgestaltung fördern bzw. erschweren. Es wurden Empfehlungen angestrebt, wie Probleme der Übersetzung von Humankriterien in Technikkriterien bearbeitet werden können.

Lösungsweg

Im Projektdesign waren 3 Gesprächsrunden mit Ingenieurgruppen aus exemplarisch ausgewählten Bereichen der Informations- und Kommunikationstechnik vorgesehen. Dabei wurde jede Gesprächsrunde in einem Zwischenschritt so ausgewertet, daß deren Ergebnisse in die nächstfolgende Gesprächsrunde rückgekoppelt werden konnten. Methodisch entscheidend war, daß auf diese Weise der dialogisch strukturierte Bearbeitungsprozeß kumulativ voranschreitet.

Für dieses Design wurden 9 Ingenieurgruppen (bis zu 10 Teilnehmern) gewonnen. Sie kamen

- aus gewerkschaftlichen Ingenieurarbeitskreisen
- aus betrieblichen Entwicklungsprojekten und
- aus Projekten der staatlichen Technologieförderung.

Die beruflichen Praxisfelder liegen im Bereich der Entwicklung, der Beratung und der Planung und Einführung von Informations- und Kommunikationstechnologien.

In der *ersten Erhebungsrunde* (Tagesseminar) ging es darum, daß Ingenieure als Akteure und Betroffene der technischen Entwicklung die eigenen Erfahrungs- und Handlungsfelder bestimmen und auf diesem Hintergrund möglichst fallbezogen soziale Implikationen der neuen Technologien diskutieren sowie Gestaltungskriterien auswählen und im einzelnen erörtern. Zur Unterstützung dieser Schritte dienten besondere Arbeitsunterlagen.

In der *zweiten Erhebungsrunde* wurden mit den Ingenieurgruppen Handlungsmöglichkeiten im eigenen Berufsfeld und technologiepolitische Perspektiven für die Gestaltung der I. u. K.-Technik erörtert. Es wurden – aus Ingenieursicht – berufliche, technische und gesellschaftliche Voraussetzungen erkundet, unter denen Ziele einer sozialverträglichen Technikgestaltung zum Tragen kommen können.

Dem Ziel der Entwicklung von Empfehlungen (Praxisbausteinen) für die Umsetzung diente die Durchführung eines Workshops als *dritter Gesprächsrunde*.

Ergebnisse der Untersuchung

Die Ergebnisse des Projekts liegen vor in Form von Wirkungsanalysen und Vorschlägen zur Technikgestaltung von Ingenieuren hinsichtlich der Informations- und Kommunikationstechnik.

Wirkungsanalysen

Die Wirkungsanalysen umfassen

– technikimmanente
– soziotechnische
– gesellschaftliche und
– kulturell-lebensweltliche

Vor- und Nachteile der informations- und kommunikationstechnischen Systeme.

Technikimmanente Vor- und Nachteile

Übereinstimmend wird von den Ingenieurgruppen der Untersuchung der Hilfsmittelcharakter informationstechnischer Systeme hervorgehoben bzw. gewünscht. Die Systeme sollen als eigenes Werkzeug verfügbar und durchschaubar sein. Nachteile werden gesehen, wenn aufgrund der Arbeitssituation entsprechende Hilfsmittel nicht zur Verfügung stehen (z.B. bei schlechter Software und langen Wartezeiten), und wenn die technischen Eigenschaften der Systeme als Herrschaftsmittel gegen Arbeitnehmerinteressen verwendet werden können (z.B. durch die neuen technischen Möglichkeiten zur Kontrolle und Ersetzbarkeit).

Soziotechnische Vor- und Nachteile

Informations- und Kommunikationstechnik hat weitreichende Folgen für die soziotechnische Organisation der Arbeit. Übereinstimmend wird die Spannweite in der soziotechnischen Ausgestaltung der Informations- und Kommunikationstechnik gesehen. Durch diese Techniken werden keine organisatorischen Lösungen präjudiziert. Die Spannweite organisatorischer Gestaltungsmöglichkeiten reicht von weitgehend dezentralisierten und kompetenzorientierten Systemauslegungen bis zu weitgehend zentralisierten und automatisierten technischen Lösungen. Nachteile und Gefährdungen werden gesehen

– wenn durch zunehmend mächtiger werdende informationstechnische Hilfsmittel notwendiges Fach- und Erfahrungswissen nicht mehr gefragt wird und verlorengeht,
– wenn durch zu hohe Arbeitsteilung der Aufgabenzusammenhang nicht mehr durchschaubar ist und die berufliche Verantwortung nur noch für immer kleiner werdende Bereiche wahrgenommen werden kann,
– wenn großtechnische Arbeitsteilung im Zusammenhang mit großtechnischen Produkten (z.B. integrierte Netze) technische Sicherheit und Funktionstüchtigkeit nicht gewährleisten können.

Gesellschaftliche Vor- und Nachteile

Übereinstimmend werden die großen Rationalisierungspotentiale der Informations- und Kommunikationstechnik hervorgehoben. Nach Auffassung einiger Ingenieurgruppen tendieren diese Rationalisierungspotentiale dazu, die vorhandenen gesellschaftlichen Regulierungsmechanismen zu überschreiten, und zwar in den folgenden Problembereichen:

– technologische Arbeitslosigkeit infolge der Prozeßinnovation und technischen Integration,
– Machtzuwachs für bürokratische Institutionen im Rahmen ihrer Kontrollkompetenzen,
– Mißbrauchsmöglichkeiten durch die Zweckoffenheit technischer Funktionalitäten.

Kulturelle Vor- und Nachteile

Über die Bedeutung der Informations- und Kommunikationstechnik für die Lebenswelt besteht ein Dissens zwischen den Ingenieuren und oft auch eine Ambivalenz in der einzelnen Person. Aus der Management- und Planungsperspektive betonen Ingenieure die Erweiterung der Kommunikationsmöglichkeiten und des Wissenshorizonts. Andererseits besteht die Furcht, daß die Durchdringung der Lebenswelt mit Informations- und Kommunikationstechniken zu einer Verarmung sozialer Beziehungen und Fähigkeiten führt. Diese Verarmung wird bereits im eigenen beruflichen Umfeld (suchtähnliches Verhalten bei der Arbeit mit Computern) wahrgenommen.

Vorschläge zur Technikgestaltung

Ingenieure begreifen sich zwar als Akteure der technischen Entwicklung, sehen sich aber ohne Einfluß auf die Richtung der technischen Entwicklung. Wo Ingenieure innerhalb der technischen Entwicklungstrends Handlungsspielräume sehen, hängt von ihren spezifischen beruflichen Aufgaben ab.

Ingenieure, die sich bei der Einführung neuer Systeme vornehmlich als *Betroffene* begreifen, betonen vor allem den notwendigen Schutz vor den Nachteilen und Risiken der Informationstechnik (siehe obige Wirkungsanalyse); Chancen für aktive technische Mitgestaltung messen sie sich kaum zu.

Ingenieure, die in der *Produktionsplanung* tätig sind und Ingenieure in der *Beratung* für informationstechnische Systeme sehen Spielräume für die Nutzung humaner und dezentraler Gestaltungsalternativen. Dies allerdings setzt nach Auffassung der Ingenieure – ein soziales Verantwortungsbewußtsein und Engagement voraus. Auf lange Sicht jedoch, so wird befürchtet – wären auch die sozial verantwortbaren Gestaltungsalternativen (kompetenzorientierte und dezentrale Systemauslegung) keineswegs sozial: nämlich dann nicht, wenn sie im Rahmen der gegebenen technisch-ökonomischen Imperative nur als Vorstufe für weitgehende Automatisierungslösungen dienen.

Ingenieure in der *Entwicklung* sehen sich als Produzenten neuer Ideen, ohne über den konkreten Anwendungszusammenhang letztendlich befinden zu können. Diese Kluft zwischen Forschung/Entwicklung und Anwendung wird von den gesellschaftlich problembewußten Ingenieuren als Verantwortungsdilemma begriffen.

Resümee

In der Abschätzung der Vorteile der Informations- und Kommunikationstechnik („mächtiges Hilfsmittel", Vielfalt der Anwendungen, hohes Rationalisierungspotential, Erweiterung des Wissenshorizonts) besteht weitgehende Übereinstimmung. Nachteile, Risiken und unbeabsichtigte Folgen werden dagegen deutlich verschieden eingeschätzt – quer durch alle beruflichen Praxisfelder. Ingenieure, die überwiegend Vorteile sehen, halten die vorhandenen Marktmechanismen und die bestehenden Institutionen als für die soziale Regulierung ausreichend. Ingenieure mit einer hohen Risikobilanz sehen aus sozialem Verantwortungsbewußtsein die Notwendigkeit einer breiten öffentlichen Technikdiskussion sowie neuer institutioneller Regelungsformen, und zwar im Rahmen der gewerkschaftlichen Interessenvertretung, der Berufs- und Fachverbände und auf parlamentarischer Ebene.

Insgesamt zeigt sich in Ansätzen ein Paradigmawechsel der Ingenieurverantwortung, weg von einer traditionellen, eingeschränkten technischen Funktionsverantwortung hin zu einem Bewußtsein der Mitverantwortung auch für unbeabsichtigte soziale Folgen.

Exkurs: Sprache und Wissen im interdisziplinären Technikdialog

Thomas Leithäuser

Wissensproduktion als Sprachspiel

Interdisziplinarität der Wissenschaften wird in akademischen „Sonntagsreden" ein hoher Wert eingeräumt; im Alltag des Wissenschaftsbetriebs dagegen kommt sie kaum vor. Die Gründe für dieses Auseinanderklaffen von Idee und Wirklichkeit sind nicht allein bei Interessen und Willen der Wissenschaftler zu suchen. Wäre das so, dann wäre die Problemlösung relativ leicht: man bräuchte nur ein ökonomisches und psychologisches Programm der Anreize und Motivierung zu entwickeln und könnte damit berechtigt auf baldige Besserung hoffen. Doch die Gründe für die Abstinenz bei interdisziplinären Fragestellungen, zumal wenn das Thema Technik der Programmpunkt des Dialogs sein soll, sind wesentlich komplexer und vielfältiger, wie man aus den vorangegangenen Kapiteln erschließen kann. Der interdisziplinäre Technikdialog scheint in seiner Notwendigkeit evident, ist aber in der Praxis schwer zu machen.

Die Wissenschaften haben sich zu einer Expertokratie entwickelt. Für immer kleinere Wissensbereiche ist es nötig, immer besser und meist länger ausgebildete Experten einzusetzen. Das gilt für Natur- und Ingenieurwissenschaften weit mehr noch als für die Sozial- und Geisteswissenschaften, obwohl auch in den letzteren der Prozeß der Arbeitsteilung rapide fortschreitet und immer neue Untersuchungsfelder entstehen, für die eigene Experten erforderlich sind. Blickt man auf diesen Prozeß wissenschaftlicher Arbeitsteilung, mag man bald über dem Gedanken eines ernstzunehmenden Dialogs zwischen den Wissenschaften resignieren. Wie soll sich da einer noch überall auskennen wollen? Wie soll man sich da miteinander verständigen können? Hat doch jede Fachdisziplin ihre eigene Sprache und Begrifflichkeit entwickelt, die den Außenstehenden wie eine Fremdsprache anmutet, obwohl meist Worte gebraucht werden, die auch zum eigenen Sprachschatz gehören. Da läßt sich auf den ersten Blick annehmen, man könne sich schon zusammenraufen, wenn man die gleichen Worte benutzt. Beim zweiten Blick wird dann allerdings klar, daß die Verwendung der gleichen Worte nicht verbürgt, daß man gleiche Bedeutungen mit ihnen verbindet. Man muß erst allmählich lernen, daß man dort, wo man zu verstehen glaubt, wo die Worte wie selbstverständlich und problemlos gewechselt werden, wie häufig im Alltag, daß man die gleichen Worte im interdisziplinären Dialog keineswegs versteht. Mit der Arbeitsteilung scheint sich in den Wissenschaften eine babylonische Sprachverwirrung hergestellt zu haben, die jeden in seinem Fachgebiet gefangennimmt und eine wirkliche Grenzüberschreitung fast ausschließt. Dies umso mehr bei so unähnlichen Wissenschaften, wie es Ingenieurwissenschaften und Sozialwissenschaften sind. Gleichwohl haben sie ein gemeinsames Bezugsfeld: Technik und menschliche Arbeit – und über dieses sind sie aufeinander verwiesen. Das Problemfeld Technik und Arbeit selbst drängt auf die Überschreitung der durch die wissenschaftliche Arbeitsteilung gesetzten Grenzen.

Wie läßt sich dieser Anspruch erfüllen, wenn sich zeigt, daß nicht nur eine „Sprachverwirrung" zu bewältigen ist, sondern sich auch zeigt, daß die Art des Wissens in den Ingenieurwissenschaften und in den Sozialwissenschaften grundverschieden ist? Es bedarf zunächst der Aufklärung über die verschiedenen Typen des wissenschaftlich gewinnbaren Wissens. Da läßt sich zwischen theoretischem, empirischem und praktischem Wissen unterscheiden. Theorien sind in kritischer und systematischer Reflexion entwickelte Rekonstruktionen von Sachverhalten und ihrer Zusammenhänge bzw. entsprechende Entwürfe über deren zukünftige Beschaffenheit. Empirisches Wissen entsteht durch die kritisch-methodische Verarbeitung der Erfahrung von Sachverhalten; praktisches Wissen zeichnet sich durch ein Potential, Sachverhalte zu verändern, sie umzubauen, neue zu schaffen, aus. Das praktische Wissen läßt sich noch in instrumentelles und Gestaltungswissen unterscheiden.

Diese Unterscheidung ist gewiß nicht unproblematisch, denn die instrumentellen und gestalterischen Momente einer Praxis lassen sich nur in ganz seltenen Fällen völlig voneinander losgelöst studieren. In jeder Form der Praxis – und damit auch im praktischen Wissen – sind das Instrumentelle und das Gestalterische mehr oder weniger miteinander vermittelt. Das instrumentelle Moment des praktischen Wissens zielt auf die Herstellung von technischen und bürokratischen Routinen. Mit diesen sind Ansprüche und Interessen der Beherrschung, Verfügung und Entlastung verbunden. Solches instrumentelles Wissen zielt auf eine Automatisierung von Problemlösungen bei geringem Einfluß der beteiligten und betroffenen Individuen. Diesen kommen meist Aufgaben der Steuerung und Ausführung zu. Das gestalterische Moment des praktischen Wissens zielt dagegen weitaus stärker auf die Entwicklung von kreativen Entwürfen, die Ansprüche auf Bedürfnisorientierung und Beteiligung der betroffenen Individuen bei der Realisierung dieser Entwürfe mit einbeziehen. Problemlösungen unter dem Gesichtspunkt von Gestaltungswissen sind durch Begleitung, Teilhabe, Mitbestimmung und Selbstbestimmung der sie betreffenden Individuen ausgezeichnet. Im Gestaltungswissen kann sich der Welt- und Selbstbezug der Menschen praktisch ändern, im instrumentellen Wissen ist er festgelegt. All diese Wissenstypen charakterisieren die wissenschaftliche Erfahrung von

Natur, Welt und Menschen. Sie sind nicht auf einzelne Fachdisziplinen aufgeteilt, sondern in diesen auf verschiedene Weise gemischt. Einmal herrscht die Theorie, ein andermal die Empirie oder das praktische Wissen vor, je nachdem welches Erkenntnisinteresse oder welche Grundabsicht mit der jeweiligen Fachdisziplin verbunden sind.

Die Ingenieurwissenschaften verbinden vorrangig empirisches Wissen mit praktischem Wissen. Es geht um eine instrumentelle Umsetzung von Erfahrung in Technik. Aber die vorliegende Untersuchung belegt, daß man schlecht beraten wäre, die Potentiale des Gestaltungswissens im ingenieurwissenschaftlichen Wissen zu übersehen oder zu vernachlässigen. Gerade die neuen Informations- und Kommunikationstechnologien eröffnen weitere Gestaltungsspielräume in der Technik.

In den Sozialwissenschaften kommt der kritischen Rekonstruktion, der theoretischen Darstellung makro- und mikrogesellschaftlicher Verhältnisse ein besonderer Rang zu. Und die empirische Forschung ist hier nicht von expliziter Theoriebildung zu lösen. Auch das praktische Wissen ist permanent auf eine theoretische Selbstreflexion verwiesen. Technische und bürokratische Routinen (instrumentelles Wissen) und kreative Entwürfe (Gestaltungswissen) bedürfen immer wieder neu der Überprüfung und Legitimierung ihrer Zweck- und Zielsetzungen. Auch die Sinnfrage sozialwissenschaftlich angeleiteter Praxis ist nie ein für allemal zu beantworten. Dieses Problem stellt sich in den Ingenieurwissenschaften, in denen die Zweck-Mittel-Relationen klarer definierbar sind, ungleich weniger gravierend.

An den verschiedenartigen Mischungen der Wissenstypen in Ingenieur- und Sozialwissenschaften lassen sich schon die großen Differenzen dieser Fachdisziplinen erkennen. Sie verweisen auf jeweils ganz andere Entwicklungstraditionen in der Wissenschaft und implizieren verschiedene Sozialisations- und Ausbildungsformen der Wissenschaftler und Wissenschaftlerinnen. Alles in allem betrachtet, bestehen einige Hindernisse und Probleme für Ingenieur- und Sozialwissenschaftler/innen im interdisziplinären Technikdialog. Wie man ihre Bewältigung in Angriff nehmen kann, zeigt u.a. die vorliegende Untersuchung.

Wissenschaftliches Wissen wird gewonnen, es wird nach bestimmten Regeln und Methoden hergestellt, die sich entsprechend der Zusammensetzung der genannten Wissenstypen unterscheiden. Es entwickelt sich in jeder Wissenschaft ein eigener Kodex von Regeln der Wissensproduktion, Regeln, nach denen Wissenschaftler handeln, und da Wissensproduktion kein einsamer, sondern ein kommunikativer Akt ist, zumindest aber ihre potentielle Kommunizierbarkeit impliziert, kann auch die Sprache die Wissenschaftler untereinander (an)leiten. Um diesen Zusammenhang wissenschaftlicher Produktion und Sprache näher zu erläutern, ist der zentrale Begriff des „Sprachspiels" aus der Sprachphilosophie von Ludwig Wittgenstein (Wittgenstein 1960) gut geeignet. Als „Sprachspiele" bezeichnet Wittgenstein die vielgestaltige sprachlich geleitete Praxis, – und Wissenschaft (generell auch die der Informations- und Kommunikationstechnologie) wäre nach ihm als eine solche zu verstehen. Die Verbindung von Handeln, Sprechen und Spielen mag zunächst als eine Analogie verstanden werden, die allerdings weit trägt, auch für die „Sprachspiele" der Wissenschaften. Ein Spiel wird nach Regeln gespielt, ohne daß solche Regeln zuvor unverbrüchlich als Kanon und Handlungsanweisungen definiert wären. Auch die sich als exakt verstehenden Wissenschaften können als solche „Spiele" charakterisiert werden.

Es ist nun in den meisten Fällen eines Sprachspiels so, daß von seinen Regeln abgewichen werden kann, Regeln modifiziert und neue hinzu erfunden werden können. Genau genommen wird keine Wissenschaft, auch die auf äußerste Exaktheit pochende nicht, ohne Abweichung, Modifikation und Erfindung von Regeln auskommen; es käme sonst kaum zu neuer Erkenntnis (Leithäuser, Volmerg 1988). Durch Abwandlung entstehen aus alten „Sprachspielen" neue „Sprachspiele". Der Regelgebrauch im „Sprachspiel" ist nicht eindeutig definierbar. Auch dem scheinbar eindeutig definierten Begriff wachsen in einem „Sprachspiel" – meist unversehens – neue Bedeutungsaspekte zu. Damit überhaupt „gespielt", d.h. hier gedacht, geforscht, umgesetzt und gestaltet werden kann, bedarf es einer gewissen Vagheit der Bedeutungen und Unbestimmtheit der Regeln des Denkens, Forschens, Umsetzens und Gestaltens. Sonst verwandelte sich die Wissenschaft in einen Exerzierplatz. Weiterhin ist eine Situations- oder Kontextabhängigkeit der „Sprachspiele" zu berücksichtigen.

Charakterisiert man wissenschaftliche Wissens- und Erkenntnisgewinnung als eine sprachvermittelte Praxis im Sinne Wittgensteins, so lassen sich die Vagheit der Bedeutungen und die Unbestimmtheit der Regeln im Gebrauch der Begriffe (Worte) grundsätzlich nicht beseitigen. Ein solcher Versuch wäre auch gar nicht sinnvoll, denn eine so bereinigte Wissenschaftssprache verlöre die Flexibilität, die notwendig ist, damit Sprechen und Handeln in den komplexen Situationen wissenschaftlichen Arbeitens ihre Orientierungsfunktion behalten. Ein von der Vagheit der Wortbedeutungen und der Unbestimmtheit der Regeln des Sprachgebrauchs gereinigtes Sprachspiel – abgesehen einmal davon, daß eine solche Reinigung wohl kaum durchführbar wäre und sich selbst ad absurdum führte – könnte allein instrumentellen Funktionen genügen, wäre eine bloße Technik und könnte die Anforderungen der anderen Wissenstypen, aus der sich die Wissenschaften zusammensetzen, nicht erfüllen. Man denke nur an die Unterscheidungen, die jeweils zwischen theoretischem, empirischem, praktischem (d.h. instrumentellem und gestalterischem) Wissen zu treffen sind. Die notwendige Umorientierung in der Einstellung auf den jeweiligen Wissenstypus wäre unmöglich gemacht und ein blinder Dogmatismus wäre in der Wissenschaftsproduktion die Folge, weil die Frage nicht klärbar wäre, für welchen Kontext das Wissen Geltung beanspruchen könnte: für den theoretischen, den empirischen oder den praktischen, um die Kontexte noch einmal zu nennen, deren Klärung für einen interdisziplinären Technikdialog besonders relevant sind.

Der von Wittgenstein eingeführte Begriff des „Sprachspiels" ermöglicht es, die eingangs aufgeführten Verständigungs- und Sprachprobleme im interdisziplinären Dialog in bezug auf die nach Wissenstypen verschiedenartig zusammengesetzen Ingenieurwissenschaften und Sozialwissenschaften zu untersuchen. Die – wie auch immer in den Sprachspielen dieser Wissenschaften durch das strenge Bedürfnis nach eindeutigen Definitionen reduzierte – Flexibilität, Vagheit der Wortbedeutungen und Unbestimmtheit der Regeln, machen gleichwohl eine Verständigung zwischen so verschiedenen Wissenschaftlern, wie es Ingenieurwissenschaftler und Sozialwissenschaftler sind, möglich. Ja eine solche Verständigung ist geradezu eine Herausforderung in den Netzen der Sprachspiele.

Die Wittgensteinschen Sprachanalysen gehen den Verständigungspotentialen in den Sprachspielen nach. Sie gelangen zu der Einsicht, daß es neben den formalen Gemeinsamkeiten der Flexibilität, Vagheit und Unbestimmtheit der Regeln, nach denen sie sich gestalten, keine sie übergreifende, für alle gleichermaßen gültige, weder generelle noch spezielle Wortbedeutungen gibt. Diese bilden sich vielmehr nach den jeweiligen Regeln des Sprech- und Handlungszusammenhangs eines Sprachspiels. Glaubt man Bedeutungsgleichheiten von Worten in mehreren Sprachspielen ausmachen zu können, so handelt es sich dabei nicht um Gleichheiten im strengen Sinne des Begriffs, sondern um Ähnlichkeiten der Wortbedeutungen, die aus einem ähnlichen, „familienverwandten" Gebrauch in den sonst voneinander zu unterscheidenden Sprachspielen resultieren.

In den Diskursen der Alltagssprache wird meist keine Differenzierung zwischen Bedeutungsgleichheiten, -identitäten oder -ähnlichkeiten von Worten vorgenommen. Vielmehr ist ganz selbstverständlich und ohne viel Problematisierung unterstellt, daß die Bedeutung der Worte, die man gebraucht, klar ist und jeder sie in der gleichen Weise gebraucht. Kommt es zu Mißverständnissen – und das geschieht nicht selten – wird das meist nicht der Sprache, der Möglichkeit, gleiche Worte nach den Regeln eines anderen Sprachspiels zu gebrauchen, angelastet, sondern der persönlichen Verständniskompetenz desjenigen, der gerade spricht oder zuhört. Das Verständnisproblem der Alltagssprache wird dann personalisiert. Die Wittgensteinschen Sprachspielanalysen bestehen zum großen Teil darin, den wahren Charakter solcher Mißverständnisse aufzuzeigen, diese immer wieder darin zu suchen, daß die miteinander Sprechenden sich in verschiedenen, vielleicht ähnlichen Sprachspielen befinden und die Worte ganz selbstverständlich nach andern Regeln gebrauchen, ohne sich dessen klar zu sein. Es gibt keine Sprachspiele übergreifenden Wortbedeutungen. Worte können keine jenseits ihres Gebrauchs liegenden Bedeutungen ausdrücken. Sie sind keine fixen Symbole von selbständigen Wesenheiten, von Entitäten, die wir solcherart unserem Verständnis gefügig machen könnten.

Wittgenstein zeigt, daß wir nicht nur in unserer Alltagssprache häufig einen falschen Gebrauch von Worten machen, sondern, daß solche Fehler systematisch die ganze Philosophiegeschichte durchziehen, desgleichen die Wissenschaften, die ihr Heil bei exakten Definitionen ihrer Begriffe suchen, ohne zu sehen, daß sie damit nur ein spezielles „Sprachspiel" konstituieren, das wiederum einer Übersetzung in die Umgangssprache bedarf. Solche Übersetzung führt nun die Vagheit der Bedeutung, die man durch strenges Definieren auszutreiben suchte, für viele unversehens wieder ein. Auch die exakteste Wissenschaft kann sich aus dem Pluralismus der „Sprachspiele", des vielfältigen Wortgebrauchs, nicht lösen. Wittgensteins Sprachanalysen sind Beispiele für eine „Sprachtherapie" in Alltagssprache, Wissenschaft und Philosophie. Sprachtherapie findet in dem Sinne statt, daß gelernt wird, der Regel eines Sprachspiels zu folgen und es von anderen „Sprachspielen" zu differenzieren. Auf diese Weise bildet sich eine ideale Umgangssprache, die ideale Weise, der Regel eines Sprachspiels zu folgen, die nun allerdings nicht als eine eigene unabhängige Sprachsphäre gedacht werden kann – als solche verfiele sie der Wittgensteinschen Kritik – sondern nur jeweils im konkreten Beispiel eines Sprachspiels aus Alltag, Wissenschaft und Philosophie ihr reflexives und sprachkritisches Potential entwickeln kann. Es gibt nicht die ideale Umgangssprache als Meßlatte, an der man falsch und richtig a priori voneinander unterscheiden könnte. Sprechen ist ein praktischer Prozeß.

An diesem Punkt angekommen, verlassen wir das „Sprachspiel" sprachphilosophischer Reflexion und steigen zurück in jenes, das den Forschungsprozeß der vorliegenden Studie bildet: den Technikdialog zwischen Gruppen von Ingenieuren der Informations- und Kommunikationstechnologien und zwei Sozialwissenschaftlerinnen. Verfolgen wir den Versuch so verschiedener Wissenschaftler und Wissenschaftlerinnen, im Technikdialog ein gemeinsames „Sprachspiel" zu entwickeln, das ihnen wechselseitiges Verstehen erlaubt und damit eine (gemeinsame) Bewertung der komplexen Probleme, die die neuen Informations- und Kommunikationstechnologien für die Gesellschaft aufwerfen. Untersuchen wir den Beginn eines solchen Dialogs (Volmerg, Senghaas-Knobloch 1990, 'Anleitungen zum interdisziplinären Technikdialog'), wie er aus der Sicht der Sozialwissenschaftlerinnen typischerweise immer wieder in der Phase der ersten Kontaktaufnahme abgelaufen ist.

Sozialwissenschaftlerinnen: Wir sind Sozialwissenschaftlerinnen und möchten Sie für die Beteiligung an einem Projekt zur Humanisierung des Arbeitslebens gewinnen. In diesem Projekt soll es um die Möglichkeiten einer sozialen Gestaltung der Informationstechnik gehen.

Ingenieure: Welche Informationstechnik meinen Sie denn? Was stellen Sie sich darunter vor? Denken Sie an den Hardware- oder Software-Bereich, an die Chip-Entwicklung? Da wüßten wir gar nicht, was da 'soziale Gestaltung' heißt?

Sozialwisssenschaftlerinnen: Informationstechnik ist für uns ein umfassender Begriff. Er soll zum einen eine ganze technische Entwicklungsrichtung anzeigen und deren soziale Implikationen, zum anderen meinen wir damit sehr konkrete Arbeitsbereiche, in denen Sie zum Beispiel als Ingenieure tätig sind. Über beides möchten wir mit Ihnen diskutieren.

Ingenieure: Ja, was denn nun, über Chip-Entwicklung oder ganz allgemein? Das ist so typisch für Soziologen, daß sie nie genau sagen, über was sie eigentlich reden wollen.

Sozialwissenschaftlerinnen: Wir möchten über beides diskutieren.

Ingenieure: Beides geht nicht.

Dieser Dialog scheint in einer Sackgasse zu münden, in der man sich weder vor- noch zurückbewegen kann. Es gibt zunächst keinen gemeinsamen Punkt, von dem man, ohne ihn groß in Frage stellen zu müssen, ausgehen könnte. Auch das Verständnis vom Diskussionsthema ist ganz verschieden; das Wort „Informationstechnik" bezeichnet jeweils etwas ganz anderes, wird anders gebraucht und auf einen anderen Kontext bezogen. Die Sozialwissenschaftlerinnen verwenden ihn als „umfassenden Begriff", der eine ganze technische Entwicklungsrichtung anzeigt. Er hat seine Bedeutung hauptsächlich im Typus des theoretischen Wissens; gebraucht wird er in einem theoretischen Sprachspiel, in dem man mit der Vagheit der Bedeutung umzugehen weiß, wenn man sich versteht. Zugleich sprechen die Sozialwissenschaftlerinnen die Informationstechnik als praktisches Wissen an; es geht ihnen um die soziale Gestaltbarkeit dieser Technik.

Ganz anders die Ingenieure. Ihnen erscheint diese „vermischte" Perspektive zu allgemein und zu vage; sie sind hauptsächlich dem Typus des instrumentellen Wissens verpflichtet, für das die Stichworte 'Chip-Entwicklung', 'Hardware- und Softwarebereich' stehen. Solche Begriffe sollen auch im Typus des theoretischen Wissens möglichst exakt definiert sein, damit klar ist, wozu sie zu gebrauchen sind. Die Gruppe der Ingenieure und die beiden Sozialwissenschaftlerinnen bewegen sich also in sehr verschiedenen Sprachspielen, deren Beziehung auf den ersten und zweiten Blick, obwohl in ihnen viele gleiche Worte gebraucht werden, als asymmetrisch zu kennzeichnen ist. Es scheint sich um die Asymmetrie 'vage/exakt' zu handeln. Doch das ist nur zum Teil richtig, und man verfiele in ein allzu gängiges Vorurteil, wollte man hier Vagheit für das sozialwissenschaftliche und Exaktheit für das ingenieurwissenschaftliche Sprachspiel reklamieren. So ist ja das Eingeständnis von der Vagheit der Bedeutungen eine sehr exakte Beschreibung und das Pochen auf Exaktheit, ihre Inanspruchnahme für das instrumentelle Wissen mag nicht selten undurchschauter Vagheit Tür und Tor öffnen. Gleichwohl drücken ingenieurwissenschaftliches und sozialwissenschaftliches Sprachspiel jeweils ein anderes Selbstverständnis über Exaktheit und Vagheit aus, das als wesentlicher Grund der Mißverständnisse und der Sackgasse, in die der obige Dialog geführt hat, angesehen werden kann. Die Asymmetrie 'exakt/vage' bestimmt praktisch den Dialog. Wie könnte sie aufgehoben werden, damit es zu einem produktiven Dialog kommen kann?

Hierfür kann die vorliegende Untersuchung als ein Beispiel angesehen werden. Sie ist im Feld des empirischen und praktischen Wissens angesiedelt und dem Dialog zwischen Sozialwissenschaftlerinnen und Ingenieuren kommt die Aufgabe zu, in beiden Bereichen Wissen zu erzeugen. Dazu ist, das mag paradox erscheinen, das Entstehen von Mißverständnissen und Unverständnis nicht von vornherein nachteilig. Ihre empirisch-methodisch geleitete Aufklärung führt zu neuen Erkenntnissen, die sonst nicht gewonnen werden könnten. In der empirischen Erprobung läßt sich das Fremde, Ungereimte, Widersprüchliche, Asymmetrische etc., das in der Theorie und Praxis keine Aufklärung hat, erforschen, zur Klärung der theoretischen Rekonstruktion und zur Beförderung der instrumentellen und gestalterischen Praxis. In der empirischen Forschung folgt man also wiederum anderen Regeln des Sprachspiels; hier läßt sich der Frage nachgehen, wie Ingenieurwissenschaften und Sozialwissenschaften dialogfähig werden können.

Die Forschungsmethoden der vorliegenden Untersuchung waren von Anfang an auf die Verständnisproblematik zwischen Ingenieuren und Sozialwissenschaftlern eingerichtet. So wurden mit der gleichen Ingenieurgruppe mehrere Diskussionsrunden durchgeführt und in der nachfolgenden Gesprächsrunde Zwischenergebnisse der vorangegangenen so präsentiert, daß Mißverständnisse, Irritationen, Sprach- und Definitionsprobleme, Kommunikationsblockaden etc. besprochen und geklärt werden konnten. Die Erhebungsgespräche wurden so zu einem eigenen Sprachspiel, in dem die Schwierigkeiten des interdisziplinären Technikdialogs nicht nur als mehr oder minder starke Kommunikationsblockaden auftauchten, sondern auch abbaubar und erklärbar wurden. Die Ingenieure waren überrascht, welche Detailprobleme in dem von ihnen als allgemein und vage charakterisierten sozialwissenschaftlichen Begriff der Informations- und Kommunikationstechnik gefaßt werden konnten, auf die sie bisher noch nicht aufmerksam geworden waren. Die Sozialwissenschaftlerinnen ihrerseits lernten die technische Komplexität der neuen Techniksysteme sehr viel genauer und realistischer einschätzen und damit die Möglichkeiten und Schwierigkeiten, die mit den neuen Technologien entstehenden Probleme der Sozialverträglichkeit zu analysieren. Die empirischen Erhebungsgespräche waren somit ein Metasprachspiel, in dem es gelingt, die differenten Sprachspiele von Ingenieuren und Sozialwissenschaftlern zum Thema *Technik* zu diagnostizieren, Asymmetrien wie die zuvor untersuchte von exakt/vage zu erkennen und sie in einen angemessenen Technikbegriff einzuführen, in dem sowohl ingenieurwissenschaftliche als auch sozialwissenschaftliche Aspekte zum Ausdruck gebracht werden können.

Solche Forschungsgespräche als interdisziplinärer Technikdialog wären nicht richtig verstanden, wenn sie als eine Art Expertengespräche aufgefaßt würden. Es ist wichtig festzuhalten, daß hier die Arbeitsteilung zwischen Ingenieur- und Sozialwissenschaften nicht aufgehoben werden kann, bleiben doch die Ingenieure in den Sozialwissenschaften und die Sozialwissenschaftler in den Ingenieurwissenschaften Laien. Die Verständigung über Technik ist dann für beide Seiten ein sachlich fundierter Laiendialog, in dem, wie die vorliegende Untersuchung zeigt, nicht nur die Asymmetrie exakt/vage, sondern ebenso wichtige asymmetrische Etikettierungen wie positiv/negativ, technisch/sozial, pragmatisch/moralisch, kreativ/normativ, pessimistisch/illusionär etc. bewältigt werden müssen (Volmerg, Senghaas-Knobloch 1990, 50). Dies ist keineswegs ein konfliktarmer Prozeß.

Es bedarf immer wieder anstrengender Übersetzungsarbeit von einem Sprachspiel ins andere, die sehr vom good will und der Fähigkeit aller Beteiligten, sich auf den anderen einzulassen, abhängig sind. Die verschiedenen wissenschaftlichen Sprachspiele von Ingenieuren und Sozialwissenschaftlern sind nicht nur verschiedene Organisationsweisen des Sprechens und Handelns. In ihnen sind ebenfalls Modi der Wahrnehmung und des Fühlens integriert, die die Teilnehmer der Sprachspiele in sich aufnehmen. Wittgenstein spricht denn auch von Sprachspielen als Lebensformen. Die vorliegende Untersuchung zeigt u.a., wie mit den verschiedenen Berufs- und Wissenschaftswelten auch verschiedenartige, wechselseitig fremde Lebensformen aufeinander treffen. Das geht gewiß nicht ohne Konflikte; von ihrer sozialpsychologischen Eigenart, wie sie sich gerade zwischen Ingenieuren und Sozialwissenschaftlerinnen bildet, wird noch näher berichtet.

Um solche Fremdheit aufklären zu können, bleibt nach dem phänomenologisch denkenden Philosophen Bernhard Waldenfels allein „die Möglichkeit der Übersetzung":

„Es bleibt nur die Möglichkeit der Übersetzung, der Transformation und Transposition, wie sie zwischen verschiedenen Sprachen stattfindet. Die Fremdheit läßt sich nicht, auch nicht 'in the long run' aufheben zugunsten einer universalen Welt- und Selbstaneignung. Die Grenzen der Kommunikation" – und darin stimmt Waldenfels mit dem sprachanalystisch denkenden Philosophen Wittgenstein überein – „bilden und verändern sich in der Kommunikation selbst. Uns bleibt nichts anderes als bestenfalls eine spezifische Verständigung und Vergemeinschaftung, wobei Selbst- und Fremdverständigung einander entsprechen. Fremdheit finde ich nicht nur außer mir, sondern auch in mir, völlig zu Hause bin ich nirgends. – Allerdings müßte man auch hier unterscheiden zwischen einer normalen Verständigung, in der sich eine gemeinsame Ordnung reproduziert, und einer Revolutionierung der Verständigung, in der eine neue Ordnung entsteht, sofern die Verständigungsbedingungen sich mit verändern." (Waldenfels 1985, 52)

Im interdisziplinären Technikdialog geht es um beides, sowohl um eine Form der „normalen Verständigung" als auch der „Revolutionierung der Verständigung". Die Herstellung der „normalen Verständigung" bestünde im Abbau wechselseitiger Fehlwahrnehmung und Vorurteile, in der Aufhebung von Kommunikationsblockaden und der Klärung von Asymmetrien, wie wir sie oben am Beispiel „exakt/vage" beim ingenieurwissenschaftlichen und sozialwissenschaftlichen Definieren des Begriffs Informations- und Kommuikationstechnik kennengelernt haben. Es geht darum, die Nichtanerkennungs- und Anerkennungsspiele, die Machtspiele zwischen den Disziplinen, die den wissenschaftlichen Diskurs nur hemmen, zu reflektieren und aufzugeben.

Eine „Revolutionierung der Verständigung" wäre der Abbau oder das Durchlässigmachen der Grenzen der Kommunikation innerhalb der Kommunikation. Zieht man zur weiteren Erläuterung die oben erörterten Wissenstypen von theoretischem, empirischem, praktischem (instrumentellem und gestalterischem) Wissen, deren verschiedenartige Vermittlung in Ingenieur- und Sozialwissenschaften heran, dann ginge es um deren Verschränkung, um in vereinheitlichender Perspektive gemeinsame Aufgaben in Angriff nehmen zu können. Eine Vereinheitlichung von Ingenieur- und Sozialwissenschaften ist nun gewiß beim gegenwärtigen Stand der wissenschaftlichen Arbeitsteilung nicht nur eine Utopie, deren Realisierung man sich wünschen können sollte; sie ist utopistisch, eine Illusion vom wissenschaftlichen Arbeiten. Gleichwohl ist die Verschränkung ingenieurwissenschaftlicher und sozialwissenschaftler Wissenstypen zu einer gemeinsamen Untersuchungs- und Forschungsperspektive ein sinnvolles heuristisches Prinzip, um zu neuartigen Lösungen bei der Fülle sich stellender Probleme in der Entwicklung der neuen Technologien zu kommen. Solche „Revolutionierung der Verständigung", ein solches Zurückschieben und Durchlässigmachen der Kommunikationsgrenzen zwischen Ingenieuren und Sozialwissenschaftlern zum Zwecke gemeinsamer Perspektiven ist der eigentliche Sinn des interdisziplinären Technikdialogs. Kehren wir in diesem Sinne wieder zu einigen pragmatischen Problemen der vorliegenden Untersuchung zurück.

Die Sozialwissenschaften sind viel stärker an die Umgangssprache gebunden als die Technikwissenschaften und arbeiten ihre Erkenntnisse in einer diskursiven Symbolik aus. So kommt es zu ausführlichen Begründungen, Erörterungen und Kommentaren. Es häufen sich die Folianten und das Wissen springt aus den Fugen. Ingenieurwissenschaften dagegen bedienen sich mehr einer präsentativen Symbolik (Schemata, Zeichnungen, Bilder) und der Formelsprache der Mathematik. Die Darlegungen und Darstellungen, die Konstruktionen sind entsprechend knapp und kurz.

Staunen und Sprachlosigkeit befällt so manchen Ingenieur, wenn er den Ausführungen eines Sozialwissenschaftlers lauscht oder die auffallende Masse an zu lesenden Seiten zur Vorbereitung für eine Diskussion durcharbeitet. Und umgekehrt stellt sich beim Sozialwissenschaftler Unzufriedenheit ein, ob so mancher Kurzfassung des Ingenieurs. Zur Fremdheit des Stoffes, die schon erhebliche Verständnisschwierigkeiten für den fachfremden Laien bewirkt, tritt die Schwierigkeit angemessener sprachlicher Präsentation der Probleme. Verschiedene wissenschaftliche Sprachspiele erzeugen nicht nur einfache Übersetzungsaufgaben. An solche Sprachspiele sind Sozialisations-, Lern- und Denkstile gebunden. So muß man sich neue Orientierungen und Sichtweisen zu eigen machen. Das geht nicht ohne Mißverständnisse ab; sie sind geradezu nötig, um an ihnen das fremde Sprachspiel zu lernen, d.h. seinen Regeln zu folgen.

Die wechselseitige Übersetzungsarbeit ist also schwierig und man muß sich dazu bewußt etwas einfallen lassen. Sozialwissenschaftler können z.B. versuchen, ihre Diskurse probehalber in eine präsentative Symbolik zu übersetzen, die einen raschen, gewiß vorläufigen Überblick der Thematik erlauben. Dabei kann man seine graphische Phantasie großzügig spielen lassen. Das haben wir in der vorliegenden Untersuchung auch versucht. An Schematisierungen und graphischen Darstellungen lassen sich die Probleme mündlich trefflich erläutern. Die präsentative Symbolik dient dabei als Brücke. Die technischen Möglichkeiten des Graphikprogramms eines Personalcomputers können hierzu genutzt werden. Andererseits können sich Ingenieurwissenschaftler ihrerseits um die Übersetzung ihrer Kürzel in die Umgangssprache bemühen und sie dem Sozialwissenschaftler erläutern. Beide müssen besser lernen, sich vorzustellen, welche Schwierigkeiten der andere mit den Darstellungen haben könnte; sie sollten sich möglichst in die Rolle des andern versetzen und seine Sichtweise probehalber übernehmen. Das hat für beide Seiten zumeist eine intensivere Selbstreflexion zur Folge und führt zu neuen Einsichten.

Sozialpsychologische Mechanismen im interdisziplinären Technikdialog

Wenden wir uns einer sozialpsychologischen Untersuchungsperspektive zu (Leithäuser 1988, 71 ff) und fragen uns aufs neue: bedarf es eines interdisziplinären Technikdialogs in einer Welt, deren Probleme durch ihre Verkleinerung und Handhabbarmachung in einem Prozeß fortschreitender Arbeitsteilung gelöst zu werden scheinen? Immer neue Spezialisierung von Spezialisten ist die Regel – die Technik – nach der man verfährt, wenn sich Probleme, zumal technische Probleme aufwerfen. Experten werden gebraucht und deren intensive Ausbildung ist angesagt, damit Anforderungen einer immer komplexer werdenden Welt erkannt und praktisch angegangen werden können. Was sollen aber Experten lange miteinander reden und gar interdisziplinäre Dialoge führen, wenn es darum geht, Techniken zu entwickeln? Widersprechen nicht die Anforderungen der Expertenrolle geradezu den Anforderungen, die ein interdisziplinärer Dialog stellt? Experten sind Leute, die eher fachsimpeln und weniger diskutieren; kann man das in verschiedenen Disziplinen zugleich; Disziplinen, die immer spezialistischer werden? So gesehen ist ein interdisziplinärer Dialog eher unnötige Zeitverschwendung, und man muß sich erneut nach den Chancen für einen fundierten Laiendialog über Technik fragen.

Es läßt sich aber auch andersherum fragen. Könnte es nicht sein, daß die Bildung und Ausbildung von Expertenwissen wichtige Fragen des Lebens und Zusammenlebens der Menschen gar nicht aufkommen läßt? Indem Experten auf ihrem jeweiligen Gebiet Fragen stellen, Antworten geben, Probleme lösen, verdecken sie zugleich andere Fragen, Antworten und Probleme, lassen deren Artikulation erst gar nicht zu. Danach wäre Expertenwissen neben der Bereitstellung von Problemlösungen und der dazu nötigen Methoden und Techniken auch eine Problemunterdrückung. Um dieses Phänomen des Expertenwissens genauer verstehen zu können, ziehen wir den in den letzten Jahren in den Sozialwissenschaften wieder modern gewordenen Begriff der „Lebenswelt" zu unserer Diskussion heran.

Versteht man diesen Begriff der Lebenswelt weniger wie Edmund Husserl philosophisch (Husserl 1962, 126 ff) als eine von allen Idealen und begrifflichen Bezügen durch Wissenschaft entkleidete Grenzwelt, sondern als einen unvermeidlichen, quasi natürlichen selbstverständlichen Zusammenhang alltäglichen Lebens, der *nicht* wissenschaftlichen Regeln und Gesetzmäßigkeiten folgt, so ist diese Lebenswelt einschneidend von den Einschränkungen und Problemunterdrückungen des Expertenwissens betroffen. Sie wird ins Abseits, ins Verborgene gedrängt, ist von dort aus aber um nichts weniger wirksam und für Experten beunruhigend, weil deren Strategien des reduktionistischen Denkens, des „Fachsimpelns", lebensweltliche Problematiken nicht zureichend erfassen können. Hier deutet sich eine besondere Dialektik an: je weniger man sich diese lebensweltlichen Dimensionen erfahrbar und bewußt erlebbar machen kann, umso mehr wird man, in die Verblendungen des Expertenwissens gebannt, von ihnen gefangengenommen. Solche Gefangenschaften werden wir noch genauer kennenlernen.

Fassen wir an dieser Stelle zusammen: Technik ist keineswegs allein der theoretisch und praktisch zu entwickelnde Gegenstand der Ingenieurwissenschaften. Die Naturwissenschaften, Sozialwissenschaften und Geisteswissenschaften haben eine eigene Betrachtungs- und Zugangsweise zur Technik im allgemeinen. Auch das gilt wiederum theoretisch und praktisch. Diese Differenzen im Technikverständnis sind die Voraussetzungen für einen interdisziplinären Dialog. Wäre man sich von vornherein einig über den Gegenstand Technik, die Sichtweise, in der er aufgefaßt wird, und über die Methoden, so bedürfte es keines Dialogs, sondern in der Tat nur der „Fachsimpelei". Aber dem ist nicht so. Andererseits drängt, bedingt durch die Entwicklungen der Informations- und Kommunikationstechnologie, ein einheitlich systemischer Technikbegriff in die heterogensten Wissens-, Arbeits- und Lebensbereiche vor. Die Vereinheitlichung der Technikerfahrung, sie wird gegenwärtig besonders vorangetrieben durch die Einführung des Computers, ist wie die durch die Arbeitsteilung bedingte Differenzerfahrung als eine günstige Voraussetzung für einen interdisziplinären Dialog aufzufassen. Man kann auf gemeinsame Erfahrungen rekurrieren. Ein interdisziplinärer Technikdialog ist also möglich; aber warum ist er überhaupt notwendig?

Könnten die Fachdisziplinen nicht kooperieren, wie es sich bisher quasi naturwüchsig ergeben hat? Ingenieure entwickeln Technik in vorgegebenen technischen Rahmenbedingungen, Ökonomen und Soziologen denken über ihren ökonomischen und betrieblichen Einsatz nach, Ergonomen, Arbeitsmediziner und Psychologen untersuchen, wie die Menschen nach Human- und Effizienzkriterien auf vorteilhafte und gesunderhaltende Weise mit der Technik arbeiten können. Solches Nebeneinander ordnete bisher die Kooperation der mit Technik befaßten Wissenschaften. Ein institutionalisierter Dialog war nicht notwendig. So lag bisher auch kein Grund vor, überhaupt eine Untersuchung über Bedingungen und Möglichkeiten eines interdisziplinären Technikdialogs anzustellen.

Nicht zuletzt die vorliegende Untersuchung belegt, daß die systemische Technologie der neuen Informations- und Kommunikationstechniken eine neue Koordination von Technikentwicklung, Arbeitsorganisation, Kommunikation und Interaktion erforderlich macht. Der Ort und Zeitpunkt dieser Koordination ist nicht länger mehr die Implementierung einer Technik in einem Industrieunternehmen, sondern die Frühphase der Technikentwicklung, in der Wissen um Folgen und Wirkungen vorausschauend berücksichtigt werden muß, um Technikentwicklung und Technikeinsatz sozialverträglich zu gestalten.

Ein frühzeitig einzuführender interdisziplinärer Technikdialog könnte hier die durch die Arbeitsteilung in den Wissenschaften entstandenen Wissensdefizite und Erkenntnisbarrieren überschreitbar machen. Das ist leichter gesagt als getan. Für einen interdisziplinären Technikdialog als sachlich fundierten Laiendialog gibt es bisher kaum ein Vorbild, wenig Ideen und kein fertiges Konzept. Das hat allerdings den Vorteil, einen solchen Dialog neu zu entwerfen und zu erproben.

Von der Expertenrolle, in die jeder Wissenschaftler, ob er will oder nicht hineingerät, sei er nun Naturwissenschaftler, Ingenieurwissenschaftler, Sozialwissenschaftler oder Geisteswissenschaftler, war schon die Rede. Als einem Experten für seinen Bereich kann einem keiner aus anderen Bereichen so leicht etwas vormachen. Als Experte muß man respektiert werden. Die Expertenrolle schützt die soziale Position und unterstützt das Sicherheitsgefühl der Person. Als Experten gelten wir etwas; unseren Worten und Argumenten wird besondere Achtung und Aufmerksamkeit geschenkt. Als Experten können wir uns gegen Widerspruch und Einspruch besonders leicht durchsetzen; wir genießen die Privilegien der Autorität. Behaglich können wir uns auch jederzeit in dieses privilegierte Reich bei Fragen zurückziehen, die nicht in den Sektor unserer Expertenzuständigkeit fallen und uns mit der Zierde der Bescheidenheit schmücken. Wo man nichts zu sagen hat, soll man schweigen. Darf man aber schweigen, darf man so ohne weiteres seine Fähigkeiten zu denken, zu prüfen, zu urteilen ruhigstellen, mit anderen Worten, sein Licht unter den Scheffel stellen?

Die Vorteile der Expertenrolle implizieren auch Nachteile. Überschreiten Ingenieurwissenschaftler und Sozialwissenschaftler ihre jeweiligen Expertenreviere, so sind sie nicht länger Experten, sondern eben nur Laien und ihrer Privilegien und Vorteile beraubt. Als Laien fühlen sie sich meist unsicher, hilflos, vielleicht sogar ohnmächtig. Wenn sich Ingenieurwissenschaftler und Sozialwissenschaftler einander gegenüber so fühlen, wird ein Dialog zwischen ihnen schwierig, wenn nicht gar ausgeschlossen. Wenn sie gleichwohl zu einem Dialog kommen wollen und in Anbetracht der Sachlage der neuen Technikentwicklung kommen müssen, was sollen sie dann tun? Sie könnten sich doch wechselseitig unterstützen, um aus der Unsicherheit und Hilflosigkeit herauszufinden, indem sie ihre Reviere öffnen, den jeweiligen Partner ermuntern, Fragen zu stellen, sich seines ja speziell trainierten Verstandes in einem für ihn zunächst unübersichtlichen und undurchsichtigen Gelände zu bedienen. Das ist schwierig, aber gewiß produktiver als sich hinter die Mauern des eigenen Reviers zurückzuziehen und sich hinter dem Panzer der Expertenrolle zu verschanzen.

Auch dies scheinbar so naheliegende und selbstverständliche Verhalten ist leicht charakterisiert, aber schwer in die Tat umgesetzt. Psychologisch gesehen haben wir es ja mit einer Identifikation mit der Expertenrolle zu tun, und die ist nicht leicht aufzulösen. Denn solche Identifikationen sind meist fest in unseren Handlungsroutinen verankert und haben zugleich eine von uns selten leicht erkennbare unbewußte Dimension. Unser Ich muß auf die Entlastungen verzichten, die die Identifikation mit der Expertenrolle mit sich bringt. Und nicht nur das; neue Belastungen kommen hinzu. Im Dialog müssen wir um die Anerkennung unserer Argumente ringen – wir dürfen ihre Anerkennung nicht einfach voraussetzen. Wir treten ohne Rüstung, gewissermaßen nackt und bloß in den Ring der Diskussion und müssen vor Schaulustigen immer aufs neue den Kampf um Anerkennung bestehen. Das ist mühevoll und anstrengend auf die Dauer (Parin 1978, 96).

Es sieht daher so aus als hätten wir – auch sozialpsychologisch gesehen – recht ungünstige Chancen für einen sachlich und fachlich fundierten Laiendialog, für den es andererseits doch so viele gute Gründe gibt. Wie können wir also mit der hier aufgeworfenen sozialpsychologischen Schwierigkeit fertig werden? Jeder Experte weiß, daß ihm seine Rolle nicht einfach zufiel, sondern daß er viel für sie lernen und studieren mußte. Das gilt nicht nur für die Aneignung des entsprechenden Fachwissen sondern auch für die Formen der Selbstdarstellung als Experte. Und hierbei lernt man, ohne es vielleicht deutlich zu spüren und zu wissen, eine ganze Menge praktischer Psychologie. Die Expertenrolle ist also das Resultat eines nicht nur Wissen aneignenden Lernprozesses. Ähnliches gilt für das, was man den fachlichen Laien nennt. Auch die Übernahme der Rolle des Laien ist ein nicht weniger komplexer Lernprozeß. Auch hier geht es um auf Wissen, Erkenntnisse und Erfahrung orientierte und psychologische Sicherheit gewinnende Bildung. Wenn man so will, ist die Laienrolle eine besondere Art von Expertenrolle. Ein Laie muß z.B. lernen, seine besonderen Fragen zu stellen, die den Experten nötigen, nachzudenken. Für den interdisziplinären Dialog hat das den Vorteil, daß der jeweilige Experte mit Fragen konfrontiert wird, die er nicht einfach routinemäßig beantworten kann, und die ihn zu neuem Nachdenken veranlassen. Das führt nicht selten zu neuen Problemlösungen. Man muß lernen, sich im interdisziplinären Dialog wechselseitig das latente und aktuelle Wissen (Erfahrung, Einsichten, Erkenntnisse) abzuverlangen. In diesem Sinne wird die Laienrolle zu einer Expertenrolle und ihre Ausübung zu einer besonderen Kunst, die dem Laien einen nicht unbeträchtlichen Gewinn auf sein psychologisches Konto bringen kann.

Es mag sein, daß Expertenrolle und Laienrolle bisher in einen zu krassen Gegensatz gesetzt wurden. Man arbeitet und lebt sich ja nie nur in einer Rolle aus; insofern sind solche Rollencharakterisierungen, wie sie hier vorgenommen wurden, immer nur idealtypische Konstruktionen. Andererseits zeigen sie Verhaltenstendenzen an, die Wissenschaftler mehr oder weniger stark in ihre alltägliche Routine integriert haben. Resümierend läßt sich das Problem vereinfacht auch so ausdrücken: gerade Wissenschaftler sollten sich immer wieder von den methodologischen Verordnungen ihres Tuns distanzieren können und aufs Neue lernen, unbefangen Fragen zu stellen, und das nicht zuletzt in jenen Bereichen, für die sie sich zunächst nicht zuständig fühlen. Dies ist ein wichtiger psychologischer Schritt, um in einem interdisziplinären Dialog, dialogfähig zu werden.

Es gehört zu den gesicherten Befunden der Sozialpsychologie, daß man konfliktreichen Gruppen, um in ihnen eine produktive Kooperation zu ermöglichen, eine gemeinsame Aufgabe stellt. Eine Gruppe von Wissenschaftlern verschiedener Fachdisziplinen, die einen fachlich fundierten Laiendialog wagen will, ist gewiß eine schwierige und konfliktreiche Gruppe, schon aufgrund der benannten heterogenen Rollenanforderungen an jeden einzelnen. Welche Aufgaben und Ziele könnte man einer solchen Gruppe vorgeben, daß es ihr leichter wird, diesen Dialog einzuüben?

Man könnte für den fachlich fundierten Laiendialog Lern- und Verständigungsziele formulieren, wie wir das schon in einer früheren Untersuchung gemacht haben (Volmerg, Senghaas-Knobloch, Leithäuser 1985; dieselben 1986). Solche Lern- und Verständigungsziele könnten z.B. sein:

– Den Versuch unternehmen, die Perspektive des jeweiligen Dialogpartners (Ingenieur, Sozialwissenschaftler) zu übernehmen, in der er die Probleme der Technikentwicklung analysiert.

- Sich bewußt machen, welches Menschenbild die eigenen Vorstellungen über Technik und neue Technologien beeinflußt.
- Sich verdeutlichen, welches Bild man sich bisher von dem Verhältnis von Technik, Mensch und Arbeit gemacht hat.
- Bedenken, welche technischen und bürokratischen Routinen, bzw. gestalterischen Entwürfe die eigenen wissenschaftliche Praxis charakterisieren.
- Sich darüber verständigen, in welcher Weise eigene Sinnansprüche an die Technik und die Arbeit – Autonomie, Vielseitigkeit und Kreativität – Bestandteile allgemeiner Vorstellungen von der Sinnhaftigkeit von Technik sein könnten.
- Darüber nachdenken, wie man bei einer konkreten Gestaltungsaufgabe mit dem Dialogpartner kooperieren könnte.
- Lernen, die eigenen negativen Erfahrungen mit Rationalisierungsmaßnahmen (Unterforderung der kreativen Kompetenz, zunehmende Routinisierung und Kontrolle der Tätigkeiten) zur Grundlage einer dem menschlichen Arbeitsvermögen angemessenen Gestaltung von Technik zu nutzen.
- Ausloten, wie weit die Handlungsspielräume zur Übernahme eigener Verantwortung bei der Technikgestaltung reichen können.
- Nach Gesprächsstilen suchen, die ein produktives Gespräch mit dem Dialogpartner begünstigen.

Aus der vorliegenden Untersuchung lassen sich unschwer weitere solche Lern- und Verständigungsziele für einen interdisziplinären Technikdialog herausziehen. Rückt man solche und ähnliche Ziele in das Zentrum des Dialogs, so geht er in eine gemeinsame Bildungsarbeit über, die einer zukünftigen praktischen Kooperation förderlich ist.

Eine weitere Schwierigkeit für einen fachlich fundierten Laiendialog von Ingenieuren und Sozialwissenschaftlern, die man aber ebenfalls, wenn man sie sich nur genügend bewußt macht, bewältigen kann, läßt sich in den verschiedenen wissenschaftlichen (intellektuellen) Arbeitsstilen der einzelnen Fachdisziplinen erkennen. Um diese Problematik genauer unter die Lupe nehmen zu können, sei hier der aufschlußreiche Aufsatz „Struktur, Kultur und intellektueller Stil" des norwegischen Friedens- und Konfliktforschers Johann Galtung zu Rate gezogen (Galtung 1983). Galtung unterscheidet in diesem leicht ironisch geschriebenen Aufsatz zwischen „sachsonischer", „teutonischer", „gallischer" und „nipponischer Wissenschaft" und bezieht diese Unterscheidungen auf den Stil der Erkenntnisbildung in den Wissenschaften. Hier sei sich in der Aufnahme von Galtungs Argumenten auf seine Unterscheidung des „sachsonischen" und „teutonischen" Stils wissenschaftlichen Arbeitens beschränkt. Der teutonische Stil ist, wie leicht zu erkennen ist, an den deutschsprachigen Universitäten der bei weitem vorherrschende.

Die folgenden Charakterisierungen sind wiederum idealtypisch gemeint.

Der „sachsonische" Stil einer wissenschaftlichen Diskussion ist geprägt durch eine Art Teamwork der an ihr Beteiligten. Man achtet darauf, daß die Gruppe der Diskutierenden auch bei starken Differenzen zusammenbleiben kann. Pluralismus verschiedener begründeter Meinungen wird als wichtiger angesehen als das Obsiegen einer einzigen Meinung, der dann auch eher der Charakter eines Glaubenssystem zukäme. Der Diskussionsleiter hält sich dieser Tradition entsprechend zurück und die Diskutanten beziehen sich zunächst einmal mit Hochschätzung auf den Beitrag des Vorredners, um dann aber meist mit einem „aber" fortzufahren. „Die mit 'aber' beginnende Einschränkung wird dann möglicherweise sehr lange werden und viele bohrende Spitzen und beißende Bemerkungen enthalten, aber höchst wahrscheinlich wird doch am Ende eine schmeichelhafte beifällige Äußerung stehen" (Galtung 1983, 309). Auch an einem schlechten Redebeitrag wird man nach einem 'Körnchen Gold' suchen und es finden, über das es sich lohnt zu diskutieren. Auch einen schlechten Redner und Diskutanten wird man nie ganz im Regen stehenlassen, sondern sich bemühen, ihn ein wenig zu integrieren. Das hat den Vorteil, daß alle zum Diskussionsthema und untereinander Distanz gewinnen können. Das hat den Nachteil, daß zuweilen zu schnell harmonisiert und die anstehenden Streitpunkte zu wenig gründlich behandelt und zu rasch geglättet werden, so daß man zu wenig zum Wesen einer Sache vordringt.

Da ich mich vom „teutonischen" Stil nicht frei weiß, sei die „sachsonische" Zurückhaltung bemüht, nicht lange dreingeredet und Johann Galtung in einer längeren Beschreibung das Wort gegeben: In der „teutonischen" Diskussion wird „der schwächste Punkt" eines Vortrages

„aus dem Meer von Worten herausgefischt, ins hellste Rampenlicht gestellt, damit auch ja keine Zweifel aufkommen, und dann wird mit dem Seziermesser auseinandergenommen, was mit beachtlicher Wendigkeit und Verständigkeit geschieht. Vermutlich wird sich die Debatte weitgehend derartigen Aspekten widmen, und wenn überhaupt, so wird es am Ende nur wenige besänftigende Worte geben, um den Angeklagten als menschliches Wesen wieder aufzurichten; kein Versuch wird unternommen, das Blut aufzuwischen und das verletzte Ego wieder zusammenzufügen. Entgegen der sachsonischen Sitte, sich bei solchen Gelegenheiten in Humor und Schulterklopfen zu üben, ist hier der Blick eher kühl, die Miene starr und in den Augenwinkeln ist womöglich eine Spur von Hohn und Spott zu erkennen. Der vortragende Angeklagte erlebt die Situation als Opfer. Da er das aber schon vorher weiß, wird er wohl, um sich nicht unterkriegen zu lassen, auf der Hut sein und lieber auf Nummer Sicher gehen, von Anfang an nicht von der vorgeschriebenen Bahn abweichen, einige einleitende Bemerkungen machen, die feindliche Aufmerksamkeit ablenken, indem er die gehörigen magischen Worte ausspricht, den Autoritäten Gehorsam zollt und sich weiterer Kunstgriffe bedient. Das Endergebnis braucht nicht unbedingt intellektuell trivial zu sein, weist aber ein Element der Unterwürfigkeit auf." (Galtung 1983, 309 f)

Dieser Diskussionsstil erschwert einen interdisziplinären Dialog entscheidend. Er behindert die dazu nötige Offenheit und das sich aufeinander einlassen können. Man muß sich geradezu hüten als ein Laie zu reden und Fragen zu stellen, wird man als solcher bestenfalls in der Rolle eines naseweisen Studenten akzeptiert, aber nicht als gleichwertiger und ernstzunehmender Gesprächspartner anerkannt. Eine strenge hierarchisch gegliederte Struktur des Forschens, Lehrens und Lernens – eine Pyramide – an deren Spitze der Professor steht, sich der in höhere und niedere Positionen aufgeliederte Mittelbau anschließt, um endlich ganz unten bei der breiten Masse der Studentinnen und Studenten anzulangen, untermauert den festgefügten teutonischen Wissenschaftsdiskurs. In den vergangenen Jahren war diese Pyramide durch eine liberalisierende Hochschulreform ein Stück weit aufgelockert, die aber zunächst schrittweise und nunmehr endgültig zurückgenommen wurde. Dabei brauchte man kaum auf Widerstand zu rechnen, denn die demokratischeren Strukturen hatten sich kaum in egalitäre Diskussionsstile umgesetzt. Hierarchie und Teutonismus bestanden und bestehen informell fort und institutionalisieren sich gegenwärtig wiederum in den aufgefrischten alten rigiden Meister-Jünger-Verhältnissen mit ihrem schlechten Gemisch von ökonomischen, politischen und persönlichen Abhängigkeitsverhältnissen, die sich zu einer neuen und zugleich althergebrachten Lebenswelt in den wissenschaftlichen Institutionen verdichten. Bleibt wissenschaftliche Erkenntnis davon unbeeinflußt? Wohl kaum.

Auch der interdisziplinäre Dialog in den Wissenschaften wird wieder schwieriger werden. Die Fachwissenschaftler richten sich in ihren angestammten Revieren behaglich ein. Es herrscht wieder die unbekümmerte Expertokratie; diese verwaltet die Verkehrswege der Erkenntnis. Der interdisziplinäre Dialog in den Wissenschaften muß sich dagegen eher mühsam seine Nischen, Plätze der Besinnung im ehrgeizigen Getriebe schaffen. Vielleicht läßt sich hier etwas von dem sachsonischen Stil kultivieren, lassen sich in Forschungsverbünden gemeinsame interdisziplinäre Projekte entwickeln und in Teams forschen und lehren. Es geht nicht darum, einen anderen durch den Nachweis eines schwachen Arguments zu besiegen und niederzuwerfen, ihn vielleicht sogar persönlich zu verletzen. Es geht darum – nicht zuletzt die Entwicklung der neuen Technologien nötigt dazu – interdisziplinäre Dialoge zwischen Natur-, Ingenieur-, Sozial- und Geisteswissenschaften zu entwickeln, um dem Problemlösungsbedarf angemessen begegnen zu können. Arbeitsteilung sollte nicht länger als Revieraufteilung mißverstanden werden. Erkenntnisse gewinnt man durch interdisziplinären Dialog in teamartiger Kooperation. Die vorliegende Untersuchung, in der es ja u.a. auch darum ging, nicht nur etwas über die Möglichkeiten eines interdisziplinären Technikdialogs herauszufinden, sondern ihn zu praktizieren, ist in einigen ihrer methodischen Schritte ein Versuch einer solchen möglichen Kooperation zwischen Ingenieur- und Sozialwissenschaften. Wir hoffen, daß sie zu ähnlichen Versuchen anregt.

Probleme wechseltiger Anerkennung

Die offene Methode der Themenzentrierten Gruppendiskussion, die wir in anderen Forschungsarbeiten erfolgreich genutzt hatten, schien uns für die methodische Aufnahme des interdisziplinären Technikdialogs am besten geeignet. In der Gruppendiskussion können sich die Regeln dieses Dialogs am ehesten realisieren und abbilden. Damit uns durch eine mögliche Wahrnehmungseinschränkung aufgrund des unmittelbaren Beteiligtseins der beiden Forscherinnen an diesem Dialog auch nichts entginge, richteten wir eine Nachbesprechung im Forschungsteam ein, die jeweils wenige Tage nach einer erfolgten Gruppendiskussion stattfand. Diese Nachbesprechung im Forschungsteam war an der Vorgehensweise von psychologischen und psychoanalytischen Supervisionsverfahren orientiert, ein methodisches Metasprachspiel also, in dem wir die Störungen, Irritationen und Konflikte, die die beiden Forscherinnen in der Gruppendiskussion erlebt hatten, reflektierten. Es sollten so die Interaktionen des Technikdialogs in der Gruppendiskussion mit ihren meist für den unmittelbaren Blick nicht durchschaubaren vielfältigen Zwischentönen objektivierbarer werden. Es ging um ihre Rekonstruktion in der Erinnerung, um ihr Bewußtmachen im Nachhinein. Wie man aus psychoanalytischen Supervisionsverfahren weiß, bilden sich z.B. Konflikte, die in der Primärsituation, hier in der Gruppendiskussion zwischen den Ingenieuren und Forscherinnen, verdeckt zum Zuge kommen, erneut ab; sie wiederholen sich strukturell in der Nachbesprechung und können in ihr, im Unterschied zur Forschungssituation, (der Gruppendiskussion) direkt aufgegriffen und der Analyse und Reflexion zugänglich gemacht werden. Solche Störungen, Irritationen und Konflikte im interdisziplinären Technikdialog unseres aktuellen Forschungsprozesses sollen nunmehr an einzelnen Beispielen erläutert werden. An diesen Beispielen werden besonders die Interaktionsprobleme im Technikdialog deutlich.

Von der Asymmetrie exakt/vage in diesem Dialog war in den vorangegangenen Kapiteln schon öfters die Rede. Die Variante konsistent/vage dieser Asymmetrie spielte in einer unserer Nachbesprechungen eine besondere Rolle. Die beiden Forscherinnen berichteten, daß besonders zu Beginn der Gruppendiskussion sich die Ingenieure immer nachdrücklich auf die Logik von Denken und Technik berufen und die Widerspruchsfreiheit ihrer Definitionen, des Definierens überhaupt, herausgestellt hatten. Man habe sie in Sachen Logik auf den Prüfstand gesetzt und kontrollieren wollen, was sie denn überhaupt verstünden, bzw. sie als Sozialwissenschaftlerinnen an haltbaren, logisch in sich stimmigen Argumenten zur Technikdebatte beitragen könnten. Dieser „Druck zur Logik" habe sie besonders bei einem Ingenieur überrascht, der auf ihrer schriftlichen Vorgabe für das Gespräch, derzufolge die beteiligten Ingenieure die Gestaltung der Qualifizierung für die mit neuer Informations- und Kommunikationstechnologie ausgerüsteten Arbeitsplätze beurteilen sollten, den Satz „Qualifizierung soll über angelerntes Oberflächenwissen hinausgehen" als unsinnig und widersprüchlich bezeichnete. Denn wenn etwas Qualifizierung sei, dann sei es kein Oberflächenwissen und wenn etwas Oberflächenwissen sei, dann keine Qualifizierung. An solchen doch mehr schulmeisterlich als an der Sache orientierten Interpolationen wurde die starke Forderung nach konsistenter Argumentation an die beiden Forscherinnen deutlich, nach einer Kompetenz zur Argumentation, die viele Ingenieure ihnen zu Beginn der Gruppendiskussion zunächst nicht zubilligen wollten. Dies Verhalten der Ingenieure war bei der hier in Rede stehenden Gruppe besonders auffällig, da sie sich selbst in den Passagen der Gruppendiskussion, in denen sie nur untereinander diskutierten, keineswegs solche Konsistenzzwänge abverlangten, wie sie sie von den beiden Sozialwissenschaftlerinnen forderten. Hier überschritten sie kaum die Präzision, die im alltäglichen Gespräch üblich ist und blieben, wie die nähere Auswertung der Textprotokolle ergab, eher vage und begnügten sich mit Andeutungen. Untereinander konnten sie vage bleiben, den Sozialwissenschaftlerinnen gegenüber war Konsistenz angesagt.

Es wäre ein Mißverständnis, diese charakterisierende Beschreibung als eine Kritik an dieser Ingenieurgruppe lesen zu wollen. Vielmehr kennzeichnet sie ein Sprachspiel der Ingenieure, dessen Regel u.a. darin besteht, nicht in jedem Falle einer Äußerung eine konsistente Ausformulierung zu verlangen, weil man schon bei der einen oder anderen Andeutung zu verstehen glaubt, was mit ihr gemeint sei. Diese Art des Redens findet man häufig beim Fachsimpeln der Experten unter sich. Ein ähnlicher Verständnisbonus wurde nun den beiden Sozialwissenschaftlerinnen zunächst nicht gewährt. Wenn sie etwas zu erläutern suchten, wurde darauf sofort mit Einwänden begegnet. Dann wurde z.B. gesagt: „damit, wie Sie Informationstechnik verstehen, kann ich nichts anfangen." Erst mußte einmal kritisiert werden, was da aus der Ecke der Sozialwissenschaften kam.

Das führte wieder zu zusätzlichen Erläuterungen und Erklärungen der beiden Sozialwissenschaftlerinnen, die wiederum abgelehnt und nicht anerkannt wurden. Von Argument zu Argument, von Erläuterung zu Erläuterung wurde der Eintrittspreis für ein mögliches gemeinsames Sprachspiel erhöht. Die beste Definition langte dann nicht aus als Eintrittskarte. Vielmehr wurde stets erneut versucht, den Sozialwissenschaftlerinnen nachzuweisen, sie verstünden von der Sache zu wenig, von der sie sich anheischig machten, zu reden. Diese wiederum parierten geschickt – ganz im „saxonischen" Sinne – mit einem „ja aber", der Redewendung, die das Argument des Gesprächspartners aufnimmt, an es anschließt und es im eigenen Sinne fortführt, ergänzt und verwandelt. Die Sozialwissenschaftlerinnen demonstrierten so den Ingenieuren ihre Fähigkeit zum elaborierten Argumentieren und ihre Sprachmächtigkeit, die die Ingenieure beeindruckte und wohl bei manchen auch etwas Angst und die mit ihr verbundene Abwehr erzeugt haben mag. So gestaltete sich der Anfang der Gruppendiskussion als eine Art Kampf um Anerkennung, die, das sei hier vorausgeschickt, den beiden Sozialwissenschaftlerinnen im weiteren Verlauf der Gespräche und Diskussionsrunden mit den Ingenieuren reichlich zuteil wurde. Es sei aber hier darauf hingewiesen, daß allen Beteiligten während der Diskussion nicht bewußt war, daß sie ihr Gespräch mit einem Kampf um wechselseitige Anerkennung begonnen hatten.

Dieser wurde im übrigen nicht allein über den Umgang mit Definitionen geführt, sondern auch über den Zeitpunkt, wann die Diskussion beendet werden sollte. Auch darin setzten sich die Ingenieure zunächst durch, fanden die Diskussion im weiteren Verlauf aber so interessant, daß sie ihr selbst gesetztes Zeitlimit vergaßen, länger diskutierten und sich zum Ende den ursprünglichen Zeitvorstellungen, die die Sozialwissenschaftlerinnen für die Diskussion geplant hatten, stark angenähert hatten. Nicht zuletzt dies signalisiert, daß man im Verlauf der Diskussion zu einem gemeinsamen produktiven Sprachspiel fand.

Probleme der Anerkennung sind subtil. Sie sind vor allem wechselseitig und ineinander verschränkt. So waren es nicht nur die Sozialwissenschaftlerinnen, die sich zu Beginn des Gesprächs nicht recht anerkannt fühlten. Das gleiche galt auch für die Ingenieure. Die Gruppe, von der hier berichtet wird, bestand aus Entwicklungsingenieuren. Sie wurden in der Diskussion von den Sozialwissenschaftlerinnen aufgefordert, einen Perspektivwechsel vorzunehmen, d.h. sich Gedanken zu machen, welche Probleme Ingenieure mit der Nutzung der Technik haben könnten, die sie entwickeln. Sie sollten in ihren Überlegungen und Erwägungen die Rolle wechseln, übergehen von der Perspektive des Ingenieurs und Akteurs, der Technik entwickelt, zu der des vom Technikeinsatz betroffenen Ingenieurs, der sie nutzt. Dies ist an sich im Felde der Informations- und Kommunikationstechnologie keine schwierige Aufgabe, weil die Entwickler häufig genug zugleich auch Nutzer sind, z.B. bei ihrer Entwicklungsarbeit einen Computer benutzen. Der Perspektivwechsel hatte also seine Erfahrungsbasis und war logisch, klar und einfach.

Psychologisch war die Aufgabe allerdings schwieriger. Denn alle Ingenieure der Diskussionsgruppe verstanden sich ausdrücklich als Entwicklungsingenieure, hatten in dieser Rolle ihre berufliche Identität befestigt und ihren Berufsstolz gefunden. Nun waren sie mit zwei Sozialwissenschaftlerinnen konfrontiert, die, so schien es ihnen offenbar, von dieser ihnen wichtig und liebgewordenen Identität nichts wissen wollten, sie geflissentlich übersahen und von ihnen als Entwicklungsingenieuren die entgegengesetzte Rolle der Nutzer verlangten. So konnte bei ihnen ein Gefühl entstehen, sie seien in dem Gespräch in Wirklichkeit gar nicht gefragt; das, was sie seien, würde nicht erkannt und also auch nicht anerkannt. Versteht man das Anerkennungsproblem von der Seite der Ingenieure, so gewinnt ihr Beharren auf ihren Definitionen den besonderen Sinn, die beiden Sozialwissenschaftlerinnen dahin zu bringen, sie doch bitte sehr so sehen und ansprechen zu wollen, wie sie sich selbst sehen und vestehen, eben als hochqualifizierte, kreative Entwicklungsingenieure. Als bloße Nutzer von Informations- und Kommunikationstechnologie, sei es auch als Ingenieure, fühlten sie sich schlicht unterfordert und abgewertet – und das von zwei Frauen aus einem anderen Wissenschaftsgebiet, dessen Wissenschaftlichkeit sie zuweilen bezweifelten. So waren die männliche Identität und die des Wissenschaftlers im Spiel. In summa: es gab für die Ingenieure gleichzeitig mehrere Gründe, sich etwas gekränkt zu fühlen. Dieses Gefühl kam allerdings während der Gruppendiskussion wenig zu Bewußtsein und läßt sich erst nachträglich aus der Beharrlichkeit im Definieren und aus der Konsistenzforderung den beiden Frauen gegenüber als eine Reaktionsbildung auf Kränkung und Enttäuschung erschließen. Die Ingenieure fühlten sich in ihrer spezifischen Qualifikation nicht anerkannt und oberflächlich behandelt. Der Vorwurf der Unlogik an die Sozialwissenschaftlerinnen hat hier also ein psychologisches Motiv.

Dieses Motiv ist vielschichtig. In unseren anschließenden Nachgesprächen kamen wir bald darauf, daß die Ingenieure sich – nach einer gewissen Zeit des Diskutierens – von den in Fragen der Informations- und Kommunikationstechnologien kompetent und elaboriert sprechenden Sozialwissenschaftlerinnen sehr beeindruckt zeigten und begannen, sie ein wenig zu idealisieren, eine Idealisierung, in die sich traditionelle Formen männlicher Bewunderung für interessante Frauen mischte. Solche distanzierte Bewunderung wurde von den beiden Wissenschaftlerinnen gerne entgegengenommen. Schließlich hatten sie sich für die Gespräche besonders gut vorbereitet und gaben sich als sachkundige Diskussionspartnerinnen alle Mühe. So gab es für sie keinen Grund, der distanzierten männlichen Bewunderung gegenüber völlig unempfänglich zu bleiben, verführend und verführt zugleich, die Frauenrolle für eine produktive Diskussion zu nutzen.

Eben dazu ist das Verfahren der Themenzentrierten Gruppendiskussion besonders vorteilhaft, weil gemäß der gesprächsleitenden Regel immer wieder auf das zu besprechende Thema, die Technik, hingeführt wird, dabei das latente unmittelbare Beziehungsgeschehen (wechselseitige unbewußte Übertragungen) bei allen Beteiligten an der Diskussion in den Hintergrund tritt, ohne daß es, wie das etwa bei dem wissenschaftlichen Erfragen von bloßen Informationen der Fall zu sein pflegt, völlig ausgeschlossen würde. Die Bewunderung von Weiblichkeit, die ja chauvinistische Aspekte nie ganz ausschließen kann, blieb durch den egalitären und themenbezogenen Anspruch des Gesprächs gedämpft, beförderte eher die Produktivität des Gesprächs als daß sie die Spannungen zwischen den Geschlechtern auf den Plan riefe. Das wurde besonders in der zweiten Diskussionsrunde deutlich, zu deren Beginn die beiden Sozialwissenschaftlerinnen den Ingenieuren ihre Auswertungen der ersten Diskussionen vorstellten. Diese waren überrascht, was man alles aus einer Gruppendiskussion herausfinden kann und eingenommen von diesem „weichen" Untersuchungsverfahren. In dieser Phase der Erhebung gab es dann auch keine Anerkennungsprobleme zwischen den Ingenieuren und den Sozialwissenschaftlerinnen mehr.

Die Herstellung von „normaler Verständigung" ist in Forschungssituationen, denen bei aller methodischer Simulation von Alltäglichkeit ein hoher Grad von Künstlichkeit anhaftet, eine schwierige Unternehmung. Nicht nur geht es dabei um den Abbau von manifesten Kommunikationsblockaden, Vorurteilen und Anerkennungsproblemen, die die Kommunikation verzerren, sondern zugleich um die Einsicht in latente Störungen und Konfliktspannungen, um abschätzen zu können, ob eine Forschungssituation, eine Methode, das Verhalten der Forscherinnen und Forscher produktiver Erkenntnisgewinnung förderlich ist. Das Themenzentrierte Gruppendiskussionsverfahren hat sich hier als eine fruchtbare Methode erwiesen.

So bildete sich zwischen den Ingenieuren und den Forscherinnen von Gesprächsrunde zu Gesprächsrunde, Schritt für Schritt, ein gemeinsames Sprachspiel heraus, in denen die Verständigungsprobleme bearbeitet werden konnten, bzw. die latenten Spannungen, die sich in der unmittelbaren Forschungssituation der Wahrnehmung entziehen, doch in solche Bahnen leitete, daß sie den wissenschaftlichen Erfahrungs- und Erkenntnisprozeß nicht gröblich behinderten. Ob man allerdings von einem solchen Sprachspiel im Sinne von Waldenfels schon von einer „Revolutionierung der Verständigung" zwischen Ingenieuren und Sozialwissenschaftlern reden könnte, kann man bezweifeln. Gleichwohl lassen sich Elemente für eine „neue Ordnung" der Kooperation zwischen den voneinander so verschiedenen Wissenschaften in diesem Sprachspiel finden. Dies zeigte sich besonders in den zweiten Diskussionsrunden, in denen die Teilung in wir, die Ingenieure, und ihr, die Sozialwissenschaftlerinnen bzw. umgekehrt in wir, die Sozialwissenschaftlerinnen und ihr, die Ingenieure viel weniger die Bedeutung des sich gegeneinander Abschließens, Ausschließens, Abgrenzens und Ausgrenzens hatte. Dieser sozialpsychologische Mechanismus trat zurück und räumte seinen Platz der Kooperation unter den jeweils für ihr Fach Kundigen, ohne daß die Unterschiede einfach verwischt wurden; vielmehr wurden die verschiedenen wissenschaftlichen Zugangsweisen zum Problemfeld Technik bedacht.

Der Abbau und die Kontrolle gruppendynamischer und sozialpsychologischer Mechanismen im interdisziplinären Technikdialog bedeutet nun aber keineswegs das Einebnen der Differenzen in der Sache, die sich aus ingenieur- und sozialwissenschaftlicher Perspektive ergeben. Vielmehr können dann erst die wirklich sachlichen Differenzen miteinander diskutiert werden. Das gilt z.B. für eine so wichtige Frage, ob überhaupt und wenn, inwieweit das Prinzip der Sozialverträglichkeit von Technik neben dem Prinzip ihrer Wirtschaftlichkeit schon in die ganz frühe Entwicklungsphase von Produkten der Informations- und Kommunikationstechnik aufgenommen werden muß, weil sonst diesem Prinzip auch in einer späteren Entwicklungsphase nicht mehr angemessen Rechnung getragen werden kann. Dies Problem läßt sich dann nicht mehr so einfach in der Weise erledigen, daß man schlicht die Sozialwissenschaften und Frauen dafür verantwortlich macht, sie würden ohne richtiges Technikverständnis ein solches Prinzip von außen an die Technikentwicklung herantragen, während man das wahre Technikverständnis den Männern und Ingenieuren zuschlägt. Es kann sich nämlich in der interdisziplinären Auseinandersetzung herausstellen, daß man das Problem der Sozialverträglichkeit von Technik überhaupt erst schafft, wenn man die soziale Komponente nicht frühzeitig genug in die Technikentwicklung aufnimmt.

Wenn man sich wechselseitig seine Untersuchungsperspektiven offenlegt, lassen sich willkürliche Spannungen, Trennungen und Teilungen der Technikproblematik methodisch reflektierbar machen, um an ihnen zu lernen. Solche Störungen und Verzerrungen der Interaktion im interdisziplinären Technikdialog haben gerade auch einen wichtigen Vorteil: sie führen bei den Teilnehmerinnen und Teilnehmern immer wieder zu Nachfragen und zusätzlichen Erläuterungen, vorausgesetzt, die Form des Dialogs dies zuläßt; eine autoritäre Diskussionsstruktur wäre dazu gänzlich ungeeignet. Auch das reine Fachgespräch nur der Fachwissenschaftler untereinander, die sogenannte „Fachsimpelei", führt nicht zu den notwendigen Fragen und Erläuterungen, die für eine Entfaltung der Komplexität des Gesamtproblems entscheidend sind. Sie unterbleiben vielmehr, weil im bloßen Fachgespräch häufig vorausgesetzt wird, der Gesprächspartner habe schon verstanden, was man zunächst in andeutenden Worten angesprochen hat.

In den Diskussionsrunden der vorliegenden Untersuchung erging es den beiden Forscherinnen nicht selten wie Ethnologinnen in einer ihnen fremden Stammesgemeinschaft. Fragen häuften sich über Fragen und auf viele gab es interessante Antworten, wie sie in diesem Forschungsbericht dargestellt werden. Den Ingenieuren erging es häufig ähnlich. Der in dieser Untersuchung methodisch praktizierte interdisziplinäre Technikdialog führte sie auf Wege der Problemlösung, die in der Regel in ihrer eigenen Fachkultur nicht beschritten werden.

Solche neuen interdisziplinären Wege technischer Problemlösung gilt es weiter auszubauen. Dabei stellt sich die Frage, inwieweit ein interdisziplinärer Technikdialog in eine interdisziplinäre Technikkooperation übergehen kann. Anhand der Erörterung des sprachphilosophischen Begriffs des „Sprachspiels" wurde in diesem Exkurs versucht, deutlich zu machen, daß die Form eines interdisziplinären Dialogs auch zugleich immer eine Form möglichen gemeinsamen Handelns der Dialogpartner impliziert, soll der Dialog nicht einfach nur ein bloßes Gerede sein. Ein Dialog schafft auch gemeinsame Verbindlichkeiten. Diese Verbindlichkeiten spricht schon Theodor W. Adorno in seinem 1953 zum 'Dies academicus' der Technischen Hochschule, Karlsruhe, gehaltenen Vortrag „Über Technik und Humanismus" an. Adorno sieht in der Diskussion mit Ingenieuren und Technikern für Sozialwissenschaftler und Philosophen die folgende Aufgabe:

„Mir will scheinen, daß am ehesten noch die Selbstbesinnung der Techniker auf ihre Arbeit weiterhilft und daß der Beitrag, den wir anderen zu leisten haben, nicht der ist, daß wir ihnen von außen oder oben her mit Philosophie der Technik aufwarten, über die sie mit Grund oftmals nur lächeln, sondern daß wir mit unseren begrifflichen Mitteln versuchen, sie zu solcher Selbstbesinnung zu veranlassen." (Theodor W. Adorno 1953, 1987)

Eine bloße Veranlassung zur Selbstbesinnung von Ingenieuren und Technikern wäre allerdings gemessen an den Problemen, die die neuen Technologien aufwerfen, von seiten der Sozialwissenschaftler und Philosophen eine zu bescheidene Unternehmung. Der hier vorgeschlagene und in der vorliegenden Untersuchung methodisch ausprobierte interdisziplinäre Technikdialog stellt einen größeren Anspruch. Es geht sehr viel mehr um eine gemeinsame „Selbstbesinnung" von Ingenieuren und Sozialwissenschaftlern. Dabei ist klar, daß die Arbeitsteilung von Ingenieurwissenschaften und Sozialwissenschaften nicht aufgehoben werden kann und soll, sondern es sich bei dieser Dialogform immer um einen fachlich fundierten Laiendialog handeln wird. Die Unterschiede der verschiedenen Wissenschaften sollen nicht eingeebnet, sie sollen vielmehr festgehalten und reflektiert werden. Dieser gemeinsame Reflexions- und Lernprozeß entfaltet seine eigentümliche Produktivität in der Auf- und Ausarbeitung der Differenz der verschiedenen Fachkulturen und mündet im wechselseitigen Verständnis (Perspektivenwechsel) und im Begreifen der komplexen Problematik. Er kann zugleich zu einem möglichen Übergang aus einem interdisziplinären Technikdialog zu einer interdisziplinären Technikkooperation werden. Ein solcher Übergang ist kein prinzipieller methodischer Schritt. Er wäre in jedem konkreten interdisziplinären Technikdialog an spezifischen Frage- und Problemstellungen auszuprobieren.

Literatur

Adorno, Theodor W. (1987) (1953[1]). Über Technik und Humanismus. In H. Lenk; G. Ropohl (Hg.), Technik und Ethik, S. 22-30, Stuttgart.
Alemann, Ulrich von; Schatz, Heribert (1986). Mensch und Technik. Grundlagen und Perspektiven einer sozialverträglichen Technik. Opladen.
Altner, Günter (1987). Macht euch die Erde untertan – Haushalten als Empfangen und Teilen. In Das Ende der Geduld, S. 102-107. München, Wien.
Alpern, Kenneth D. (1987). Ingenieure als moralische Helden. In H. Lenk; G. Ropohl (Hg.), Technik und Ethik, S. 177-193. Stuttgart.
Anders, Günther (1965) (1961[1]). Die Antiquiertheit des Menschen. München.
Arbeitskreis *Ingenieure und Naturwissenschaftler in der Industrie (AIN)* in der DAG (1981). Ingenieure und Naturwissenschaftler in Beruf und Gesellschaft. Analysen, Probleme, Lösungsvorschläge. Hamburg.
Arbeitskreis *Ingenieure und Naturwissenschaftler in der Industrie (AIN)* in der DAG (1987). Verantwortung und Zukunft der Ingenieure und Naturwissenschaftler. Hamburg.
Arbeitswissenschaftliches Forschungsinstitut (1986). Informationsbroschüre 1. Spezifische Anforderungen an die ergonomische Gestaltung von Software-Lösungen im Handwerk. Berlin.
Baum, Robert J. (Hg.) (1986). Ethical Problems in Engineering. New York, 2 Bände.
Beck, Ulrich (1986). Risikogesellschaft. Auf dem Weg in eine andere Moderne. Frankfurt/Main.
Beckenbach, Niels; Bracyk, Hans-Joachim; Herkommer, Sebastian; Malsch, Thomas; Seltz, Rüdiger; Stück, Heiner (Autorenkollektiv am Institut für Soziologie der FU Berlin) (1973). Klassenlage und Bewußtseinsformen technisch-wissenschaftlicher Lohnarbeiter. Zur Diskussion über die *Technische Intelligenz*. Frankfurt/Main.
Beckenbach, Niels; Bracyk, Hans-Joachim; Herkommer, Sebastian; Malsch, Thomas; Seltz, Rüdiger; Stück, Heiner (1975). Ingenieure und Techniker in der Industrie. Frankfurt/Main.
Becker-Töpfer, Elisabeth (1985). Software-Ergonomie. Ein neuer Begriff in der gewerkschaftlichen Humanisierungsdiskussion? In WSI-Mitteilungen, 8, S. 474-481.
Benda, Ernst (1987). Von der Ambivalenz des technischen Fortschritts. In Das Ende der Geduld, S. 91-94, München, Wien.
Bericht der Enquête-Kommission zu *Chancen und Risiken der Gen-Technologie* (1987). In Drucksache des Deutschen Bundestages, 10/6775; zusammenfassend abgedruckt In Frankfurter Rundschau, Dokumentation vom 2. und 4. Februar.
Bispinck, Reinhard; Helfert, Mario (1987). Technischer Wandel und gewerkschaftliche Arbeitspolitik. In WSI-Mitteilungen, 6, S. 314 ff.
Bleicher, Siegfried (1987). Die soziale Bewältigung der technischen Herausforderung – Zukunftsperspektiven von Arbeit, Gesellschaft und Politik. In S. Bleicher (Hg.), Technik für den Menschen. Soziale Gestaltung des technischen Wandels. Köln.

Bleicher, Siegfried (1987). Solidarität 2000. Neun Thesen zur selbstkritischen Diskussion in der Angestelltenarbeit der IG Metall (hektographiertes Manuskript).
Blumenberg, Hans (1963). Lebenswelt und Technisierung unter Aspekten der Phänomenologie. Turin.
Böhme, Gernot (1980). Alternativen der Wissenschaft. Frankfurt.
Böhret, Carl; Franz, P. (1982). Technologiefolgenabschätzung. Institutionelle und verfahrensmäßige Lösungsansätze, Frankfurt/Main.
Böhret, Carl (1987). Technikfolgen und Verantwortung der Politik. In Aus Politik und Zeitgeschichte. Beilage zur Wochenzeitung *Das Parlament*, 9. Mai 1987, S. 3-14.
Böttger, Joachim (1986). Die Verknüpfung von technischen Regelwerken mit außertechnischen Werten. In DIN-Mitteilungen 65, 6, S. 291-298.
Bogumil, Jörg; Lange, Hans-Jürgen (1987). Technik und Demokratie. Ist die Informatisierung der Politik demokratieverträglich? In SOTECH-Rundbrief, 5, S. 24 f.
Bourdieu, Pierre (1974). Zur Soziologie der symbolischen Formen. Frankfurt/Main.
Bräunling, Gerhard (1986). Ansätze, Konzepte und Instrumente staatlicher Technologiepolitik. In Hartwich, Hans-Hermann (Hg.), Politik und die Macht der Technik, S. 264-277. Opladen.
Briam, Karl-Heinz (1986). Wenn die Arbeiter mehr und mehr zu Vorgesetzten werden... In Frankfurter Rundschau, S. 294, Dokumentation vom 19. Dezember.
Brödner, Peter (1986). Fabrik 2000. Alternative Entwicklungspfade in die Zukunft der Fabrik. Wissenschaftszentrum Berlin: Edition Sigmar.
Büllingen, Franz (1987). Technikfolgen-Abschätzung und -Bewertung beim amerikanischen Kongreß. In Aus Politik und Zeitgeschichte. Beilage zur Wochenzeitung 'Das Parlament' vom 9. Mai, S. 26-39.
Burchardt, Lothar (1981). Standespolitik, Sachverstand und Gemeinwohl. Technischwissenschaftliche Gemeinschaftsarbeit 1890-1918. In K.-H. Ludwig (Hg.), Technik, Ingenieure und Gesellschaft. Geschichte des Vereins Deutscher Ingenieure 1856-1981, S. 167-234. VDI-Verlag.
Bullinger, H.J. (Hg.) (1984). Integrierte Bürosysteme. 3. IAO-Arbeitstagung. Stuttgart.
Bundesminister für Forschung und Technologie (Hg.) (1984). Informationstechnik. Konzeption der Bundesregierung zur Förderung der Entwicklung der Mikroelektronik, der Informations- und Kommunikationstechniken. Bonn.
Bungard, Walter; Lenk, Hans (Hg.) (1988). Technikbewertung. Frankfurt/ Main.
Burke, John G. (1975). Kesselexplosionen und bundesstaatliche Gewalt. In K. Hauser; R. Rürup (Hg.), Moderne Technikgeschichte, S. 314-336. Köln.
Capurro, Rafael (1986). Hermeneutik der Fachinformation, Freiburg/i.B., München.
Cohn, Ruth (1976). Von der Psychoanalyse zur Themenzentrierten Interaktion. Stuttgart.
Conze, Werner & Kocka, Jürgen (Hg.) (1985). Bildungsbürgertum im 19. Jahrhundert. Teil 1: Bildungssystem und Professionalisierung in internationalen Vergleichen. Stuttgart.
DAG Stuttgart/Böblingen (1987). SEL-Report, Ausgabe 35: Realisierungsleitlinien zur neuen Technik.
Das Ende der Geduld. Carl-Friedrich von Weizsäckers *Die Zeit drängt* in der Diskussion (1987). München, Wien.
Das sind unsere Dissidenten. Ingenieure in der IG Metall. Gespräch mit Sibylle Stamm (1985). In Wechselwirkung, 27, November, S. 40 ff.

Devereux, George (1976). Angst und Methode in den Verhaltenswissenschaften. Frankfurt/Main, Berlin, Wien.
Die Mitbestimmung 10/11 (1984). Keine Zukunft ohne organisierte technische Intelligenz. Düsseldorf: Hans-Böckler-Stiftung.
Dierkes, Meinolf; Petermann, Thomas; von Thienen, Volker (Hg.) (1986). Technik und Parlament. Wissenschaftszentrum Berlin: Edition Sigmar.
Dierkes, Meinolf; Knie, Andreas; Wagner, Peter (1988). Die Diskussion über das Verhältnis von Technik und Politik in der Weimarer Republik. In Leviathan, Jg. 16, Heft 1, S. 1-22.
Dierkes, Meinolf (im Erscheinen). Mensch, Gesellschaft, Technik. Auf dem Wege zu einem neuen gesellschaftlichen Umgang mit der Technik. In R. Wildenmann (Hg.), Umwelt, Wirtschaft, Gesellschaft. Wege zu einem neuen Grundverständnis. (Auch als WZB-papers P 85-6).
DIN 66234, Teil 8 (1988). Bildschirmarbeitsplätze – Grundsätze ergonomischer Dialoggestaltung. Berlin.
Drinkuth, Andreas (1986). Das IG Metall-Aktionsprogramm *Arbeit und Technik* – Eine Zwischenbilanz. In Gewerkschaftliche Monatshefte, 10.
Drucksache 10/6801 des Deutschen Bundestages.
Ekardt, Hanns-Peter; Löffler, Reiner (1986). Die gesellschaftliche Verantwortung der Bauingenieure. Arbeitssoziologische Überlegungen zur Ethik der Ingenieurarbeit im Bauwesen. Kassel.
Elias, Norbert (1987). Die Gesellschaft der Individuen. Frankfurt/Main.
Engelhardt, Michael von; Hoffmann, Rainer-W. (1974). Wissenschaftlich-technische Intelligenz im Forschungsgroßbetrieb. Eine empirische Untersuchung zu Arbeit, Beruf und Bewußtsein. Frankfurt/Main.
Erdmann, Ernst-Gerhard (1984). Gesetzliche Regelungen sind momentan verfrüht. In Wirtschaftsdienst, 64, S. 263-267.
Fleischer, Helmut (1987). Ethik ohne Imperativ. Zur Kritik des moralischen Bewußtseins. Frankfurt/Main.
Florman, Samuel C. (1976). The Existential Pleasures of Engineering. New York.
Flores, Albert (Hg.) (1978). Ethical Problems in Engineering. New York, 2 Bände.
Floyd, Christiane; Keil, Reinhard (1983). Adapting Software Development for Systems Design with the User. In U. Briefs; C. Coborra; L. Schneider (Hg.), Systems Designs for, with, and by the Users, S. 163-172. Amsterdam, New York, Oxford.
Fornallaz, Pierre (Hg.) (1982). Ganzheitliche Ingenieurausbildung. Eine Antwort auf die Technikkritik unserer Zeit, Karlsruhe.
Fox Keller, Evelyn (1986). Liebe, Macht und Erkenntnis. München, Wien.
Freud, Sigmund (1940). Die Zukunft einer Illusion, Gesammelte Werke XIV. London.
Freud, Sigmund (1940). Das Unbehagen in der Kultur, Gesammelte Werke XIV. London.
Freyer, Hans (1960). Über das Dominantwerden technischer Kategorien in der Lebenswelt der industriellen Gesellschaft. In Akademie der Wissenschaften und der Literatur. Abhandlungen der geistes- und sozialwissenschaftlichen Klasse, 7, S. 539-551.
Frielinghaus, Konrad; Hillmann, Günter u.a. (1969/70). Belegschaftskooperation und gewerkschaftliche Betriebspolitik. In Heidelberger Blätter, 14-16, S. 160-202.
Furth, Hans G. (1972). Intelligenz und Erkennen. Die Grundlagen der genetischen Erkenntnistheorie Piagets. Frankfurt/Main.

Galtung, Johan (1983). Struktur, Kultur und intellektueller Stil. In Leviathan, Jg. 11, Heft 2, S. 303-338.

Gewerkschaftliche Technologieberatung. Erfahrungen in einem Modellversuch, Gespräch mit Ulrich Klotz (1985). In Wechselwirkung, 24, Februar, S. 26.

Gewerkschaft HBV (1986). Zukunft der Arbeit im Dienstleistungssektor – Arbeitsprogramm: Aufgaben und Ziele in der Rationalisierungs- und Technologiepolitik (Diskussionsgrundlage). September. Düsseldorf.

Gewerkschaft ÖTV (o.J.). Arbeitsprogramm: Neue Techniken/Rationalisierung – Technik sozial entwickeln und anwenden!

Gleich, Arnim von (1987). Werkzeugcharakter, Eingriffstiefe und Mitproduktivität als zentrale Kriterien der Technikbewertung und Technikwahl. Arbeitspapier des Forschungsprojekts *Regionale Technologiepolitik*, Oberbergische Straße 4, 5600 Wuppertal 2.

Görnitz, Thomas (1987). Moderne Technik – veraltete Weltsicht. In Das Ende der Geduld. Carl-Friedrich von Weizssäckers *Die Zeit drängt* in der Diskussion, S. 129-135. München, Wien.

Gorz, Andreas (1983). Wege ins Paradies. Berlin.

Guggenberger, Bernd (1987). Das Menschenrecht auf Irrtum. In Universitas, 4, S. 307-317.

Guggenberger, Bernd (1987). Das Menschenrecht auf Irrtum. München, Wien.

Habermas, Jürgen (1968). Technik und Wissenschaft als *Ideologie*. Frankfurt/Main.

Habermas, Jürgen (1983). Moralbewußtsein und kommunikatives Handeln. Frankfurt/Main.

Habermas, Jürgen (1985). Die neue Unübersichtlichkeit. Frankfurt/Main.

Hartmann, Heinz; Bock-Rosenthal, Erika; Helmer, Elvira (1973). Leitende Angestellte. Selbstverständnis und kollektive Forderungen. Neuwied, Berlin.

Hartwich, Hans-Hermann (Hg.) (1986). Politik und die Macht der Technik. Wiesbaden.

HdA-Schriftenreihe, Bd. 30 (1984). Handhabungssysteme. Neue Einsatzbereiche und die sozialen Wirkungen. Zwei Untersuchungen. Düsseldorf, Bonn.

HdA-Schriftenreihe, Bd. 61 (1984). Einsatzmöglichkeiten von flexibel automatisierten Montagesystemen in der industriellen Produktion. Düsseldorf, Bonn.

Heisig, Ulrich; Hermann, Klaus; Teschner, Eckart (1985). Rationalisierung der Arbeitsbedingungen von Technikern und Ingenieuren. Abschließender Forschungsbericht. Frankfurt: Institut für Sozialforschung.

Hellbardt, Günter (1983). Über die Schwierigkeit, ein leicht benutzbares Werkzeug zu entwickeln. In Office Management, 31, Sonderheft, S. 58-60.

Hellige, Hans-Dieter (1987). Grundlinien der Geschichte der technischen Normung. Referat bei dem Fischerhuder Colloquium des Forschungsverbundes *Arbeit und Technik*, Universität Bremen, Manuskript.

Henkel, Martin; Taubert, Rolf (1979). Maschinenstürmer. Ein Kapitel aus der Sozialgeschichte des technischen Fortschritts. Frankfurt/Main.

Herrmanns, Harry; Tkocz, Christian; Winkler, Helmut (1984). Berufsverlauf von Ingenieuren. Biographie-analytische Auswertung narrativer Interviews. Frankfurt/Main, New York.

Herrmanns, Harry (1987). Ingenieurbiographien, Kurs 1 und 2, Fernuniversität – Gesamthochschule Hagen.

Hildebrandt, Eckart (1987). Das Handlungsdilemma von Betriebsräten bei der Einführung von computergestützten Produktionsplanungs- und Steuerungssystemen im Maschinenbau. In IG Metall (Hg.), CIM oder die Zukunft der Arbeit in rechnerintegrierten Fabrikstrukturen. S. 122-138. Frankfurt/Main.
Hintze, Otto (1964^2). Soziologie und Geschichte. Göttingen.
Hoff, Ernst-H.; Lappe, Lothar; Lempert, Wolfgang (Hg.) (1985). Arbeitsbiographie und Persönlichkeitsentwicklung. Bern.
Hollomey, Werner (1979). Ist *Technologiekontrolle* identisch mit *Kontrolle des Technikers?* Ansprache zur Inauguration. Technische Universität Graz.
Hortleder, Gerd (1974). Das Gesellschaftsbild des Ingenieurs. Zum politischen Verhalten der technischen Intelligenz in Deutschland. Frankfurt/ Main.
Huisinga, Richard (1985). Technikfolgenbewertung. Frankfurt/Main.
Hubig, Christoph (Hg.) (1982). Ethik institutionellen Handelns. Frankfurt/ Main, New York.
Huning, Alois; Mitcham, Carl (Hg.) (1986). Technikphilosophie im Zeitalter der Informationstechnik. Braunschweig, Wiesbaden.
Husserl, Edmund (1962). Die Krisis der europäischen Wissenschaften und die transzendentale Phänomenologie. In Husserliana VI, S. 126 ff. Haag.
IG Metall (1983). Einbahnstraße Technik? Ingenieurkonferenz der IG Metall in Baden-Württemberg. Stuttgart.
IG Metall (1984). Aktionsprogramm. Arbeit und Technik – *Der Mensch muß bleiben.* Frankfurt/Main.
IG Metall-Vorstand (Hg.) (1985). Technik und Gewerkschaft. Positionspapier für die gewerkschaftliche Arbeit mit technisch-wissenschaftlichen Fachkräften. Frankfurt/Main.
Illich, Ivan (1975). Selbstbegrenzung. Eine politische Kritik der Technik. Hamburg.
Imiela, Ulf (1984). Praktische Probleme und neue Aufgaben gewerkschaftlicher Angestelltenarbeit. In Die Mitbestimmung, 10/11, Jg. 30, S. 434-437.
Informationstechnik (1984). Hrsg. vom Bundesminister für Forschung und Technologie. Bonn.
Informatik-Spektrum (1987). Empfehlungen der Gesellschaft für Informatik. Für eine breitere Diskussion über das Für und Wider des ISDN, Nr. 10, S. 205-214.
Ingenieurarbeitskreis Nürnberg. Die IG Metall auf neuen Wegen? In Wechselwirkung, 24, S. 12-15.
Jonas, Hans (1983^4). Das Prinzip Verantwortung. Versuch einer Ethik für die technologische Zivilisation. Frankfurt/Main.
Jonas, Hans (1987). Wertfreie Wissenschaft und Freiheit der Forschung. In Universitas, 10, Jg. 42, S. 983-1002.
Jünger, Friedrich-Georg (1953^4). Die Perfektion der Technik. Frankfurt/ Main.
Keck, Otto (1985). Der naive Souverän – Über das Verhältnis von Staat und Industrie in der Großtechnik. In K. Meyer-Abich; R. Ueberhorst (Hg.), Ausgebrütet – Argumente zur Brutreaktorpolitik. Basel; auch erschienen als preprint 84-13 des Internationalen Instituts für Umwelt und Gesellschaft. Wissenschaftszentrum Berlin (1984).
Klipstein, Michael von; Strümpel, Burkhard (1984). Der Überdruß am Überfluß. München.
Kern, Horst; Schumann, Michael (1984). Das Ende der Arbeitsteilung? München.

King, Alexander (1982). Einleitung. Eine neue industrielle Revolution oder bloß eine neue Technologie? In G. Friedrichs; A. Schaff (Hg.), Auf Gedeih und Verderb. Mikroelektronik und Gesellschaft. Bericht an den Club of Rome. Wien, München, Zürich.

Knetsch, Werner (1985^2). Die industrielle Anwendung der Mikroelektronik. Berlin (VDI-Technologiezentrum Informatik).

König, Wolfgang (1988). Zu den theoretischen Grundlagen der Technikbewertungsarbeiten im Verein Deutscher Ingenieure. In W. Bungard; H. Lenk (Hg.), Technikbewertung S. 118-153. Frankfurt/Main.

Kogon, Eugen (1976). Die Stunde der Ingenieure. Technologische Intelligenz und Politik. Düsseldorf.

Kohlberg, Lawrence (1974). Zur kognitiven Entwicklung des Kindes. Frankfurt/Main.

Kossbiel, Hugo u.a. (1987). Ingenieure und Naturwissenschaftler in der industriellen Forschung und Entwicklung. Frankfurt/Main.

Kubicek, Herbert; Rolf, Arno (1985). Mikropolis. Mit Computernetzen in die *Informationsgesellschaft*. Pläne der Deutschen Bundespost. Wirtschaftliche Hintergründe, soziale Beherrschbarkeit, technische Details. Hamburg.

Kurucz, Jenö (Hg.) (1972). Das Selbstverständnis von Naturwissenschaftlern in der Industrie. Ergebnisse einer Befragung promovierter Industriechemiker. Weinheim.

Kurucz, Jenö (1975). Industriephysiker und Industrieherren. Saarbrücken.

Laatz, Wilfried (1979). Ingenieure in der Bundesrepublik Deutschland. Gesellschaftliche Lage und politisches Bewußtsein. Frankfurt/Main.

Lederer, Emil (1938) (1981^2). Technischer Fortschritt und Arbeitslosigkeit. Frankfurt/Main.

Leipert, Christian; Simonis, Ernst Udo (1985). Arbeit und Umwelt. In Aus Politik und Zeitgeschichte. Beilage zur Wochenzeitung 'Das Parlament' vom 10. August, S. 3-32.

Leithäuser, Thomas; Volmerg, Birgit (1988). Psychoanalyse in der Sozialforschung – am Beispiel einer Sozialpsychologie der Arbeit. Köln, Opladen.

Leithäuser, Thomas (1988). Probleme der interdisziplinären Technikdialogs. In M. Schratz (Hg.), Gehen Bildung, Ausbildung und Wissenschaft an der Lebenswelt vorbei? S. 71 ff, München.

Lempert, Wolfgang (1985). Auswirkungen betrieblicher Erfahrung auf die Entwicklung moralischer Urteilsstrukturen. In E. Schlutz (Hg.), Krise der Arbeitsgesellschaft. Zukunft der Weiterbildung, S. 40-55. Frankfurt/Main.

Lenk, Hans; Ropohl, Günter (Hg.) (1987). Technik und Ethik, Stuttgart.

Lenk, Hans (1987). Ethikkodizes für Ingenieure. Beispiele der US-Ingenieurvereinigungen. In W. Bungard; H. Lenk (Hg.), Technikbewertung, S. 194-221. Frankfurt/Main.

Lompe, Klaus (Hg.) (1987). Techniktheorie – Technikforschung – Technikgestaltung. Opladen, Wiesbaden.

Lorenzen, Paul (1985). Grundbegriffe technischer und politischer Kultur. Frankfurt/Main.

Lorenzen, Hans-Peter (1985). Effektive Forschungs- und Technologiepolitik – Abschätzung und Reformvorschläge. Frankfurt/Main.

Ludwig, Karl-Heinz (1974). Technik und Ingenieure im Dritten Reich. Düsseldorf.

Ludwig, Karl-Heinz (unter Mitwirkung von König, Wolfgang) (Hg.) (1981). Technik, Ingenieure und Gesellschaft. Geschichte des Vereins Deutscher Ingenieure 1856-1981. Düsseldorf: VDI-Verlag.

Lundgreen, Peter (1979). Technisch-wissenschaftliche Vereine zwischen Wissenschaft, Staat und Industrie. In Technikgeschichte, 46, 3, S. 181-191.

Lundgreen, Peter (1981). Die Vertretung technischer Expertise *im Interesse der gesamten Industrie Deutschlands* durch den VDI 1856 bis 1890. In K.-H. Ludwig (Hg.), Technik, Ingenieure und Gesellschaft. Geschichte des Vereins Deutscher Ingenieure 1856-1981, S. 67-132. Düsseldorf: VDI-Verlag.

Lutterbeck, Bernd (1985). Sind Großsysteme der Informationstechnik beherrschbar? In G. Dey (Hg.), Beherrschung der Informationstechnik – Verantwortung der Wissenschaft. Oldenburg.

MacIntyre, Alasdair (1987). Der Verlust der Tugend. Zur moralischen Krise der Gegenwart. Frankfurt/Main, New York.

Mallet, Serge (1972). Die neue Arbeiterklasse. Neuwied, Berlin.

Martin, W.; Rauner, Felix (Hg.) (1983). Mikroelektronik und berufliche Qualifikation. Wetzlar.

Mazurek, Wolfgang (1983). 13 Thesen zur Ingenieurarbeit und zur sozialen Verantwortung des Ingenieurs. In Deutscher Gewerkschaftsbund, Landesbezirk Hessen, Neue Technologien. Neue Anforderung und Konsequenzen, S. 65-68. Offenbach/Main.

Meyer-Abich, Klaus-Michael (1979). Sozialverträglichkeit. Ein Kriterium zur Beurteilung alternativer Energiesysteme. In Evangelische Theologie, 39, S. 38 ff.

Meyer-Abich, Klaus-Michael (1987). Der aufgeschobene Kampf mit dem Drachen oder Die Imunisierung gegen die Folgen unserer eigenen Fehler. In Das Ende der Geduld, S. 65-79. München, Wien.

Mestmäcker, Ernst Joachim (1987). Stellungnahme während des Symposiums zum Thema *Das Parlament und die Herausforderung durch die Technik* (Protokoll). In Drucksache, 10/6801 des Deutschen Bundestages, Bd. II, S. 300-306.

Moser, Franz; Ohler, Fritz (Hg.) (1984). Fachübergreifende Lehre an Technischen Universitäten. Wien.

Moser, Simon; Ropohl, Günter, Zimmerli, Walter Ch. (Hg.) (1978). Die *wahren* Bedürfnisse, oder wissen wir, was wir brauchen? Basel.

Müller, Wilfried (1985). Zwischen Humanisierung und Rationalisierung – Ingenieure zum Verhältnis von Arbeit und Technik. In Diskurs. Bremer Beiträge zu Wissenschaft und Gesellschaft, 10, Universität Bremen, S. 132-151.

Müller-Reißmann, Karl-Friedrich (1987). Technologiefolgenabschätzung oder eine andere Technik? Voraussicht oder Vorsicht als Kennzeichen einer neuen Ethik technischen Handelns. In Technik und Gesellschaft, Jahrbuch 4, S. 200-214. Frankfurt/Main.

Naschold, Frieder (1986). Thesen zu Politik und Technologieentwicklung. In H.-H. Hartwich (Hg.), Politik und die Macht der Technik. Tagungsbericht, S. 231-241. Opladen.

Neef, Wolfgang; Rubelt, Jürgen (1986). Abschlußbericht des Projekts *Organisierung von Ingenieuren. Berufliche Situation, Selbstverständnis und Interessenorientierung von Ingenieuren, Technikern und Naturwissenschaftlern*, Hans-Böckler-Stiftung, IG Metall. Technische Universität Berlin.

Neef, Wolfgang (1988). Die Technik – Macher im Widerstreit. Zur gesellschaftlichen Funktion und Verantwortung der Ingenieure. In Forum Wissenschaft, 1, Jg. 5, S. 1-5.

Niebur, Rainer; Schröder, Oskar (1984). Angestelltenarbeit und Standesorganisationen. In Die Mitbestimmung, 10/11, 30 Jg., S. 462-463.

Öko-Institut, Projektgruppe Ökologische Wirtschaft (Hg.) (1985). Arbeiten im Einklang mit der Natur. Freiburg/Br.

Oerter, Rolf; Montada, Leo (1982). Entwicklungspsychologie. München, Wien, Baltimore.

Oser, Fritz (1981). Moralisches Urteil in Gruppen. Soziales Handeln. Verteilungsgerechtigkeit. Frankfurt/Main.

Parin, Paul (1978). Der Widerspruch im Subjekt. Frankfurt/Main.

Paschen, H.; Gresser, K.; Conrad, F. (1978). Technology Assessment – Technikfolgenabschätzung. Frankfurt/Main.

Perrow, Charles (1984). Normal Accident. Living with High-Risk Technologis. New York.

Piaget, Jean (1954), (1932[1]). Das moralische Urteil beim Kinde. Zürich.

Pöhls, Andreas; Roth, Wolfgang (1985). Benutzerfreundliche CAD-Werkzeuge. Zur Mikroelektronikentwicklung. In Elektrotechnische Zeitschrift, 13, Bd. 106, S. 682-686.

Pollock, Friedrich (1964[4]). Automation. Materialien zur Beurteilung ihrer ökonomischen und sozialen Folgen. Frankfurt/Main.

Radaj, Dieter (1983). Machtfeld der Technik und Bewahrung der Schöpfung. In Das Ende der Geduld. Carl-Friedrich von Weizsäckers *Die Zeit drängt* in der Diskussion, S. 108-128. München, Wien.

Rammert, Werner (1983). Soziale Dynamik der technischen Entwicklung. Beiträge zur sozialwissenschaftlichen Forschung 41. Opladen.

Rapoport, Anatol (1984). Der technologische Imperativ. In Darmstädter Blätter, 7, S. 17-31.

Renn, F. u.a. (1985). Sozialverträgliche Energiepolitik. Ein Gutachten für die Bundesregierung. München.

Richter, Horst E. (1979). Der Gotteskomplex. Die Geburt und die Krise des Glaubens an die Allmacht des Menschen. Reinbek bei Hamburg.

Riesenhuber, Heinz (1984). Akzente und Prioritäten der Forschungsförderung. In Wirtschaftsdienst, X, Bd. 64, S. 475-482.

Röpke, Horst (1987). Zum Wertekonflikt der Industrieforscher. Heft 18 der Vorlesungsreihe Schering AG. Berlin.

Ropohl, Günter (1981). Das neue Technikverständnis. In G. Ropohl (Hg.), Interdisziplinäre Technikforschung. Beiträge zur Bewertung und Steuerung der technischen Entwicklung, S. 11-23. Berlin.

Ropohl, Günter (1985). Die unvollkommene Technik. Frankfurt/Main.

Ropohl, Günter; Schuchardt, Wilgard; Lauruschkat, H. (1984). Technische Regeln und Lebensqualität. Düsseldorf.

Roßnagel, Alexander (1987). Verfassungsverträglichkeit von Techniksystemen am Beispiel der Informations- und Kommunikationstechnik. In Recht und Politik, S. 4 ff.

Round-Table-Gespräch mit Vertretern der Arbeitskreise Techniker und Ingenieure in der IG Metall (1984). In Die Mitbestimmung, 10/11, 30. Jg., S. 419-427.

Sachverständigenkommission *Arbeit und Technik* (1986). Forschungsperspektiven zum Problemfeld Arbeit und Technik. Bonn.
Sachverständigenkommission *Arbeit und Technik* (1988). Arbeit und Technik. Ein Forschungs- und Entwicklungsprogramm. Bonn.
Scherer, Joachim (1986). Telematik zwischen Recht und Politik. In Universitas, 4, Jg. 41, S. 411-419.
Schlutz, Erhard (Hg.) (1985). Krise der Arbeitsgesellschaft. Zukunft der Weiterbildung. Frankfurt/Main.
Seliger, Günther (1983). Wirtschaftliche Planung automatisierter Fertigungssysteme. München, Wien.
Seliger, Günther (1985). Produktionstechnik, Arbeit und Automatisierung. In Diskurs. Bremer Beiträge zu Wissenschaft und Gesellschaft, 10, S. 15-29.
Senghaas-Knobloch, Eva (1979). Reproduktion von Arbeitskraft in der Weltgesellschaft. Zur Programmatik der Internationalen Arbeitsorganisation. Frankfurt/Main.
Senghaas-Knobloch, Eva; Volmerg, Birgit (1987). Integrierte Netze. Zur politischen Psychologie des Risikobewußtseins von Ingenieuren. In H. Moser (Hg.), Bedrohung und Beschwichtigung. Die politische und seelische Gestalt technischer, wirtschaftlicher und gesundheitlicher Gefährdungen, S. 96-113. Weinheim.
Sens, Eberhard (1982). Techniksoziologie und Ingenieure. Zu einigen Aspekten von Qualifikation, Beruf und Bewußtsein von Ingenieuren. In R. Jokisch (Hg.), Techniksoziologie, S. 469-499. Frankfurt/Main.
Sonderprogramm Anwendung der Mikroelektronik (1982^2). Hrsg. vom Bundesminister für Forschung und Technologie. Bonn.
Sombart, Werner (1928). Der moderne Kapitalismus. Bd. III. München/Leipzig.
Sombart, Werner (1934). Deutscher Sozialismus. Berlin.
Sonnenberg, G.S. (1968). Hundert Jahre Sicherheit. Beiträge zur technischen und administrativen Entwicklung des Dampfkesselwesens in Deutschland 1810-1910. Düsseldorf.
SOTECH-Rundbrief, Nr. 5 (1987). Sozialverträgliche Technikgestaltung. Ediert vom Rhein-Ruhr-Institut für Sozialforschung und Politikberatung. Duisburg.
Späth, Manfred (1985). Die Professionalisierung von Ingenieuren in Deutschland und Rußland 1800-1914. In W. Conze; J. Kocka (Hg.), Bildungsbürgertum im 19. Jahrhundert. Teil 1: Bildungssystem und Professionalisierung in internationalen Vergleichen. S. 561-588. Stuttgart.
Spur, Günter (1979). Produktionstechnik im Wandel. München.
Spur, Günter; Seliger, Günther; Eggers, A. (1983). Kompetenzorientierte Werkstatteuerung. In Zeitschrift für wirtschaftliche Fertigung, 78, Heft 10, S. 216-220.
Stahlschmidt, Rainer (1981). Der Ausbau der technisch-wissenschaftlichen Gemeinschaftsarbeit 1918-1933. In K.-H. Ludwig (Hg.), Technik, Ingenieure und Gesellschaft. Geschichte des Vereins Deutscher Ingenieure 1856-1981, S. 347-405. Düsseldorf: VDI-Verlag.
Steinkühler, Franz (1983). Technik – Ingenieure – Gewerkschaften. In Einbahnstraße Technik? Ingenieurkonferenz der IG Metall in Baden-Württemberg am 29. Oktober 1983 in Reutlingen. Tagungsberichte/Dokumente, 8, Hans-Böckler-Stiftung.
Steinmüller, Wilhelm (1981). Die zweite industrielle Revolution hat eben begonnen. Über die Technisierung der geistigen Arbeiten, In Kursbuch, 66, S. 152-187.

Technikfolgenabschätzung (1987). Hrsg. vom Bundesminister für Forschung und Technologie. Bonn.
Teschner, Eckart; Hermann, Klaus (1981). Zur Taylorisierung technisch-geistiger Arbeit. Empirische Befunde und theoretische Überlegungen. In Leviathan-Sonderheft, 4, S. 118-135. Opladen.
Thienen, Volker von (1986). Konzept, Attraktivität und Nutzen des Technology Assessment oder: Ein Beratungsinstrument vor dem Hintergrund ungelöster Probleme des technisch-gesellschaftlichen Wandels. Papiere des Wissenschaftszentrums, P 86-10 (zur Veröffentlichung vorgesehen in G. Getzinger & B. Papousek (Hg.), Soziale Technik. Antworten auf die Technikkritik. Wien).
Traube, Klaus (1978). Müssen wir umschalten? Von den politischen Grenzen der Technik. Reinbek bei Hamburg.
Ulrich, Otto (1987). Technikfolgen und Parlamentsreform. In Aus Politik und Zeitgeschichte. Beilage zur Wochenzeitung 'Das Parlament' vom 9. Mai, S. 15-25.
Ullrich, Otto (1977). Technik und Herrschaft. Vom Hand-Werk zur verdinglichten Blockstruktur industrieller Produktion. Frankfurt/Main.
Ullrich, Otto (1979). Weltniveau. In der Sackgasse des Industriesystems. Berlin.
Ullrich, Otto; Gleich von, Arnim; Lucas, Rainer; Schleicher, Ruggero (1987). Forschungsprojekt *Regionale Technologiepolitik*, Zwischenbericht, September. Wuppertal.
Verband Deutscher Elektromechaniker (o.J.). Der Ingenieur in einer sich wandelnden Welt. Tagungsbericht der Evangelischen Akademie Arnoldshain und des VDE (1986).
VDI (1983). Sonderprogramm *Anwendung der Mikroelektronik* des Bundesministers für Forschung und Technologie. Erster Erfahrungsbericht. Düsseldorf.
VDI (1983a). Stellungsnahme des VDI zur Förderung und Institutionalisierung der Technikbewertung. Düsseldorf.
VDI (1985). Sonderprogramm *Anwendung der Mikroelektronik* des Bundesministers für Forschung und Technologie. Zweiter Erfahrungsbericht. Düsseldorf.
VDI (1988). Richtlinienvorentwurf *Empfehlungen zur Technikbewertung*. Düsseldorf.
Volkert, Klaus; Uhl, Hans-Jürgen; Widukkel-Mathias, Werner (1987). Qualitätszirkel als Einfallstor für eine Mitbestimmung verstehen. In Frankfurter Rundschau, 67, Dokumentation 20. März, S. 10.
Volmerg, Birgit; Senghaas-Knobloch, Eva; Leithäuser, Thomas (1985). Erlebnisperspektiven und Humanisierungsbarrieren im Industriebetrieb. Frankfurt/Main, New York.
Volmerg, Birgit; Senghaas-Knobloch, Eva; Leithäuser, Thomas (1986). Betriebliche Lebenswelt. Eine Sozialpsychologie industrieller Arbeitsverhältnisse. Opladen.
Volmerg, Birgit (1987). Verkehrsformen und Interaktionsformen – ein sozialpsychologischer Ansatz zur Vermittlung von Arbeit und Sozialisation. In J. Belgrad; B. Görlich; H.-D. König; G. Schmid-Noerr (Hg.), Zur Idee einer psychoanalytischen Sozialforschung, S. 180-195. Frankfurt/Main.
Volmerg, Birgit; Senghaas-Knobloch, Eva (1989). Technikgestaltung und Verantwortung. Bausteine für eine neue Praxis. Opladen.
Volpert, Walter (1987). Kontrastive Analyse des Verhältnisses von Mensch und Rechner als Grundlage des System-Designs. In Zeitschrift für Arbeitswissenschaft, 3, (13 NF), Jg. 41, S. 147-152.
Waldenfels, Bernhard (1985). In den Netzen der Lebenswelt. Frankfurt/ Main.

Wechselwirkung von *Humanisierung des Arbeitslebens* und Innovation (1987). Ergebnisse der Beratungen des Gesprächskreises beim Bundesministerium für Forschung und Technologie *Humanisierung des Arbeitslebens*, August. Bonn (Wiederabdruck von 1984).

Wehner, Theo (1984). Im Schatten des Handlungsfehlers – Ein Erkenntnisraum motorischen Geschehens. In Bremer Beiträge zur Psychologie, 36, S. 1-61.

Weizsäcker, Carl-Friedrich von (1986). Die Zeit drängt. München.

Weizsäcker, Christine von; Ernst, Ulrich (1987). Warum Fehlerfreundlichkeit? In Das Ende der Geduld, S. 97-101. München, Wien.

Weizenbaum, Joseph (1984). Kurs auf den Eisberg oder Nur das Wunder wird uns retten, sagt der Computerexperte. Zürich.

Wiesenthal, Helmut (1982). Alternative Technologie und gesellschaftliche Alternativen. Zum Problem der Technikwahl. In Technik und Gesellschaft. Jahrbuch 1, S. 48-78. Frankfurt/Main.

Wildenmann, Rudolf (Hg.) (im Erscheinen). Umwelt, Wirtschaft, Gesellschaft. Wege zu einem neuen Grundverständnis.

Winograd, Terry; Flores, Fernando (1986). Understanding Computers and Cognition: A New Foundation for Design. Norwood, New Jersey.

Wittgenstein, Ludwig (1960). Philosophische Untersuchungen, Frankfurt/ Main.

Wolf, Rainer (1980). Der Stand der Technik. Opladen.

Wolf, Rainer (1987). Zur Antiquiertheit des Rechts in der Risikogesellschaft. In Leviathan, 3, Jg. 15, S. 357-391.

Zimmerli, Walter Ch. (1986). Tschernobyl. Folgt eine neue Technikethik? In VDI-Nachrichten, 43, 24. Oktober, S. 86.

Zimmerli, Walter Ch. (1988). Wandelt sich die Verantwortung mit dem technischen Wandel? In H. Lenk; G. Ropohl (Hg.), Technik und Ethik, S. 92-111. Stuttgart.

Expertisen

Informationstechnische Vernetzung, Techniksicherheit und Demokratieverträglichkeit – Ein lösbarer oder unlösbarer Widerspruch?*

Volker Hammer/Alexander Roßnagel

I. Ausgangspunkt: Angriffe auf Informations- und Kommunikationssysteme

Im September 1987 gelang es deutschen Hackern, über Datennetze Großrechner der NASA zu erreichen. Durch einen Fehler im Betriebssystem konnten sie die Tabelle der Zugriffsberechtigungen manipulieren und sich so den Status des Systemverwalters verschaffen. Sie installierten schließlich ein „trojanisches Pferd", eine Funktion, die ihnen immer wieder den Zugang zum System sicherte. Über die beiden NASA-Rechner hatten die Hacker Zugang zum SPAN-Netz (Space Physics Analysis Network). Sie konnten in weitere 136 Rechner eindringen und dort ebenfalls „trojanische Pferde" installieren. Betroffen sind Rechenzentren in der ganzen Welt, die Daten sowohl aus militärischen wie auch zivilen Projekten verarbeiten.[1] Fachleute schätzen den Aufwand zur „Säuberung" jedes Rechners auf etwa 1 Mio. DM. Die Gesamtkosten dürften demnach etwa 140 Mio. DM betragen. Mögliche Schäden, die durch die Manipulation von Daten oder Programmen entstehen können, sind dabei noch nicht berücksichtigt.

In einem anderen Fall hatte ein Programmierer in das Personalsystem seines Unternehmens eine zusätzliche Programmverzweigung eingebaut. Wenn sein Name im Fall seiner Entlassung aus der Personalliste gelöscht würde, sollten Kundendateien, Buchungslisten und Programmunterlagen im Rechner zerstört werden.[2]

Rund 4 Mio. DM Schaden haben zwei Bomben angerichtet, die im September 1985 in der gleichen Nacht fast gleichzeitig in Computerfirmen in

---

* Der Aufsatz ist ein Beitrag aus dem Forschungsprojekt: „Informatisierung der Gesellschaft: Verfassungsverträglichkeit und Verletzlichkeit des sozialen und politischen Systems" im Rahmen des Programms „Sozialverträgliche Technikgestaltung" des Landes Nordrhein-Westfalen.
1 Siehe hierzu z.B. den Bericht in Tempo 10/1987, 100 ff.
2 Siehe Zimmerli, E./Liebl, K.: Computer-Mißbrauch – Computer-Sicherheit, Ingelheim 1984, 72 f.

Hamburg und Dortmund explodierten und deren Rechenzentren verwüsteten.[3]

Die Beispiele zeigen die heutige Technik(un)sicherheit von Informationssystemen. Der erste Fall ist für eine kurze Analyse besonders interessant, da hier sehr viele Merkmale typischer und gefährlicher Angriffe gegen Informationssysteme zusammentreffen.

1. Die Zahl möglicher Angreifer ist so groß wie die Zahl der Rechnerbesitzer, die über irgendeinen Zugang zu Datennetzen verfügen. Das Potential der Angreifer gegen DV-Anlagen wächst also durch die informationstechnische Vernetzung.
2. Die externen Angreifer konnten die Password-Zugangssicherung des Systems leicht überwinden, indem sie ausgespähte Benutzernummern testeten.
3. Ein versehentlicher Fehler in einem hochsensiblen Systemteil ermöglichte das Umgehen der Zugriffskontrolle und die Manipulation der Zugriffsrechte.
4. Mit allen Privilegien ausgestattet, war es für die Eindringlinge möglich, Hilfsprogramme („trojanische Pferde") zu installieren, die ihnen auch in Zukunft die „Tür" zum Rechner offenhalten würden. Da solche Programmanipulationen in der Regel nur mit einem sehr großen Aufwand festgestellt werden können, sind die Kosten zur „Systemsäuberung" immens.
5. Wenn der Schaden in dem konkreten Fall, gemessen an dem möglichen Schaden, relativ niedrig bleibt, so ist dies allein auf das begrenzte Motiv der Hacker zurückzuführen, nur die Unsicherheit von Computernetzwerken zu demonstrieren. Andere Täter mit anderen Motiven hätten einen um ein Vielfaches höheren Schaden verursachen können.
6. Der Fehler im Betriebssystem ist auch ein plastisches Beispiel für das große Schadenspotential, das durch den Einsatz von Informationstechnik entstehen kann. Alle VAX-Rechner mit dieser Betriebssystemvariante sind anfällig für diesen Angriff. Würde das „trojanische Pferd" – oder eine „logische Bombe" wie im zweiten Beispiel – automatisch in alle an das Netz angeschlossenen VAX-Computer eingeschleust, dann entstehen Schäden nicht nur bei einem Anwender, sondern bei der Gesamtheit aller Nutzer des gleichen Rechnertyps. Welch enormer Schaden könnte zum Beispiel verursacht werden, wenn einige hundert Maschinen einer Rechnerserie gleichzeitig ausfallen, die weit verbreitet etwa im Bankenbereich eingesetzt werden!

---

3 Siehe FR vom 3.9.1985.

II. Neue Kriterien der Technikbewertung und -gestaltung

Wie jede Technik kann auch die Informations- und Kommunikationstechnik fehlerhaft sein. Sie kann, wie jede andere Technik auch, mißbraucht werden. Wie bedeutsam die Mißbrauchs- und Fehlerrisiken einer Technik für die Gesellschaft sind, hängt vor allem von dem Schadenspotential dieser Technik ab. Entscheidend hierfür sind weniger die technischen Aspekte eines Systemausfalls als vielmehr seine gesellschaftlichen Folgen. Allein die Tatsache, daß einige hundert Stunden Rechenzeit verschwendet werden oder Computer gar nicht verfügbar sind, ist aus gesamtgesellschaftlicher Sicht nur von geringem Interesse. Völlig anders ist die Störung eines Informationssystems jedoch zu bewerten, wenn nur noch mit seiner Hilfe grundlegende gesellschaftserhaltende Funktionen aufrecht erhalten werden können, wie etwa im Bankenbereich, bei vernetzter Produktion, im Bereich öffentlicher Transferleistungen oder im Fall eines einheitlichen digitalisierten Fernsprechnetzes. Wenn gar das Leben vieler Menschen durch den Ausfall von Prozeßrechnern etwa in Atomkraftwerken oder Chemiefabriken bedroht ist, dann erhält die Sicherheit der Technik bei ihrer gesellschaftlichen Bewertung einen besonderen Stellenwert.

Je höher der mögliche Schaden für die Gesellschaft ist, wenn ein technisches System fehlerhaft ist, zerstört, beschädigt oder manipuliert wird, desto erpreßbarer und angreifbarer ist sie, desto größere Anstrengungen muß sie ergreifen, um zu versuchen, ein solch schädigendes Ereignis zu verhindern. Die Mißbrauchs- und Fehlermöglichkeiten und der gegen sie zu treibende Sicherheitsaufwand, die dennoch möglichen Schäden und die sozialen Folgen der Techniksicherung reduzieren den gesellschaftlichen Nutzen der Technik. Sie sind daher in jeder realistischen gesamtgesellschaftlichen Kosten-Nutzen-Analyse technischer Gestaltungsalternativen in Rechnung zu stellen. Eine notwendige, wenn auch nicht ausreichende Bedingung jeder Technikbewertung ist daher, daß sie unter dem Kriterium der Verletzlichkeit der Gesellschaft das Schadenspotential, die Sicherungsmöglichkeiten und das verbleibende Restrisiko einer Technik bewertet und daß sie unter dem Kriterium der Verfassungsverträglichkeit berücksichtigt, welche sozialen Kosten unter anderen den Sicherungszwang einer Technik in Form von Freiheitseinbußen und Demokratiebeschränkungen fordert. Wie künftige Informations- und Kommunikationssysteme nach diesen Kriterien zu bewerten sind und ob der Widerspruch zwischen beiden Gestaltungsanforderungen aufgelöst werden kann, ist das Thema der folgenden Erörterungen.

III. Das Kriterium der Verletzlichkeit

Unter Verletzlichkeit verstehen wir die Möglichkeit großer Schäden für die Gesellschaft durch Fehler oder durch den Mißbrauch der Informations-und Kommunikationstechnik. Wir wollen im folgenden den Schwerpunkt unserer Überlegungen auf Mißbrauchsrisiken konzentrieren. Denn alle fahrlässig oder zufällig verursachten Schäden können auch vorsätzlich verfolgt werden. Vorsätzliche Aktionen sind somit die „Umhüllenden", die auch das Schadenspotential anderer Schadensursachen abdecken. Die Bewertung, wie verletzlich ein Techniksystem die Gesellschaft macht, hängt dann ab

- erstens von dem gesellschaftlichen Schadenspotential,
- zweitens von der Anziehungskraft der Technik für Mißbrauchsaktionen,
- drittens von den Mißbrauchsmöglichkeiten,
- viertens von den Möglichkeiten, das Techniksystem zu sichern, und schließlich
- fünftens von der Verläßlichkeit des Sicherungssystems.

Das Problem der Verletzlichkeit der Gesellschaft durch die Nutzung von Informations- und Kommunikationssystemen entsteht vor allem dadurch, daß *gesellschaftliche Funktionen von Menschen auf diese Systeme übertragen* werden. Diese Übertragung ist möglich, weil die Informations- und Kommunikationssysteme erlauben, die Verarbeitung von Informationen aus den Gehirnen der Menschen herauszunehmen, sie zu verselbständigen sowie ihren Austausch technisch zu verwirklichen. Informationen und Kommunikation, Informationsverarbeitungs- und Kommunikationsprozesse werden dadurch für Dritte zugänglich. Sie können sie leichtfertig oder mißbräuchlich ausforschen, manipulieren, beschädigen oder zerstören und dadurch die Erfüllung der dem technischen System übertragenen Funktionen beeinträchtigen.

Bereits *heute* besteht eine hohe Abhängigkeit gesellschaftlicher Teilsysteme von der automatischen Informationsverarbeitung und der Telekommunikation. Sie haben jedoch andere Formen der Informationssammlung und -verarbeitung nicht völlig verdrängt. Soweit einzelne Verwaltungszweige oder Produktionslinien völlig von ihrem Funktionieren abhängig sind, bilden diese immer noch Inseln der Automatisierung. Noch besteht keine vollkommene Vernetzung aller Bereiche der Informationsverarbeitung. Daher bestehen im Notfall noch Ersatz- und Ausweichmöglichkeiten.

In einer *künftigen* Informationsgesellschaft wird die Abhängigkeit vom Funktionieren der automatischen Informationsverarbeitung und Telekommunikation und damit das potentielle Schadensausmaß allerdings beträchtlich ansteigen. Informations- und Kommunikationssysteme werden zu einem vernetzten System zusammenwachsen und andere Formen der Informationssammlung, der Informationsverarbeitung und Kommunikation verdrängen. Sie werden damit weitgehend alternativlos und ohne Substitutionsmöglichkeiten sein.

Um nur wenige Beispiele künftiger Abhängigkeiten zu nennen: Die künftige Produktion wird in den meisten Fällen durch Informations- und Kommunikationssysteme geplant, gesteuert, koordiniert und überwacht. Es besteht eine informations- und kommunikationsgestützte Warenwirtschaft, die auf der völligen Vernetzung von Lieferanten, Zulieferern, Produzenten, Händlern, Kunden und Banken beruht. Vom Funktionieren der Informations- und Kommunikationssysteme werden auch die Energieversorgung, die medizinische Versorgung, das gesamte Zahlungssystem, die wichtigsten Dienstleistungen, wissenschaftliche Organisationen, das Verkehrssystem, die staatliche Verwaltung, die politische Steuerung, die Medien sowie der Umweltschutz abhängig sein. Da in all diesen Bereichen auch die zeitkritischen Anwendungen der Informations- und Kommunikationstechnik beträchtlich zunehmen werden, wäre auch nur ein kurzfristiger Ausfall der Telekommunikation katastrophal.

Die künftige Entwicklung des Schadenspotentials wird außerdem dadurch geprägt, daß die Konzentration von Daten und Funktionen in DV-Anlagen gleichzeitig auch zu einer Konzentration großer „Informationswerte an einem Platz" führt. Ebenso bewirkt die Verknüpfung vieler Steuerungsvorgänge eine leistungsfähigere und schnellere Koordination einzelner bisher unabhängiger Bereiche. Und zum dritten entwickelt sich Information zunehmend zu einem zentralen Wert für Forschung, Entwicklung und Produktion, so daß die Nichtverfügbarkeit von Information im Vergleich zu früher als größerer Verlust bewertet wird.

Auch die Zahl der potentiellen Angreifer wird voraussichtlich zunehmen. Zusätzlich zu den „klassischen" Motiven wie Bereicherung, Rache, Nervenkitzel oder politische Feindschaft wird die Informationstechnik für einige zum Angriffsziel, weil sie als Ursache für Dequalifikation, Arbeitsplatzverlust und sozialen Abstieg oder als Grund für die Zerstörung sozialer Beziehungen angesehen wird. Andere werden sie aus grundsätzlichen politischen Gründen als Hochtechnologie bekämpfen. Die in den gesellschaftlichen Verteilungskämpfen fortschreitende soziale Differenzierung verstärkt die zugrundeliegenden Spannungen und zieht zusätzliche berechtigte und unberechtigte Aggressionen gegen diese Technik nach sich.

Die Abhängigkeit der Gesellschaft von diesen Systemen, ihr Schadenspotential und ihre Bedrohung erzeugen einen Zwang zur Sicherung: Katastrophale Schadensfälle sind grundsätzlich möglich. Sie dürfen sich jedoch nie ereignen. Die Techniksysteme müssen daher so sicher gemacht werden, daß sie jeweils ein Höchstmaß an Sicherheit gewährleisten. Das hohe Schadenspotential übt daher einen starken Zwang aus zur Dynamisierung der Sicherheitsanstrengungen.

Könnten Informations- und Kommunikationssysteme technisch so sicher gemacht werden, daß große Schäden nicht mehr zu erwarten sind? Wir kommen mit dieser Frage zum ersten Bestandteil des zu untersuchenden Widerspruchs: zu den Sicherungssystemen von Informations- und Kommunikationstechniken.

IV. Sicherungsmöglichkeiten der Informations- und Kommunikationstechnik

Im Kern bestehen zwei Probleme: zum einen gibt es Menschen, die aus unterschiedlichsten Gründen zu Angriffen auf Informationssysteme motiviert sind, und zum anderen sind die vernetzten Systeme nicht sicher.

Die einfachste und eleganteste Problemlösung wäre, Systeme so zu konstruieren, daß sie unempfindlich gegen Angriffe werden. Dies verspräche Sicherheit ohne Freiheitseinschränkungen. Wir wollen daher im folgenden die fortschrittlichsten Konzepte zur technischen Sicherung von vernetzten Informationssystemen beschreiben und ihre Grenzen untersuchen.

1. Zugangskontrolle

Die bisherige Sicherung durch Passworte hat sich als unzureichend erwiesen. Ein neues Sicherungsverfahren muß aber wie bisher eine Offenheit der Netze bzw. von Anwendungen ermöglichen. Potentiell jeder Benutzer eines Systems muß von jedem beliebigen Terminal, das an das Netz angeschlossen ist, die Programme ausführen können, zu deren Benutzung er berechtigt ist. Auf Sonderfälle zugeschnittene Verfahren wie die feste Zuordnung von Terminal und Anwendung oder der automatische Rückruf erfüllen diese Forderung nicht. Als derzeit fortschrittlichste praktikable Konzeption dürfte der Einsatz von Chip-Karten gelten.

Für eine gesicherte Zugangskontrolle bieten sich zum Beispiel spezielle Verschlüsselungsverfahren, sogenannte „Public-Key-Systems", an. In einem solchen System gehören immer zwei Schlüssel zueinander. Einer der beiden muß geheimgehalten und der andere kann veröffentlicht werden. Nur mit einem korrekten Schlüsselpaar kann eine Nachricht verschlüsselt und wieder entschlüsselt werden. Mittels eines „Public-Key-Systems" ist es möglich, jeder Chip-Karte den eindeutigen und geheimen Schlüssel zuzuteilen, der bei der Eröffnung einer Systemsitzung vom Zugangskontrollsystem mit dem zugehörigen (aber anderen) Schlüssel geprüft werden kann.

Die technische Benutzerkennung ist damit an die eine Chip-Karte gebunden, in der der geheime Schlüssel gespeichert ist. Nur der Besitzer der Chip-Karte kann sich gegenüber dem DV-System als berechtigter Benutzer zu erkennen geben. Voraussetzung für einen unberechtigten Systemzugang wäre somit der Besitz (Diebstahl) der Chip-Karte. Um einen Mißbrauch weiter zu erschweren eröffnet die Chip-Karte den Systemzugang nur, wenn (wie heute) eine persönliche Identifikationsnummer (PIN) eingegeben wird. Diese Sicherungsmethode kann ergänzt werden um ein biometrisches Verfahren, das zusätzlich ein unverwechselbares Merkmal des Karteninhabers überprüft, wie etwa dessen Unterschrift, dessen Fingerabdruck oder dessen Stimmprofil.[4] Dadurch würde es erheblich schwerer, die Zugangskontrolle zu umgehen. Dennoch – die Chip-Karte kann verlorengehen oder gestohlen werden, die PIN kann ausgespäht werden und die biometrischen Prüfungen können getäuscht werden. Der Sicherheitsgewinn dieser Verfahren ist groß, aber nur relativ.

2. Zugriffskontrolle

Eine weitere Möglichkeit, ein System gegen Mißbrauch zu sichern, ist die detaillierte Regelung der Zugriffsmöglichkeiten für die zugelassenen Benutzer. Dadurch soll verhindert werden, daß Mitarbeiter oder ein Eindringling mit gestohlener Karte große Schäden verursachen können. Zu jeder Benutzernummer sollte das System deshalb immer nur die Programme und Daten zur Verfügung stellen, die der verantwortliche Mitarbeiter für seine Aufgabenstellung benötigt. In herkömmlichen Systemkonzepten werden solche Forderungen nur unzureichend unterstützt. Die differenziertesten Mechanismen zur Zugriffskontrolle bieten die unterschiedlichen Konzepte von Zugriffsmatrizen (Capabilities, Access-Lists).[5] Sie erlauben eine individuelle Zuordnung von speziellen Funktionen zu Benutzerkennungen. Gleichzeitig ermöglichen sie aber auch eine entsprechend detaillierte Überwachung der Benutzer. Jedoch auch diese Sicherungsmöglichkeit hat ihre Grenzen. Zum einen sind – vielleicht nur vorläufig – Systeme mit solchen Leistungsmerkmalen bisher kaum kommerziell verfügbar. Zum anderen setzen sie grundsätzlich voraus, daß die Aufgabe jedes Mitarbeiters eindeutig beschrieben und begrenzt werden kann. Denn nur dann ist es möglich, jeder Aufgabe eingeschränkte Funktionen zuzuordnen. Viele Aufgaben können aber gar nicht in der erforderlichen Präzision definiert werden.

3. Verschlüsselung

Es kann versucht werden, Dritten den Zugang zu Daten zu erschweren. Ein Lauscher soll, selbst wenn er in der Lage ist, auf Dateien oder Datenströme in Netzen zuzugreifen, aus den gefundenen Signalen keinen Gewinn

---

4 Ein Beispiel für ein Chip-Karten-System ist das bei der Gesellschaft für Mathematik und Datenverarbeitung in der Entwicklung befindliche Teletrust-Konzept, siehe GMD-Spiegel 1/86, 8 ff.
5 Siehe z.B. Levy, H.: Capability-based Computer Systems, Digital Equipment Corporation, 1984.

ziehen können. Dazu können die Daten auf den Datenträgern verschlüsselt abgelegt bzw. im Netz nur verschlüsselt übermittelt werden. Ein Mißbrauch des Schlüsselinhabers bleibt jedoch immer möglich. Sofern er sinnvollerweise über den einzigen Schlüssel verfügt, wird eine inhaltliche Kontrolle seines Verhaltens nahezu ausgeschlossen. Die Arbeitgeber werden von den Schlüsselbesitzern abhängig. Schließlich bestehen auch beim Schlüsselmanagement (Erzeugung, Verteilung und Verwaltung der Schlüssel) Mißbrauchsmöglichkeiten.

4. Redundanz

Die drei beschriebenen Möglichkeiten, die Sicherung von Informationssystemen zu verbessern, können durch andere Eigenschaften der Informationstechnik ergänzt werden: Billige Hardware und hohe Übermittlungs- und Speicherleistungen ermöglichen Redundanz. Gegenüber klassischen Instrumenten der Informationsverarbeitung stellt dies einen Sicherungsfortschritt dar, weil durch Redundanz das Entstehen von Schäden verhindert oder ihr Ausmaß reduziert werden kann.

Während es nur sehr schwer möglich ist, den Inhalt ganzer Aktenschränke zu Sicherungszwecken zu kopieren, kann der gleiche Informationsgehalt in Sekundenschnelle von einem Datenträger auf einen anderen überspielt werden. Die Austauschbarkeit von Hardware ermöglicht Ersatzrechenzentren, die die notwendige Verarbeitungsleistung für den Notfall bereithalten. So fiel in dem oben erwähnten Fall zweier Bombenanschläge der Rechnerausfall neben dem Sachschaden an den EDV-Anlagen kaum ins Gewicht. Die Unternehmen hatten entsprechende Schutzvorkehrungen getroffen. Sie konnten den Rechnerbetrieb bis zur Wiederherstellung der Rechenzentren auf andere Anlagen verlagern. Auch die Zuverlässigkeit von DV-Anlagen kann mit einigem finanziellen Aufwand verbessert werden. Die Verdopplung oder Vervielfachung der Systemkomponenten ermöglicht Fehlertoleranz und weitgehend ausfallsichere Systeme.

Wenn wir unterstellen, daß künftig informationstechnische Systeme in dem beschriebenen Umfang gesichert würden, welche Angriffe könnten dann verhindert oder in ihren Schadensfolgen begrenzt werden? Welche Angriffe wären dann noch immer möglich? Wo liegen künftig die Risikoschwerpunkte?

Gewalttätige Angriffe von außen können durch physische Sicherungsmaßnahmen erschwert, aber nicht prinzipiell verhindert werden. Durch Schaffung von Redundanz mit Hilfe von Sicherungskopien und Ausweichrechenzentren können sie aber in ihrer Wirkung begrenzt werden. Unter dieser Voraussetzung hätten nur noch sehr gezielte, koordinierte Angriffe auf mehrere Stellen gleichzeitig eine Chance, den Informationsverarbeitungsprozeß längere Zeit zum Erliegen zu bringen.

Die obligatorische Zugangsberechtigung zum System könnte logische Angriffe von außen durch Unbefugte weitgehend ausschließen. Sie wären nur noch möglich, wenn es einem Angreifer gelingt, sowohl die Chip-Karte zu stehlen, als auch die PIN auszuspähen, als auch die biometrischen Verfahren zu täuschen.

Bleiben die Angriffe von innen, die Mitarbeiter im Rahmen ihrer Aufgaben und ihrer Benutzerberechtigung durchführen können. Die Angriffsmöglichkeiten sind deshalb nach der Aufgabenverteilung zu differenzieren. Sachbearbeiter sind in der Regel in der Lage, Daten zu manipulieren oder zu löschen. Programmierer oder Systementwickler können versuchen, Programme mit „trojanischen Pferden" zu versehen, d.h. ein Programmstück, das Manipulationen zu ihren Gunsten vornimmt, zu verstecken. Oder sie können „logische Bomben" installieren, die Daten löschen oder Programme vernichten.

Im Einzelfall kann eine Datenmanipulation genauso schwerwiegend sein wie die Manipulation eines Programms, eine neue Qualität von Softwareangriffen im Vergleich zu Datenmanipulationen ist jedoch ihre dezentrale Wirkung. Ein manipuliertes Programm reproduziert den Angriff genauso automatisch wie die übliche Anwendungsfunktion. Softwareangriffe können deshalb auch vergleichsweise einfach gegen verteilte Systeme, die mit den gleichen Programmen betrieben werden, und gegen Datensicherungen geführt werden. Die Manipulation von Programmen durch die Systementwickler läßt sich technisch nicht verhindern. Die Systeme vor ihrem Einsatz vollständig zu überprüfen, ist nur bei recht einfachen Versionen möglich, bei sehr komplexen Programmen aber ausgeschlossen. Das größte Risiko dürfte von der Manipulation eines Programms ausgehen, das zur Grundausstattung von DV-Anlagen gehört. Dadurch können mittelbar eine Vielzahl von Anwendungen auf allen Rechnern eines Anlagentyps betroffen sein. In diese Gruppe von Programmen gehören insbesondere das Betriebssystem und die zugehörigen Programme wie Compiler (Übersetzerprogramme), Editoren (Schreibprogramme) oder ähnliche Systemkomponenten. Derart schwerwiegende Angriffe könnten allerdings nur die Mitarbeiter eines Systemherstellers durchführen. Die Wirkung einer „logischen Bombe" in den Vermittlungsrechnern der Post oder eines „Virus" in allen IBM-Systemen einer Version und eines gleichzeitigen Ausfalls aller Anlagen kann gar nicht mehr abgeschätzt werden.

Für eine vollständige Bestimmung des Risikos informationstechnischer Systeme ist weiter zu berücksichtigen, daß Sicherungssysteme in der Praxis immer deutlich hinter den theoretischen Möglichkeiten herhinken werden. Wie andere Programme auch werden sie nie völlig fehlerfrei sein können. Sicherungsmaßnahmen kosten Geld und verteuern die Informationsverarbeitung. Sie sind meist umständlich und reduzieren die Bedienerfreundlichkeit. Sie behindern oft die notwendige Flexibilität in der Aufgabenerfüllung. Sie treffen auf den Widerstand der Betroffenen. Bisweilen sind sie sogar kontraproduktiv. So reduziert die Duplizierung von Datensätzen zwar deren Verlustrisiko, erhöht aber das Risiko der Spionage. Die Verschlüsselung von Informationen reduziert die Chancen der Ausspähung, erhöht aber die Abhängigkeit von dem Inhaber des Schlüssels. Auch die Aufteilung der Aufgaben des System-Operators (Super-User) auf mehrere Personen ist umstritten, da Sicherungsgewinne und Verfügbarkeitsprobleme miteinander abgewogen werden müssen. Schließlich besteht ein Hauptproblem darin, Sicherungsanforderungen zu formalisieren. Aufgaben, die von Menschen erfüllt werden sollen, werden immer einen mehr oder weniger großen Handlungs- und Ermessensspielraum eröffnen müssen. Der aber kann immer auch mißbraucht werden.

Zusammenfassend kann festgehalten werden: Die theoretisch möglichen Sicherungsmaßnahmen können den Schutz von Informationsverarbeitungsprozessen gegenüber heute deutlich verbessern, lassen aber dennoch ein bedeutendes Restrisiko bestehen. In der Praxis wird dieses noch beträchtlich höher sein, weil soziale, menschliche, organisatorische und wirtschaftliche Gründe der Verwirklichung möglicher Sicherungssysteme Grenzen setzen.

Da technische Sicherungsmaßnahmen allein unzureichend sind, muß versucht werden, Sicherheit durch Strategien herzustellen, die auf die Menschen bezogen sind. Beschäftigte umfassend zu überprüfen und zu überwachen, wird ebensowenig zu vermeiden sein, wie auch durch gesellschaftsbezogene präventive Maßnahmen viele Unschuldige zu erfassen, um wenige potentielle Täter rechtzeitig zu finden. Die sozialen Sicherungsmaßnahmen sind nicht möglich, ohne Freiheitsrechte einzuschränken. Wir kommen damit zu dem zweiten Bestandteil des zu untersuchenden Widerspruchs: zur Demokratieverträglichkeit oder umfassender zur Verfassungsverträglichkeit von Informations- und Kommunikationssystemen.

V. Gefahren für Freiheit und Demokratie

Die Informationsbearbeiter, die mit Papier und Bleistift arbeiteten und mittels Brief und Telefon kommunizierten, waren von ihrer Tätigkeit her – abgesehen von dem Bereich der Geheimhaltung – keinen Sicherungsmaßnahmen unterworfen. Ihre modernen Kollegen, die an vernetzten Computersystemen tätig sind, sehen sich, auch wenn sie die gleichen Informationen verarbeiten, künftig vielfältigen Sicherungsmaßnahmen gegenüber. Um zu ihrem Arbeitsplatz zu gelangen, müssen sie Zu- und Ausgangskontrollen überstehen. Während ihrer Arbeit werden sie überwacht. Sie werden nur in sensitiven Betriebsteilen arbeiten können, wenn ihre Zuverlässigkeit vor der Anstellung als ausreichend bewertet wurde. Da sie nach der Einstellung weiterhin gesellschaftlichen Einflüssen unterliegen, muß ihre Verläßlichkeit immer wieder durch Wiederholungsüberprüfungen bestätigt werden.

Die von ihnen ausgehenden Risiken für das Funktionieren der Informations- und Kommunikationssysteme können aber nur dann verläßlich abgeschätzt werden, wenn sie umfassend, also auch hinsichtlich ihres Privatlebens, überprüft werden. Um alle möglichen Einflußfaktoren vollständig erfassen zu können, wird auch ihr soziales Umfeld in diese Prüfung mit einbezogen. Daß dadurch nicht nur ihre Grundrechte betroffen sein werden, sondern auch die ihrer Verwandten und Bekannten, die nicht in den Eingriff eingewilligt haben, ja von ihrer Überprüfung vielleicht nicht einmal etwas erfahren, ist im Interesse eines effektiven Sicherungssystems nicht zu vermeiden.

Sie wissen nicht genau, welches Verhalten einen Risikofaktor begründet oder einmal begründen kann. Während der Beschäftigung, aber auch schon lange zuvor, führt die Kenntnis künftiger Überprüfungen und die Unkenntnis der genauen Kriterien zu einer Eigenkontrolle des Verhaltens. Sie machen von bestimmten Grundrechten wie der Meinungsfreiheit, der Versammlungs- und Demonstrationsfreiheit und der Vereinigungsfreiheit oder der Freiheit der Parteimitgliedschaft oft lieber keinen Gebrauch. Sie wollen keinen Anlaß für Spekulationen über ihre Zuverlässigkeit bieten.

Im Betrieb fallen so viele Informationen über den einzelnen Beschäftigten an, daß es bei einer geschickten Verknüpfung all dieser Informationen leicht möglich ist, über jeden Beschäftigten ein Persönlichkeitsabbild zu erstellen. Möglicherweise könnten über die künftige Vernetzung auch noch andere Informationen eingearbeitet werden. Auf diese Weise wäre es möglich, von den Beschäftigten Risikoprofile zu erstellen, die ihre Anfälligkeiten und Schwachstellen aufzeigen und erlauben, sie risikogerecht bestimmten Arbeitsplätzen zuzuweisen oder sie von ihnen fernzuhalten.

Es ist sehr zweifelhaft, ob die Voraussetzungen für das lebenswichtige Funktionieren von Informations- und Kommunikationssystemen Gegenstand von Mitbestimmungsrechten der kollektiven Interessenvertretung der Beschäftigten oder Verhandlungsgegenstand der Sozialpartner sein kann, auch wenn durch sie die Arbeitsbedingungen intensiv beeinflußt werden. Schon derzeit ist zu beobachten, daß immer mehr solcher sensitiver Funktionen aus dem Blickwinkel des Allgemeininteresses durch staatliche Vorschriften geregelt werden, die beide Sozialpartner oder Arbeitgeber und Betriebsrat gleichermaßen binden. Dadurch schwindet der sachliche Gegenstandsbereich von betrieblichen Vereinbarungen oder Tarifverträgen beträchtlich.

Natürlich werden nicht für alle Tätigkeiten im Zusammenhang mit Informations- und Kommunikationssystemen die gleichen Sicherungsanforderungen bestehen. Es wird mindestens zwei unterschiedliche Sicherheitsstufen für die Beschäftigten geben, nämlich eine für

- die Systembenutzer, die keine Einflußmöglichkeit auf die Sicherungsfunktionen des Systems haben und eine für
- die Beschäftigten, die Sicherungsfunktionen haben oder diese beeinflussen können.

Je nach Sicherheitsstufe und Bedrohungseinschätzung werden die Maßnahmen unterschiedlich streng sein. Insgesamt werden jedoch in dem Maß, in dem die Anwendung von Informations- und Kommunikationstechnik ausgeweitet wird und das Schadenspotential von Funktionsstörungen ansteigt, auch immer mehr Betriebe oder Betriebsteile in das Sicherungssystem einbezogen werden. Immer mehr Menschen werden den geschilderten Sicherungsmaßnahmen unterworfen und gegenüber heute in ihrer Freiheit eingeschränkt. Während solche sicherheitsgerichteten Beschränkungen wie etwa die Überprüfung aller Beschäftigten im Telekommunikationsbereich von Siemens durch den Verfassungsschutz[6] oder die ständige Kameraüberwachung in Vermittlungsstellen des internationalen Netzes von General Electric[7] heute noch Ausnahmecharakter besitzen, könnten sie morgen für viele Beschäftigte zur Regel werden. Auch die Zahl der sehr streng zu Überprüfenden wird zwar eingegrenzt sein, aber gegenüber heute doch deutlich ansteigen.

Da die anlagenbezogenen Sicherungsmaßnahmen das Risiko des Mißbrauchs der Informations- und Kommunikationstechnik nicht in ausreichendem Maß auszuschließen vermögen, werden die Behörden der inneren Sicherheit versuchen, Risiken schon im Vorfeld zu erkennen und zu beseitigen. Durch ständige Kontrolle von 'Risikopersonen' und 'Risikogruppen' werden sie versuchen, Angriffe bereits vor ihrem Versuch zu verhindern und Täter schon vor ihrer Tat auszuschalten. Zur Unterstützung ihrer Arbeit werden sie auch von den Möglichkeiten automatischer Überwachung durch Informations- und Kommunikationssysteme und informations- und kommunikationsgestützter Kontrollmaßnahmen umfassend Gebrauch machen.

Steht einer solchen Entwicklung aber nicht das Grundgesetz entgegen, das uns doch die Ausübung von Grundrechten garantiert? Für diese Hoffnung gibt es leider nur wenig Anlaß. Die Rechtsprechung wird eher die Verfassung dem Sicherungszwang anpassen und die Grundrechte in einem modifizierten Licht verstehen, als die Freiheit einzelner auf Kosten der Sicherheit der Allgemeinheit durchsetzen. Freiheitsbegrenzungen im Rahmen des Sicherungssystems von Informations- und Kommunikationstechniken stehen im Spannungsfeld zwischen individueller Freiheit und der Schutzpflicht für Rechtsgüter Einzelner und der Allgemeinheit. Das Bundesverfassungsgericht entscheidet Konflikte, in denen verschiedene Verfassungsziele zum Ausgleich gebracht werden müssen, in der Regel nach den Prinzipien der Güterabwägung und der Verhältnismäßigkeit. Für künftige Entscheidungen wird im Rahmen einer Güterabwägung zu berücksichtigen sein, daß die Informations- und Kommunikationssysteme zum Teil lebenswichtige soziale Funktionen übernommen haben und daher auch von den Verfassungswerten geschützt werden, welche die Aufrechterhaltung gesell-

---

6 Siehe z.B. Metall Nr. 10 vom 15.5.1987, 19 und Nr. 23 vom 13.11.1987, 19.
7 Siehe Spiegel 7/1985 vom 11.2.1985, 134 ff.

schaftlicher Funktionszusammenhänge gewährleisten sollen. Je größer daher das Schadenspotential der Informations- und Kommunikationsanwendungen ist, desto stärkere Einschränkungen von Freiheitsrechten erlauben auch das Prinzip der Güterabwägung und der Grundsatz der Verhältnismäßigkeit.

Wir haben gesehen: Technische Entwicklungen können die Verwirklichung von Grundrechten und Demokratie nachhaltig erschweren. Sie können sogar einen Anpassungsdruck auf die Rechtsordnung ausüben, der zu einem eingeschränkten Verständnis von Verfassungsgewährleistungen führen kann. Jede umfassende Technikbewertung und -gestaltung muß daher als weiteres Kriterium die Verfassungsverträglichkeit der Technik berücksichtigen. Sie muß untersuchen, welche künftigen Technikanwendungen welche Verwirklichungsbedingungen von Verfassungsnormen nachteilig verändern und welcher Wandel im Verfassungsverständnis dadurch erzwungen wird.[8]

VI. Gestaltungsmöglichkeiten

Ist es möglich, Informations- und Kommunikationstechnik so zu gestalten, daß sie sowohl sicher als auch verfassungsverträglich ist? Hierzu einige abschließende Thesen:

1. Es besteht grundsätzlich ein Widerspruch zwischen Sicherung und Freiheitsrechten. Je größer der Sicherungszwang von Informations- und Kommunikationssystemen, desto stärker ist ihre Demokratieverträglichkeit in Frage gestellt. Sicherheit kann im Bereich sozialer Sicherungsmaßnahmen nur auf Kosten der Freiheit erhöht und Freiheit nur auf Kosten der Sicherheit erhalten werden.

2. Dieser Widerspruch kann durch eine Technikgestaltung, die die Kriterien der Verletzlichkeit und der Verfassungsverträglichkeit berücksichtigt, zwar nicht aufgehoben, aber weitgehend reduziert werden.

3. Alle Systementwicklungen und -veränderungen sind vor ihrer Verwirklichung auf beide Kriterien hin zu überprüfen.

4. Schäden auszuschließen oder zu reduzieren, muß Vorrang haben vor Maßnahmen, mißbräuchliche Aktionen zu verhindern. Unabhängige Teilsysteme, deren Schadenspotential begrenzt ist, sind Systemen vorzuziehen, die unter der Vorgabe einer Maximalintegration entwickelt

---

8 Zum Begriff und zur Untersuchung der Verfassungsverträglichkeit siehe Roßnagel: Verfassungsverträglichkeit von Techniksystemen am Beispiel der Informations- und Kommunikationstechnik, Recht und Politik 1987, 4 ff.; ders.: Radioaktiver Zerfall der Grundrechte? Zur Verfassungsverträglichkeit der Kernenergie, München 1984.

werden. Wo technische Alternativen unter diesen Kriterien ausgewählt werden können, wird der Sicherungdruck vermieden oder verringert.

5. Die technischen Möglichkeiten, Redundanz zu schaffen, müssen soweit wie möglich ausgeschöpft werden, um die Wirkung von Angriffen zu verringern. Dabei müssen die Prinzipien der Dezentralisierung und Diversifizierung von Rechenanlagen und Programmsystemen (verschiedene Hersteller, unabhängige Parallelentwicklungen) bei Aufrechterhaltung der Austauscl sichdhbarkeit berücksichtigt werden.

6. Soweit das Schadenspotential eines Informations- und Kommunikationssystems nicht ausreichend klein gehalten werden kann und zusätzliche Sicherungsmaßnahmen notwendig sind, um das Risiko eines Angriffs zu minimieren, muß die Entscheidung über den Einsatz solcher Systeme und über ihre Sicherungsimplikationen einer öffentlichen Diskussion und einem demokratischen Entscheidungsprozeß zugänglich gemacht werden. Dabei ist insbesondere zu prüfen, ob „klassische" (nichttechnische) Verfahren der gesellschaftlichen Problemstellung nicht besser gerecht werden.

7. Die Gestaltung technischer Systeme kann den Widerspruch zwischen Techniksicherung und Freiheitsgrundrechten nur teilweise auflösen. Sofern politische Entscheidungen zugunsten sicherungsbedürftiger Informationssysteme fallen, müssen die Sicherheitsanforderungen nach einem reglementierten Verfahren erstellt und öffentlich überwacht werden. Soweit technische Alternativen bestehen, die Überprüfungen und Überwachungen überflüssig machen können, ist zu berücksichtigen, daß solche technischen Sicherungsmaßnahmen freiheitsverträglicher sind als soziale Sicherungsmaßnahmen.

Wissens- und Organisationsanforderungen für die parlamentarische Technikbewertung

Otto Ullrich

Ausgangsproblem

In der Zeit des Wiederaufbaus nach dem Zweiten Weltkrieg gab es in Westdeutschland einen sehr großen Konsens über die Einschätzungen und Bewertungen des technischen Fortschritts. Jede technische Neuerung wurde freudig begrüßt, und fast alle waren fest davon überzeugt, daß technischer Fortschritt letztlich immer auch zu sozialem Fortschritt führen wird.

Dieser ungewöhnlich hohe technologiepolitische Grundkonsens der Nachkriegszeit ist seit einigen Jahren brüchig geworden. In großen Teilen der Bevölkerung zeigt sich ein zunehmender Vertrauensverlust in die staatliche Technologiepolitik und in Wissenschaft und Technik.[1] Man kann heute davon sprechen, daß der lange tragende technologiepolitische Konsens in der Gesellschaft nachhaltig aufgekündigt worden ist und daß noch keine Konturen erkennbar sind für einen möglichen neuen Grundkonsens in der Beurteilung von Wissenschaft und Technik.

Die Gründe für diesen Vertrauensverlust sind sicher vielfältig. Generell hat wohl die materielle Überversorgung, die für die meisten Bundesbürger seit einigen Jahren gegeben ist, der „Überdruß am Überfluß", zu einer distanzierteren und kritischeren Haltung gegenüber den lange unhinterfragten Fortschrittsbildern geführt. In besonderer Weise hat dies jedoch die dramatische Zunahme der Umweltzerstörungen und -gefährdungen bewirkt. Auch grundsätzlichere Veränderungen in der Technik selbst haben dazu beigetragen: Mit stärkerer Verwissenschaftlichung sind Techniken immer wirkmächtiger geworden. Ihre Auswirkungen in Raum und Zeit haben sich sehr stark ausgeweitet, so daß eine verantwortbare Kontrolle der Folgewirkungen oft gar nicht mehr möglich zu sein scheint. Das bekannteste Beispiel hierfür wurde die Nutzung der Kernenergie, bei der der gegenwärtig erzeugte Atommüll tausende von Generationen sorgfältig gehütet werden muß. Die Kernenergienutzung war auch der augenfälligste Auslöser für die Aufkündigung des Vertrauens von Bürgern gegenüber der staatlichen

---

[1] Vgl. z.B. Michael v. Klipstein und Burkhard Strümpel: Der Überdruß am Überfluß, München 1984, Kapitel IV: Der entzauberte Mythos der Maschine: Die Einstellung der Deutschen zum technischen Wandel.

Politik. Hier wurde offensichtlich, daß bestimmte Technikentwicklungen auch Politikern über den Kopf wuchsen.

Einige nachdenklichere Parlamentarier fühlen sich schon länger sehr unbehaglich in ihrer Rolle als formale Verantwortungsträger gegenüber Technikprozessen, über die sie faktisch kaum einen Einfluß haben. Sie beunruhigt der zunehmende Bedeutungsverlust der Legislative gegenüber der Exekutive, der sich durch folgende typische Entwicklung in den meisten westlichen Industrieländern vollzogen hat: Die Exekutive wurde mit – im Vergleich zum Parlament – sehr großen Ministerialbürokratien ausgestattet. Diese entwickelten im Laufe der Zeit eine starke Verfilzung mit Verkaufsinteressen bestimmter Industrien und mit Prestige- und Forschungsinteressen bestimmter Wissenschaftsgemeinden.

Gegenüber diesem eingespielten „Komplex" aus Bürokratie, Industrie und Wissenschaft hat bereits der jeweils zuständige Forschungs- und Technologieminister einen sehr geringen Handlungs- und Beeinflussungsspielraum. Für den normalen Parlamentarier wurde der Technologiekomplex, vor allem im Bereich der Großtechnik, fast zu einer autonomen Sphäre, obwohl er über Haushaltsbestimmungen damit verwoben ist. Die durch Steuergelder geförderten Technologieprojekte waren ja formal demokratisch legitimiert, da ja über die Haushaltspakete eine mehrheitliche Zustimmung erfolgt ist. Über die hoch abstrakten Medien „Glauben" (an den technischen Fortschritt) und „Geld" konnten leicht große Entscheidungen getroffen werden. Aber konkret wußte die Parlamentsmehrheit nicht, was sie tat. Über Technikthemen ist im bundesdeutschen Parlament nie auch nur einigermaßen ausführlich diskutiert worden. So ist bis heute das Parlament gegenüber den staatlich geförderten Technologieprojekten ein „naiver Souverän".[2] Das hat sich auch nach dem Reinfall mit der Kernenergie nicht geändert. Man hätte erwarten können, daß spätestens nach dem Milliardengrab „Schneller Brüter" die staatliche Technologiepolitik sich aufgeklärter, informierter und verantwortungsbewußter verhalten würde. Aber bei neuen, ebenfalls sehr riskanten Technikprojekten wie ISDN, Gentechnik oder Weltraumprojekten ist davon bisher nichts erkennbar.

Für die kritischeren Parlamentarier ist das ein unhaltbarer Zustand. Aufgrund der bisherigen schlechten Erfahrungen mit der staatlichen Technikförderung und auch aufgrund der Tatsache, daß die nicht geplanten Folgen von verwissenschaftlichen Techniken, auch im sozialen und kulturellen Bereich, größer geworden sind, werden für den parlamentarischen Entscheidungsprozeß institutionelle, regulative und verhaltensbezogene Veränderungen und Ergänzungen gefordert.

---

2 Vgl. Otto Keck: Der naive Souverän – Über das Verhältnis von Staat und Industrie in der Großtechnik, In Meyer-Abich/Ueberhorst (Hg.): AUSgebrütet – Argumente zur Brutreaktorpolitik, Basel 1985.

- *Institutionell* wird eine erweiterte, eigene Beratungskapazität für das Parlament als notwendig angesehen, eine auf das Parlament zugeschnittene Einrichtung zur Technikfolgen-Abschätzung und -Bewertung. Diese Institution soll unabhängig von Interessenverflechtungen in Wirtschaft und Wissenschaft Parlamentarier konkreter über aktuelle Technikthemen informieren und beraten.
- In diesem Zusammenhang wird auch über neue und ergänzende *Steuerungsmedien* für Technikentwicklungen nachgedacht. Für bestimmte Güter, beispielsweise für leicht verderbliche Lebensmittel, ist der Markt ein sehr elegantes Steuerungsmedium für eine optimale Allokation der eingesetzten Mittel. Für andere „Güter", beispielsweise für die „Dienstleistung" Bildung und Ausbildung oder für Infrastrukturerstellungen, ist der Marktmechanismus sehr untauglich. Hier werden ganz selbstverständlich seit langem politisch begründete Steuerungen eingesetzt. Auch bei Technikentwicklungen mit hoher Externalisierung von Kosten und hohen staatlichen Infrastrukturvorleistungen muß in Zukunft eine wesentlich stärkere *politisch begründete Steuerung* erfolgen, für die Kriterien der Sozialverträglichkeit und des Umweltschutzes eine höhere Bedeutung haben.
- Schließlich wird darüber nachgedacht, ob das bisherige ingenieurmäßige Reifungsverfahren bei Technikentwicklungen, das durch Ausprobieren, Versuch und Irrtum voranschreitet, bei bestimmten riskanten Techniken noch verantwortbar ist. Angesichts der größer gewordenen Wirkmächtigkeit von Techniken mit irreversiblen Folgen muß man von einer ersten Realisierung sehr viel mehr wissen als bisher. Das bisherige „Prinzip Hoffnung", das davon ausging, dem menschlichen Erfindergeist werde zur „Entsorgung" der Folgeprobleme schon etwas einfallen, muß hier ersetzt werden durch eine „Heuristik der Furcht",[3] die bei möglichen großen und irreversiblen Schadwirkungen von Technikentwicklungen *verantwortliches Verhalten* nur darin sieht, diese Technik trotz ihrer auch vorhandenen Verbesserungsversprechungen nicht einzusetzen. Wenn in einer Gesamtbilanz die negativen Wirkungen überwiegen, darf der betreffende Technikkomplex nicht realisiert werden.

Ein Institutionalisierungsvorschlag

Das Vorbild für eine Einrichtung zur Technikfolgen-Abschätzung und -Bewertung beim Bundesparlament ist das Office of Technology Assessment (OTA) in den USA, das seit 1973 arbeitet. Obwohl die Parlamentarier dort vergleichsweise gut ausgestattete Beraterstäbe haben und die Ministerien

---

3 Vgl. Hans Jonas: Das Prinzip Verantwortung. Versuch einer Ethik für technologische Zivilisation, Frankfurt 1984.

über große Forschungseinrichtungen verfügen, konnte das OTA als für USA-Verhältnisse relativ kleines Office erstaunlich hohe Aufmerksamkeit auf sich ziehen. Das liegt unter anderem daran, daß die vom OTA erstellten Studien als weitgehend neutral angesehen werden und daß auch brisante Technikthemen, wie etwa SDI, bearbeitet wurden. Die wichtigste Funktion erfüllte das OTA aber wohl dadurch, daß es durch seine Studien zu einer sonst wahrscheinlich nicht stattfindenden breiten Diskussion bei Parlamentariern, Wissenschaftlern und Öffentlichkeit zu bestimmten Technikthemen anregt. Ob dies alles schon ausreicht für eine verantwortlichere Technikentwicklung in den USA, soll hier nicht diskutiert werden.[4]

In der Bundesrepublik läuft die Diskussion über eine parlamentsbezogene Einrichtung zur Technikfolgen-Abschätzung und -Bewertung nun schon über 15 Jahre. Sie wurde vor allem von der jeweiligen Opposition immer mit Nachdruck gefordert. So gibt es beispielsweise sehr beredte Forderungen zur Einrichtung eines deutschen CTA vom Abgeordneten Riesenhuber auf der Oppositionsbank. Als Minister für Forschung und Technologie will er davon nichts mehr wissen. Aufgrund der bundesdeutschen Fehlentwicklung parlamentarischer Kultur, die die Mehrheitsparlamentarier zu Claqueuren der Regierung degradiert, wird ein deutsches OTA fälschlicherweise als Stärkung der Opposition und nicht als Stärkung des Parlaments insgesamt angesehen. Das ist ein Grund für das bisherige Scheitern einer solchen Einrichtung in der Bundesrepublik.

Eine Hoffnung gab es 1985, als der 10. Deutsche Bundestag einstimmig die Einsetzung einer Enquête-Kommission „Einschätzung und Bewertung von Technikfolgen; Gestaltung von Rahmenbedingungen der technischen Entwicklung" beschloß. Diese Bundestagskommission war, wie jede Enquête-Kommission, je zur Hälfte aus Parlamentariern und Sachverständigen zusammengesetzt. Ihr Auftrag war, exemplarisch einige konkrete Technikthemen zu bearbeiten und Vorschläge für eine Institutionalisierung zu machen. Unter der behutsamen und engagierten Leitung des Abgeordneten Dr. Josef Bugl (CDU) erarbeitete die Kommission einstimmige Berichte und Empfehlungen für eine Institutionalisierung einer „ständigen Beratungskapazität zur vorausschauenden Analyse und Bewertung von Technikfolgen". Der Vorschlag sieht zwei zusammenhängende Einrichtungen vor, eine „Lenkungskommission" und eine „wissenschaftliche Einheit".

Die Lenkungskommission oder die „Kommission zur Abschätzung und Bewertung von Technikfolgen" soll ähnlich wie eine Enquête-Kommission aufgebaut sein. In ihr sind Parlamentarier vertreten, die bei parlamentsbezogenen Fragen durch die anderen Mitglieder nicht überstimmt werden können, und Wissenschaftler bzw. – um das Spektrum der gesellschaftlich

---

4 Für einen Überblick über die Diskussion zur Technikfolgenabschätzung vgl. Dierkes/Petermann/v. Thienen (Hg.). Technik und Parlament, Technikfolgen-Abschätzung: Konzepte, Erfahrungen, Chancen, Berlin 1986.

vorhandenen Interessen etwas auszuweiten –, auch „Persönlichkeiten des öffentlichen Lebens". Diese Kommission hat die formale Kontrollbefugnis über die „wissenschaftliche Einheit", sie bestimmt im wesentlichen die Untersuchungsthemen und ist das wichtigste Scharnier zwischen Technikfolgenforschung und Parlament.

Die „wissenschaftliche Einheit" soll personell und finanziell so ausgestattet sein, daß sie in der Lage ist, mehrere größere Studien gleichzeitig durchzuführen. Sie sollte nicht zu groß sein, damit nicht bürokratische Verkrustungen eine Chance haben, aber sie sollte auch nicht zu klein sein, damit sie nicht nur als Alibieinrichtung funktioniert. Als erforderliche kritische Mindestgröße der „wissenschaftlichen Einheit" wird ein wissenschaftliches Stammpersonal von etwa 15 Menschen angesehen, das durch eine etwa gleich große Zahl wissenschaftlicher Mitarbeiter aus externen Einrichtungen ergänzt wird. Über die für eine gewisse Zeit aus externen wissenschaftlichen Einrichtungen abgeordneten Wissenschaftler und Wissenschaftlerinnen soll eine Vernetzung mit Universitäten, Hochschulen und Betrieben eingeleitet werden. Das Ziel einer Technikfolgen-Abschätzung und -Bewertung ist ohnehin ein weit verzweigtes Netzwerk von Institutionen, die einen gesellschaftlichen Diskurs über Technikentwicklungen anleiten helfen. Die vorgeschlagene Institutionalisierung für den Deutschen Bundestag wäre so gesehen nur ein erster Schritt.[5]

Bislang ist aber auch dieser erste Schritt nicht getan. Trotz einer 15-jährigen Diskussion sah sich der 10. Deutsche Bundestag nicht in der Lage, den Vorschlägen der Enquête-Kommission zu folgen und eine Entschließung zur Institutionalisierung zu verabschieden. Der Vorsitzende der Enquête-Kommission wurde für seine Arbeit dadurch belohnt, daß seine Partei ihn in die Wüste schickte, indem sie ihm auf einen aussichtslosen Listenplatz setzte. Zwar hat der jetzige 11. Bundestag wieder eine Enquête-Kommission zur Technikfolgen-Abschätzung eingerichtet, da die Bundestagsmehrheit dies nicht verhindern kann. Aber ihr Auftrag zielt nicht auf weitere Institutionalisierungsvorbereitungen. Gegenwärtig ist also der politische Wille zu einer etwas größeren Selbstaufklärung über die Folgen beim Einsatz von Techniken bei der Mehrheit der Bundestagsabgeordneten immer noch nicht gegeben. Vielleicht spüren sie auch, wie ein Hamburger Nachrichtenmagazin in diesem Zusammenhang vermutet, daß man unwissend bequemer eine Politik des Durchwurstelns betreiben kann.

---

5 Zu den Institutionalisierungsvorschlägen vgl. ausführlicher den „Bericht der Enquête-Kommission 'Einschätzung und Bewertung von Technikfolgen; Gestaltung von Rahmenbedingungen der technischen Entwicklung' gemäß Beschluß des Deutschen Bundestages vom 14. März 1985: Zur Institutionalisierung einer Beratungskapazität für Technikfolgen-Abschätzung und -Bewertung beim Deutschen Bundestag", Bundes-Drucksache 10/5844 vom 14.07.86.

Wissensanforderungen

In der Enquête-Kommission Technikfolgen-Abschätzung hatten zunächst einige Mitglieder geglaubt, Studien zur Technikfolgen-Abschätzung und -Bewertung (im folgenden abgekürzt „TA-Studien" genannt) könne man bei bestehenden Wissenschaftseinrichtungen einfach in Auftrag geben. Als „wissenschaftliche Einheit" beim Bundestag hätte dann auch ein kleiner Koordinierungsstab gereicht. Aber im Laufe der Diskussion über TA-Probleme und vor allem aufgrund der Erfahrungen, die die Kommission mit den an wissenschaftliche Einrichtungen vergebenen TA-Vorstudien machte, wurde sehr deutlich, daß TA-Studien andere und neue Wissensanforderungen stellten. Als wichtigste Punkte

- TA-Studien erfordern eine *interdisziplinäre* Bearbeitung des Themas. Der Wissenschaftsbetrieb ist sehr stark in gegenseitig abgeschottete Spezialdisziplinen zerfallen. Für die Abschätzung und Bewertung von kulturellen, sozialen, psychischen, rechtlichen, wirtschaftlichen und ökologischen Folgen bestimmter Techniken müssen Wissenschaftler wieder lernen, gemeinsam an einem Problemkomplex zu arbeiten.
- TA-Studien erfordern eine *ganzheitliche* Betrachtung. Das hochspezialisierte Wissen von Wissenschaftlern tendiert dazu, alles von nichts zu wissen. Dem steht korrespondierend ein Wissen gegenüber, beispielsweise bei einigen Politikern, das nichts von allem weiß. Ein integrierendes, ganzheitlicheres Wissen ist in der verwissenschaftlichten Welt selten geworden. Interdisziplinäre TA-Studien müssen, um gegenstandsgerecht zu werden, in Richtung eines ganzheitlichen Wissens tendieren.
- TA-Studien liefern ein *handlungsorientiertes* Wissen. Da TA-Studien im politischen Entscheidungsprozeß Orientierungen geben sollen, werden in den Studien Empfehlungen gegeben im Bewußtsein kontrollierten unvollständigen Wissens. die Wissenschaft ist „von Hause aus" dazu kaum in der Lage. Ehe beispielsweise wissenschaftlich genau erforscht worden ist, wodurch das Waldsterben verursacht wird, gibt es keinen Wald mehr.
- TA-Studien legen den Akzent auf ein *Vorsorgewissen*. Da bei vielen verwissenschaftlichten Techniken, wie erwähnt, eine Heuristik der Furcht angezeigt ist, muß bei Folgeabschätzungen auch von der Umkehr des Beweislastverfahrens Gebrauch gemacht werden. Bei riskanten Unternehmungen hätten dann die Betreiber nachzuweisen, daß die Folgen unschädlich sind.
- Das Wissen von TA-Studien muß auch in einer *allgemeinverständlichen Sprache* dargeboten werden, damit die Ergebnisse und Methoden auch von Politikern und Bürgern verstanden werden. Dazu sind Wissenschaftler in der Regel nicht fähig. Darum müssen in der „wissenschaftlichen Einheit" auch geübte Wissenschaftsjournalisten arbeiten, die die Forschungsergebnisse in verständliche und auch kürzere Varianten über-

tragen. (Das OTA fertigt von einer TA-Studie gleich mehrere Varianten an, vom dicken Bericht bis zum Faltblatt.)

Überhaupt muß der Wissenstransfer zwischen Wissenschaft, Politik und Bürger ganz neu durchdacht und neu fundiert werden. Dem hochspezialisierten Wissen der technikvorantreibenden Wissenschaften vermögen inhaltlich nicht einmal die Wissenschaftler untereinander zu folgen. An den Schnittstellen zwischen Politik und Wissenschaft in Form von Beratungsgremien, Kommissionen und Anhörungen mußten und konnten die Technikvisionäre aus der Wissenschaft den Politikern zur Information auf einer vergleichsweise oberflächlichen Plausibilitätsebene vermitteln. Ob die angepriesenen technischen „Zukunftsprojekte" tatsächlich die Ziele der Politik nach Wohlstand, Wirtschaftswachstum, Steigerung der Wettbewerbsfähigkeit oder etwa billiger Energieversorgung ohne zu große „Nebenfolgen" erfüllten, konnte als Wissen den Politikern nicht vermittelt werden. Dies war als Wissen in der Regel auch gar nicht vorhanden. Wissen wurde ersetzt durch Vertrauen in die „führenden" und „weltweit anerkannten" Experten. Die Wissenschaftler interpretierten und nutzten die unvollständige Informationsübertragung zu den Politikern über die Außenbeziehung Vertrauen gleichzeitig als verhaltensentlastende Delegation von Verantwortung. Politiker übernahmen so die Rolle, etwas formal zu verantworten, das sie weder in den Entstehungsbedingungen noch in den Auswirkungen wissend durchschauen konnten.[6]

Für Vertrauen als zulässige Außenbeziehung zwischen Wissenschaft und Politik galt als begründendes Kriterium eine unterstellte hohe Selbstkontrolle der Wissenschaft. Wer mit Titeln und hohen Funktionsstellen im Wissenschaftssysten von der entsprechenden scientific community ausgelesen und ausgezeichnet worden ist, der sei von ihr durch einen langen Selektionsprozeß so gründlich geprüft worden, daß seine Aussagen als „wissenschaftlich seriös" und somit vertrauenswürdig anerkannt werden könnten. Die Bevölkerung konnte ihrerseits bei staatlichen Technikprojekten den Politiker vertrauen, da diese sich ja auf Aussagen anerkannter Fachleute stützten. Vertrauen als wichtiger „Sozialkitt" zwischen Wissenschaft, Politik und Bevölkerung wurde zudem entscheidend gefestigt durch den gemeinsamen Fortschrittsglauben. Dadurch begründete sich der ungewöhnlich hohe technologiepolitische Konsens.

Das auf Glauben und Vertrauen sich gründende Gebäude der arbeitsteiligen Struktur für politisch verantwortete Technologien ist, wie anfangs geschildert, seit einigen Jahren nachhaltig erschüttert worden. Neben Bürgerinitiativen gegen technische Großprojekte gibt es auch im politischen System selbst eine größer werdende Fraktion, die die Außenbeziehung Ver-

---

[6] Zum Thema der folgenlosen Verantwortungsnahme durch Politiker vgl. Martin Jänicke: Staatsversagen, Die Ohnmacht der Politik in der Industriegesellschaft, München 1986.

trauen zur Wissenschaft und zur verwissenschaftlichen Technikentwicklung nicht mehr als tragfähige Brücke ansieht. In einem schmerzvollen Lernprozeß formuliert mittlerweile die Partei, die noch vor kurzem großes Vertrauen gegenüber dem wissenschaftlich-technischen Fortschritt hatte, nun deutliches Mißtrauen und vorsichtige Ausstiegsszenarien für Techniklinien, die sie selbst tatkräftig vorangetrieben hatte. Der ehemalige Bundesminister für Forschung und Technologie, Volker Hauff beispielsweise, bekennt heute, daß er unter anderem vom führenden Brüter-Visionär Häfele sich in die Irre hat führen lassen. Gerade bei den großtechnischen Projekten, bei denen Politiker am meisten auf das Vertrauen in die „sachliche Neutralität" der beteiligten Wissenschaftler angewiesen wären, zeigt sich, daß Informationen und Interessen unentwirrbar verknüpft sind.

Mit den technischen Großprojekten ist nämlich ein neuer Wissenschaftstyp entstanden, der auch von ihren Betreibern als „Projektwissenschaft" herausgestellt wurde. In Projektwissenschaften, beispielsweise im „Projekt Kernenergie", erweisen sich die Projektexperten nicht als neutrale Sachberater, sondern in bislang ungewohnter Weise als durchsetzungsorientierte und interessengebundene Lobbyisten. Sie entwickeln ein hohes unbeirrbares Interesse, „ihr" Projekt durchzusetzen und zu realisieren. Folgerichtig versuchen sie, Informationen und die Produktion von Informationen zu unterdrücken, die ihr Projekt gefährden könnten. Das führt dazu, daß Kenntnisse über negative Folgen ihres Projekts und über funktional äquivalente Alternativen zu ihrem Projekt von ihnen selbst kaum erarbeitet werden, obwohl das Vertrauen in die unterstellte Selbstkontrolle der Wissenschaft dies eigentlich mit einschließt. Von Wissenschaftlern, die nicht dem Projekt angehören, sind Informationen über Schwierigkeiten, Probleme und negative Folgen des Projekts nur schwer zu erarbeiten, weil die Projektwissensproduktion eng mit der Tätigkeit im Projekt verbunden ist. Insgesamt ergibt sich der Sachverhalt, daß die unterstellte Selbstkontrolle der Wissenschaft als rationales Kriterium für die Außenbeziehung Vertrauen bei Projektwissenschaften nur in sehr unzureichendem Maß gegeben ist.[7]

Auf der anderen Seite nehmen aufgrund des höher werdenden Grads der Verwissenschaftlichung, der engeren Verkopplung mit den Interessen bestimmter Wissenschaftsgemeinden und des größer werdenden Kapitaleinsatzes gerade die projektwissenschaftlichen Techniken zu. Neuere Beispiele sind die Gentechnik oder auch Bereiche in den Informations- und Kommunikationstechniken. Das Projekt ISDN, das geplante integrierte Sprach- und Datennetz der Post, hat auffallend viele Merkmale einer Projektwissenschaft. Allein der bisherige Verlauf der gesellschaftlichen Imple-

---

7 Vgl. für hieraus zu ziehende Folgerungen Otto Ullrich: Technikfolgenabschätzung – ein Konzept zur politischen Gestaltung von Technik? In v. Westphalen (Hg.). Technikfolgenabschätzung als politische Aufgabe, Opladen 1988.

mentierung drängt den Vergleich auf, ISDN als Schnellen Brüter der Nachrichtentechnik zu bezeichnen.[8]

Ein Kennzeichen von Technologien, die als Projektwissenschaften inszeniert werden, ist ihre angebliche Alternativlosigkeit. Die jeweiligen Projektbetreiber denken nicht einen Augenblick darüber nach, ob es nicht zur Kernenergie, Gentechnik, zu ISDN usw. wenigstens eine systematisch zu entwickelnde technisch-soziale Alternative gibt, die den gleichen Zweck erfüllen könnte. Immer sehen sie nur mit ihrem Projekt das Wohl der Nation verknüpft und beim Scheitern ihres Projekts nur ein Zurück auf die Bäume (einen Verlust der internationalen Wettbewerbsfähigkeit, sinkendes Wirtschaftswachstum, steigende Arbeitslosigkeit, Wohlstandsverlust, Bremsung des technischen Fortschritts oder wie immer die heiligen Kühe des Industriezeitalters heißen).

Diese Überlegungen führen nun zu einem weiteren sehr wichtigen Merkmal der Wissensanforderung von TA-Studien. Da die Bewertung einer bestimmten Technik aufgrund einer Folgenabschätzung nur aussagekräftig ist im *Vergleich* mit anderen Techniken, die den gleichen angestrebten Zweck erfüllen können, müssen TA-Studien ein Vergleichswissen erzeugen.

Techniken gibt es nie isoliert nur als Sachgegenstände. Sie sind immer eingebunden in soziale Gefüge. In jede konkrete Technik sind immer auch nichttechnische, also kulturelle, soziale, ästhetische und ökonomische Normen eingeflossen. Das jeweilige Muster vorherrschender Normen und Zielsetzungen formt aus dem großen Kosmos möglicher Techniken bestimmte Techniklinien aus. Es gibt darum auch nicht *die* Technik oder *den* technischen Fortschritt. Sinnvoller ist es, von Technik immer im Plural zu reden.

Für eine handlungsorientierte Technikbewertung müssen also die unterschiedlichen möglichen Kombinationen von Techniken und Sozialstrukturen vergleichend gegenübergestellt werden. Nicht die Prognose für die eine Zukunft ist gefragt, sondern ein Spektrum von Szenarien von möglichen unterschiedlichen Zukünften. In einem politischen Prozeß kann und sollte dann entschieden werden, welche der möglichen Zukünfte mit der darin eingebundenen Technikkonfiguration wünschbar und verantwortbar ist. Die erste Enquête-Kommission „Zukünftige Kernenergiepolitik" hatte 1980 in ihrem Bericht dieses Verfahren vorbildhaft dargestellt. Es wurden vier verschiedene Energieversorgungspfade, mit oder ohne Kernenergie, vorgestellt, die alle in der Lage waren, ein hohes Anspruchsniveau an Energiedienstleistungen zu befriedigen.

Bei diesem Technikbewertungsverfahren, bei dem mehrere systemare technisch-soziale Alternativen miteinander verglichen werden, kommen auch zwei weitere wichtige Sachverhalte deutlicher zum Vorschein. Einmal

---

8 Herbert Kubicek: ISDN – Der schnelle Brüter der Nachrichtentechnik, Arbeitspapiere zu Organisation, Automation und Führung, Heft 86/3, Universität Trier.

treten die gewünschten *Zwecke*, die menschlichen, gesellschaftlichen Zielsetzungen, für die bestimmte Techniken ja Zielbeiträge liefern sollen, wieder stärker in den Vordergrund. Seit einiger Zeit haben sich technische Mittel ohne Bezug zu konkreten Bedürfnissen sehr stark verselbständigt. Die Mittel suchen ihre Zwecke. Mit Hilfe des vergleichenden Szenarioverfahrens können die Zwecke wieder stärker die Mittel bestimmen. Zum anderen könnte dabei deutlich werden, daß in vielen Fällen für bestimmte angestrebte Zwecke oder zu bewältigende Probleme *soziale Innovationen* weit wichtiger sind als technische Innovationen, weil bei geringem Aufwand ihre Zielbeiträge höher sind.[9] Beispielsweise würden niedrigere Höchstgeschwindigkeitsgrenzen auf allen Straßen Verbesserungen bei den Unfallzahlen und Schadstoffemissionen, beim Lärm und Energieverbrauch zur Folge haben, die mit bezahlbaren technischen Lösungen kaum erreichbar sind. Oder ein volkswirtschaftlich kostenneutraler Umbau des Steuersystems, das nicht die Arbeit besteuert, sondern den Einsatz von Techniken, Energien und Materialien, die sozial und ökologisch unverträglich sind, würde einen „Beschäftigungseffekt" und eine Umweltverbesserung zur Folge haben, die durch keine „neue Technologie" erreichbar wären.[10]

Schließlich sei als Merkmal für die Wissensanforderung an TA-Studien noch hervorgehoben, daß sie einen *Prozeßcharakter* haben müssen. Für eine institutionalisierte Technikfolgen-Abschätzung und -Bewertung wären nicht irgendwelche Studien (die sehr leicht in Schubläden verschwinden können) das Wichtigste, sondern die Anstiftung eines *diskursiven Prozesses* zwischen den Beteiligten. Ein so verstandener TA-Prozeß liefert auch keine „wertfreien" Studien (die es ohnehin nicht gibt), sondern er versucht als wertsensibles Konzept bei den beteiligten Akteuren und durch sie, die in der Regel verdeckten Werterhaltungen offenzulegen. Nur so können bewußter Techniken zweck- und wertentsprechend gestaltet und Alternativen gefunden werden. Als wirkungsfähiges Konzept wäre ein TA-Prozeß als weitverzweigtes institutionelles Netzwerk anzustreben, das bei allen Betroffenen „Technik ins Gerede" bringt, um eine basisdemokratische Technikgestaltung zu ermöglichen.

Zusammenfassend kann man folgende Unterscheidungen treffen:

- Technology Assessment als ursprüngliches Konzept der Folgenbewertung für eine bestimmte Technik berücksichtigt und kritisiert nicht die Entstehung dieser Technik und diskutiert in der Regel auch keine Alternativen zu ihr.
- Das Konzept der Technikgestaltung setzt bereits im Entstehungsprozeß von Techniken an, und es hat meist ein umfassenderes Kriterienraster

---

9 Vgl. Holzapfel/Traube/Ullrich: Autoverkehr 2000. Wege zu einem ökologisch und sozial verträglichen Straßenverkehr, Karlsruhe 1985.
10 Vgl. hierzu Hermann Laistner: Ökologische Marktwirtschaft, Ismaningen 1986.

für die soziale und ökologische Verträglichkeit. Aber in der Regel ist auch dieses Konzept eingegrenzt auf eine bestimmte vorhandene Techniklinie und stellt diese nicht grundsätzlich in Frage.
- Ein weiterentwickeltes Konzept der Technikfolgen-Abschätzung und -Bewertung begreift Technikbewertung und Technikgestaltung als diskursiven Prozeß zwischen möglichst vielen Beteiligten, die informierte Entscheidungen zwischen systemaren Alternativen treffen.
- Als Ziel ergibt sich ein gesellschaftliches Netzwerk von Informations- und Entscheidungsorten, das eine basisdemokratische Technikgestaltung möglich macht. (Die Frage nach den entsprechenden Organisationsanforderungen müßte hier wieder neu aufgenommen werden.)

Fragen und Probleme

1. Es existiert eine sehr große Kluft zwischen den Griffweiten der Vermögen „Herstellen-Können" und „Verantworten-Können".[11] Die wirkmächtigen verwissenschaftlichten Techniken und Produktionsformen setzen Wirkketten in Raum und Zeit in Gang, für die wir noch nicht einmal ansatzweise „Organe" und Fähigkeiten entwickelt haben, um überhaupt zu wissen, was wir tun. Unser Folgewirkungswissen ist extrem unterentwickelt. Am Beispiel der Chemie-Industrie hat der Toxikologe Otmar Wassermann das einmal verdeutlicht. Um die vergangenen „100 Jahre Chemie" hinsichtlich des Gefahrenpotentials aufzuarbeiten und das Vergiftungsrisiko zu erkennen, müßten bei einem sofortigen Stopp der chemischen Produktion etwa 200 Jahre Toxikologie angeschlossen werden.

   Als Fragen in diesem Zusammenhang ergeben sich: Was wären die materiellen und organisatorischen Bedingungen für verantwortliches Handeln? Inwieweit kann Verantwortung institutionell delegiert werden? Welche Techniken sind prinzipiell nicht verantwortbar? (Stichworte wären hier: Reversibilität, Gefährdungspotential, Eingriffstiefe, Fehlerfreundlichkeit.) Wie könnte der Begriff der Verantwortung wieder mit praktischem Inhalt gefüllt werden, nachdem er von Politikern total entleert worden ist? (Politiker, die nicht sicher sein können, ob sie nach vier Jahren noch etwas zu sagen haben, maßen sich an, Techniken mit zigtausendjähriger Gefahrenkette „verantworten" zu können.)

2. Gegenwärtig dominieren immer noch sehr stark die Herstellungsinteressen, die für verantwortliches Handeln kaum eine Chance lassen. Begründet ist dies durch den industriekulturellen Fortschrittsmythos. Der Arbeits- und Herstellungsmythos der Neuzeit glaubte, durch die „Ent-

---

11 Das ist sehr früh erkannt worden von Günther Anders: Die Antiquiertheit des Menschen, München 1956.

faltung der Produktivkräfte" die unfehlbaren Bedingungen für ein „gutes Leben" zu schaffen, durch Arbeit, Wissenschaft und Technik einen „Schleichweg ins Paradies" finden zu können.[12] Diese Vorstellung hat das Selbstverständnis der Moderne verhext, und sie ist heute als die große Illusion der Epoche erkennbar. Eine Revision des Produktionsmythos, des unbegrenzten Herstellungswahns, der waren- und energieintensiven Lebensweise wäre lange fällig. Aber wenn man heute beispielsweise eine über sechzig Jahre alte Feststellung von Bertrand Russell liest, so hat es den Anschein, als ob den Menschen in den überentwickelten Industrieländern im täglichen Getriebe als aktive Objekte jeder Maßstab verlorengegangen ist.

Russell hatte eine Standortbestimmung der Industriekultur unternommen und schrieb zusammenfassend gegen Ende seines Buches: „Worauf ich hinaus will, ist erstens, daß die reine Wissenschaft unendlich viel wertvoller ist, als ihre Anwendungsmöglichkeiten und zweitens, daß bisher die Anwendung im großen ganzen unermeßlich schädlich war und erst dann aufhören wird, es zu sein, wenn die Menschen eine weniger energiebetonte Anschauung vom Leben haben werden. ... Die Wissenschaft wurde bisher zu drei verschiedenen Zwecken angewandt: um die Gesamtproduktion zu steigern; um die zerstörende Wirkung des Krieges zu erhöhen und um Vergnügungen, die einen künstlerischen oder hygienischen Wert hatten, durch triviale zu ersetzen. Auf die Steigerung der Gesamtproduktion, die vor hundert Jahren eine gewisse Bedeutung hatte, kommt es jetzt viel weniger an als auf mehr Muße und eine kluge Regelung der Produktion."[13]

Als Fragen ergeben sich: Wie könnte zu einer weniger energiebetonten Anschauung vom Leben zurückgefunden werden? Wie könnten lebensweltlich orientierte Maßstäbe wieder handlungsleitend für die Produktion werden? Wie kommt man aus dem internationalen „Technologiewettlauf ohne Sieger" wieder heraus? Wie könnte das Tempo der technischen Innovation wieder auf ein sozial verträgliches Maß reduziert werden? Wie können wir begreifen lernen und daraus Konsequenzen ziehen, daß Technik unser Traum ist vom Glück ohne Opfer, daß die bisherige industrielle Technik diesen Traum erfüllt, „indem sie die Opfer verdrängt und das Glück entleert"?[14]

3. Die Institutionalisierung einer Technikfolgen-Abschätzung und -Bewertung beim Bundesparlament oder als gesellschaftliches Netzwerk darf

---

12 Vgl. ausführlicher Otto Ullrich: Weltniveau. In der Sackgasse des Industriesystems, Berlin 1979.
13 Bertrand Russell: Die Kultur des Industrialismus und ihre Zukunft, München/Berlin 1928.
14 Günther Ortmann: Der zwingende Blick. Personalinformationssysteme – Architektur der Disziplin, Frankfurt/New York 1984, S. 211.

nicht zu einer Verantwortungs-Entlastung und -Delegation bei Wissenschaftlern und Ingenieuren führen. Sie sind es, die konkret den technischen Prozeß vorantreiben. Sie haben die fachliche Kompetenz für die konkrete Technikgestaltung, für die Produktion von Folgewirkungswissen, für den Entwurf von technischen Alternativen. Sie sollten sich nicht aus der Verantwortung zurückziehen können, aber sie sollten sich etwas aus dem Zwangsgehäuse des reinen Fachmenschentums (Max Weber) befreien. Ingenieure und Wissenschaftler sollten (wie auch andere überspezialisierte Berufsgruppen) nicht voll in der Berufsrolle verschwinden, sondern als Menschen mehrere Rollen nebeneinander wahrnehmen:

a) Der Ingenieur und Wissenschaftler sollte im Beruf den Handlungsspielraum für eine humanere und naturverträglichere Gestaltung von Techniken voll ausschöpfen. Dazu werden strukturelle Veränderungen außerhalb der Betriebe unterstützend wirken müssen. Erforderlich wird eine „Hintergrundsicherung" sein, die ein selbstbewußtes, souveränes Auftreten im Betrieb ermöglicht. Sie könnte erreicht werden durch Solidaritätsfonds zur Überbrückung bei Kündigungen, durch ein arbeitsunabhängiges Grundeinkommen, aber auch dadurch, daß das Anspruchsniveau nicht dem jeweiligen Maximaleinkommen angepaßt wird, sondern in der materiellen Ausstattung aus einer Reserve heraus gelebt wird.
Angesichts der Tatsache, daß heute Kriegsvorbereitungen, Völkermord, Naturzerstörungen oder auch kulturelle Veródungen als interessante humanisierte Arbeit tarnbar sind, muß auf jeden Fall für verantwortbares Verhalten eine Herauslösung aus der Berufsrolle erfolgen.

b) Ingenieure und Wissenschaftler sollten in ihrem Nahraum, in ihrem außerberuflichen lebensweltlichen Umfeld kritische Konsumenten sein und sich zu „Prosumenten" entwickeln, die einen Teil ihrer Konsumansprüche durch unmittelbar Selbstproduziertes befriedigen. Sie sollten zu Akteuren und Informanten in Bürgerinitiativen werden, also zu tätigen Subjekten im unmittelbaren Wirkungskreis. Selbstverständlich sollten sie als Familienmitglieder sich an der Hausarbeit beteiligen und ausreichend Zeit für ihre Kinder haben. Die Stichworte für diesen Komplex sind: Neubestimmung der Arbeit, Motivationswandel, Wertewandel, neue Sinnbestimmung des Lebens.

c) Wissenschaftler und Ingenieure müssen sich, nachdem sie sich aus ihrer Berufsrolle etwas herausgelöst haben, viel stärker als bisher als politische Bürger engagieren. Möglichkeiten hierzu sind: Ingenieur-Arbeitskreise, Gewerkschaftsarbeit, Diskutant in einer kritischen Öffentlichkeit, Initiator politischer Vorstöße in Parteien, Mitglied in Sachverständigen-Kommissionen und neuen politischen Foren. Stichworte sind hier: Strukturveränderungen, Gegenmacht, kultureller Paradigmenwechsel. Auf allen Handlungsebenen wäre die Zivilcourage eine wichtige Tugend.

Schlußbemerkung

„Der ganzen Nutzenargumentation der Vertreter einer computerisierten Gesellschaft fehlt der entscheidende Ausgangspunkt. Sie klärt nicht, was Nutzen eigentlich im Hinblick auf ein menschliches Leben meint."[15]

Könnte es nicht sein, daß Menschen, die nicht mehr im Bann einer „Ökonomie der Zeit" stehen, die die Opfer verdrängt und das Glück entleert, eine ähnliche Antwort auf lebenszeitsparende Techniken geben wie der kleine Prinz bei Saint-Exupery:

„Guten Tag", sagt der kleine Prinz. „Guten Tag", sagte der Händler. Er handelte mit höchst wirksamen, durststillenden Pillen. Man schluckt jede Woche eine und spürt überhaupt kein Bedürfnis mehr, zu trinken. „Warum verkaufst du das?", sagte der kleine Prinz. „Das ist eine große Zeitersparnis", sagte der Händler. „Die Sachverständigen haben Berechnungen angestellt. Man erspart dreiundfünfzig Minuten in der Woche." „Und was macht man mit diesen dreiundfünfzig Minuten?" „Man macht damit, was man will..." „Wenn ich dreiundfünfzig Minuten übrig hätte", sagte der kleine Prinz, „würde ich ganz gemütlich zu einem Brunnen laufen ..."

---

15 Johannes Schnepel: Gesellschaftliche Ordnung durch Computerisierung, Frankfurt/Bern 1984, S. 412.

Aus dem Programm
Sozialwissenschaften

Joseph Huber
Technikbilder
Weltanschauliche Weichenstellungen der Technik- und Umweltpolitik.
1989. 182 S. Kart. DM 25,80
ISBN 3-531-12010-7
Im ersten Teil des Buches wird nachgezeichnet, wie sich im Verlauf der letzten 200 Jahre gegenüber Wissenschaft und Technik ein polares Einstellungsspektrum herausgebildet hat. Im zweiten Teil wird die Existenz jeder Einstellung zu Technik und Umwelt empirisch anhand einer repräsentativen Erhebung unter Beamten, Ingenieuren, in Sozialberufen Tätigen und Künstlern belegt. Ingenieure und Sozialberufe bilden Antipoden i. S. der „Zwei-Kulturen"-These. Darüber hinaus zeigen sich geschlechtsspezifische und altersspezifische Besonderheiten.

Werner Rammert (Hrsg.)
Computerwelten – Alltagswelten
Wie verändert der Computer die soziale Wirklichkeit?
1990. 240 S. (Sozialverträgliche Technikgestaltung, Bd. 7.)
Kart. DM 36,-
ISBN 3-531-12060-3
Wie verändert der Computer unser Verhältnis zur Welt? Welchen Wandel bringt er für die menschliche Kommunikation? Zu diesen Fragen nehmen Soziologen, eine Kommunikationsforscherin und Informatiker im ersten Teil des Buches Stellung. Sodann wird die Frage, ob die Spekulationen über die Zersetzung der Alltagswelt durch den Computer empirischen Beschreibungen standhalten, in sieben Fallstudien zum Umgang mit dem Computer und die vielfältigen Computerwelten im bundesdeutschen Alltag untersucht.

Bernhard Glaeser (Hrsg.)
Humanökologie
Grundlagen präventiver Umweltpolitik.
1989. 303 S. Kart. DM 52,-
ISBN 3-531-11940-0
Kann Humanökologie zur Fundierung einer präventativen Umweltpolitik beitragen? Nach der Diskussion der Ansprüche präventiver Umweltpolitik zwischen Theorie und Praxis wird der Forschungsansatz „Humanökologie" unter sozialwissenschaftlichem Blickwinkel vorgestellt. Sodann wird die Frage des Begründungszusammenhangs einer umweltbezogenen Ethik behandelt. Anwendung und Umsetzbarkeit humanökologischer Überlegungen werden anhand verschiedener Politikbereiche getestet. Pro und Contra der Realisierungschancen einer präventiven Umweltpolitik erörtert.

WESTDEUTSCHER VERLAG
Postfach 58 29 · D-6200 Wiesbaden

MIX
Papier aus verantwortungsvollen Quellen
Paper from responsible sources
FSC® C105338

If you have any concerns about our products,
you can contact us on
ProductSafety@springernature.com

In case Publisher is established outside the EU,
the EU authorized representative is:
**Springer Nature Customer Service Center GmbH
Europaplatz 3, 69115 Heidelberg, Germany**

Printed by Libri Plureos GmbH
in Hamburg, Germany